中国传统建筑
解析与传承

中华人民共和国住房和城乡建设部 编

THE INTERPRETATION AND INHERITANCE OF TRADITIONAL CHINESE ARCHITECTURE

Ministry of Housing and Urban-Rural Development of the People's Republic of China

云南卷
Yunnan Volume

中国建筑工业出版社

审图号：GS（2016）303号

图书在版编目（CIP）数据

中国传统建筑解析与传承　云南卷／中华人民共和国住房和城乡建设部编. —北京：中国建筑工业出版社，2015.12

ISBN 978-7-112-18897-0

Ⅰ.①中… Ⅱ.①中… Ⅲ.①古建筑-建筑艺术-云南省 Ⅳ.①TU-092.2

中国版本图书馆CIP数据核字（2015）第299712号

责任编辑：唐　旭　李东禧　吴　佳　张　华　李成成
书籍设计：付金红
责任校对：李美娜　关　健

中国传统建筑解析与传承　云南卷

中华人民共和国住房和城乡建设部　编

*

中国建筑工业出版社出版、发行（北京西郊百万庄）
各地新华书店、建筑书店经销
北京方舟正佳图文设计有限公司制版
北京顺诚彩色印刷有限公司印刷

*

开本：880×1230毫米　1/16　印张：20½　字数：577千字
2016年9月第一版　2016年9月第一次印刷
定价：188.00元
ISBN 978-7-112-18897-0
（28147）

版权所有　翻印必究
如有印装质量问题，可寄本社退换
（邮政编码 100037）

总　序

Foreword

　　几年前我去法国里昂地区，看到有大片很久以前甚至四百年前建造的夯土建筑，也就是干打垒房子，至今仍在使用。20世纪80年代，当地建设保障房小区时，要求一律建造夯土建筑，他们采用了现代夯土技术。西安科技大学的两位老师将这种技术引入国内，在甘肃、河北等多地建了示范房。现代夯土技术的改进点在于科学配比土与石子、使用模板和电动器具夯筑，传承了夯土建筑的优点，如造价低、节能保温，弥补了缺陷，抗震性增强，也美观，颇受农民的好评。我对这个事例很感兴趣并悟出一个道理，做好传承关键要具备两种精神：一是执着，坚信许多传统能够传承、值得传承。法国将传统干打垒房子当作好东西，努力传承，而我国虽然是生土建筑数量最多的国家，但今天各地却都视其为贫穷落后的标志，力图尽快消灭；二是创新，要下力气研究传统的优点及缺点，并用现代技术克服其缺点，赋予其现代功能，使传统文明成果在今天焕发新的生命力。这两方面的功夫我们都不够。

　　文明古国的中国，在实现现代化的进程中，只有十分自信、满腔热情地传承了优秀传统文化，才能受到全世界的尊重。建筑是一个民族生存智慧、工程技术、审美理念、社会伦理等文明成果最集中、最丰富的载体，其传承及体现是一个国家和民族富强与贫弱的标志。改变今天建筑缺失传统文化的局面，我们需要重新认识我国传统建筑文化，把握其精髓和发展脉络，挖掘和丰富其完整价值，探索传统与现代融合的理念和方法。2012年，住房和城乡建设部村镇建设司组织了首次传统民居全国普查，编纂了《中国传统民居类型全集》，其详细、准确、系统地展示了我国传统民居的地域性。在此基础上，2014年又启动了"传统建筑解析与传承"调查研究，这是第一次国家层面组织的该领域的大型调查研究，颇具价值：

　　价值一，它是至今对我国传统建筑文化最全面、最系统的阐释。第一，本次调查研究地域覆盖广，历史挖掘深，建筑类型多。31个省（市、区）开展了调查研究，每个省的研究也都覆盖了全域；一些省对传统建筑文化的追溯年代突破了记录；建筑类型不仅涵盖了官式建筑、庙宇、祠堂等，更涵盖了各类代表性民居。第二，更加注重从自然、人文、技术、经济几条主线解析传统建筑文化，而不是拘泥于建筑本身；不但阐释了传统建筑的物质形体，而且阐释了传统建筑文化的产生机制。第三，研究体例和解析维度保持了基本一致，各省都通过聚落格局、建筑群体与单体、细部与装饰、风格与装修对传统建筑进行解析。通过解析，大大丰富和提升了对我国传统建筑文化精髓的认识，如：中国传统建筑与自然相适应，和谐共生，敬天惜物；与生存实际相适应，容纳生产生活；与社会伦理相适应，井然有序；与发展相适应，灵活易变，是模块化的鼻祖。第四，内在形式统一，体现了中华文明的持久性和一致性；木结构等技术高度成熟，体现了中华民族的智慧；丰富的地区差异，体现了中华文化的多样性。一些研究基础较差的省，第一次对传统建筑有了全面认识；一些研究基础较好的省，又深化了认识。可以说，这次全面调查研究是对中国传统建筑文化的一次重新认识。

价值二，也是更重要的价值，它是就如何传承传统建筑文化、如何实现传统与现代融合这一难题，至今所进行的广泛深入的探索。第一，提出了更为本质、更具指导意义的传承理论和原则，如建筑文化的三大传承主线：自然、人文、技术；"形"的传承、"神"的传承、"神形兼备"的传承；适应性传承、创新性传承、可持续性传承等理论；坚持挖掘地域文化与建筑的关联性，坚持寻找并传承其最有价值和生命力的要素，坚持与时代发展相接轨等原则。第二，提出了更具操作性的传承方法和要点，如建筑肌理、应对自然环境、空间变异、建造方式、建筑材料、符号特征六方面的传承方法。第三，收集、展示、分析了近代以来大量的现代建筑探索传承的案例，既包括比较成功的，也包括比较失败的，具有很好的参考意义。同时也提出了应防止的误区。

价值三，唤起了对传统建筑文化的空前热情。通过这次研究，各地建设部门更加重视传统建筑文化的传承工作了，这将有利于扭转当前我国城乡建设缺乏传统文化的局面。在学术界，不仅老专家倾力投入，新参与的专家学者也越来越多，而且十分积极。过去研究传统建筑的专家学者与从事设计的建筑师交流不多，通过这次研究，两个群体融合到了一起，不仅有利于传承的研究，更有利于传承的实践。有的老专家说，等了几十年，终于等到国家组织这项工作了。

探索传统建筑文化与现代建筑的融合是难度极大的挑战，永远在路上。虽然本次调查研究存在着许多不足和局限，但第一次组织全国专业力量努力探索的成果，惠及当今，流芳百年，意义非凡，不仅具有中国意义，也具有世界意义。在此，谨向为成就这一大业，辛勤无私付出并作出卓越贡献的所有专家学者、建筑师和技术人员、各地建设部门领导和职工，表示衷心的感谢和崇高的敬意。此外，我还深深感受到，组织实施全国范围的、具有历史意义的调查研究，是其他组织和个人难以做到的，是中央部委必须承担的重要职责，今后还要多做。

住房和城乡建设部总经济师 赵晖

2016年9月

编委会

Editorial Committee

发起与策划：赵　晖

组织推进：张学勤、卢英方、白正盛、王旭东、王　玮、王旭东（天津）、
　　　　　吴　铁、翟顺河、冯家举、汪　兴、孙众志、张宝伟、庄少勤、
　　　　　刘大威、沈　敏、侯淅珉、王胜熙、李道鹏、耿庆海、陈华平、
　　　　　尹维真、蒋益民、蔡　瀛、吴伟权、陈孝京、丛　钢、文技军、
　　　　　宋丽丽、赵志勇、斯朗尼玛、韩一兵、刘永堂、白宗科、何晓勇、
　　　　　海拉提·巴拉提

指导专家：崔　愷、吴良镛、冯骥才、孙大章、陆元鼎、张锦秋、何镜堂、
　　　　　朱光亚、朱小地、罗德启、马国馨、何玉如、单德启、陈同滨、
　　　　　朱良文、郑时龄、伍　江、常　青、吴建中、王小东、曹嘉明、
　　　　　张俊杰、张玉坤、杨焕成、黄汉民、王建国、梅洪元、黄　浩、
　　　　　张先进

工 作 组：林岚岚、罗德胤、徐怡芳、杨绪波、吴　艳、李立敏、薛林平、
　　　　　李春青、潘　曦、王　鑫、苑思楠、赵海翔、郭华瞻、郭志伟、
　　　　　褚苗苗、王　浩、李君洁、徐凌玉、师晓静、李　涛、庞　佳、
　　　　　田铂菁、王　青、王新征、郭海鞍、张蒙蒙

云南卷编写组：

组织人员：汪　巡、沈　键、王　瑞

编写人员：翟　辉、杨大禹、吴志宏、张欣雁、刘肇宁、杨　健、唐黎洲、张　伟

调研人员：张剑文、李天依、栾涵潇、穆　童、王祎婷、吴雨桐、石文博、张三多、阿桂莲、任道怡、姚启凡、罗　翔、顾晓洁

北京卷编写组：

组织人员：李节严、侯晓明、杨　健、李　慧

编写人员：朱小地、韩慧卿、李艾桦、王　南、钱　毅、李海霞、马　泷、杨　滔、吴　懿、侯　晟、王　恒、王佳怡、钟曼琳、刘江峰、卢清新

调研人员：陈　凯、闫　峥、刘　强、李沫含、黄　蓉、田燕国

天津卷编写组：

组织人员：吴冬粤、杨瑞凡、纪志强、张晓萌

编写人员：洪再生、朱　阳、王　蔚、刘婷婷、王　伟、刘铧文

河北卷编写组：

组织人员：封　刚、吴永强、席建林、马　锐

编写人员：舒　平、吴　鹏、魏广龙、刁建新、刘　歆、解　丹、杨彩虹、连海涛

山西卷编写组：

组织人员：郭廷儒、张海星、郭　创、赵俊伟

编写人员：薛林平、王金平、杜艳哲、韩卫成、孔维刚、冯高磊、王　鑫、郭华瞻、潘　曦、石　玉、刘进红、王建华、武晓宇、韩丽君

内蒙古卷编写组：

组织人员：杨宝峰、陈　彪、崔　茂

编写人员：张鹏举、彭致禧、贺　龙、韩　瑛、额尔德木图、齐卓彦、白丽燕、高　旭、杜　娟

辽宁卷编写组：

组织人员：王晓伟、胡成泽、刘绍伟、孙辉东

编写人员：朴玉顺、郝建军、陈伯超、周静海、原砚龙、刘思铎、黄　欢、王蕾蕾、王　达、宋欣然、吴　琦、纪文喆、高赛玉

吉林卷编写组：

组织人员：袁忠凯、安　宏、肖楚宇、陈清华

编写人员：王　亮、李天骄、李之吉、李雷立、宋义坤、张俊峰、金日学、孙守东

调研人员：郑宝祥、王　薇、赵　艺、吴翠灵、李亮亮、孙宇轩、李洪毅、崔晶瑶、王铃溪、高小淇、李　宾、李泽锋、梅　郊、刘秋辰

黑龙江卷编写组：

组织人员：徐东锋、王海明、王　芳

编写人员：周立军、付本臣、徐洪澎、李同予、殷　青、董健菲、吴健梅、刘　洋、

刘远孝、王兆明、马本和、王健伟、卜 冲、郭丽萍

调研人员：张 明、王 艳、张 博、王 钊、晏 迪、徐贝尔

上海卷编写组：

组织人员：孙 珊、胡建东、侯斌超、马秀英

编写人员：华霞虹、彭 怒、王海松、寇志荣、宿新宝、周鸣浩、叶松青、吕亚范、丁建华、卓刚峰、宋 雷、吴爱民、宾慧中、谢建军、蔡 青、刘 刊、喻明璐、罗超君、伍 沙、王鹏凯、丁 凡

调研人员：江 璐、林叶红、刘嘉纬、姜鸿博、王子潇、胡 楠、吕欣欣、赵 曜

江苏卷编写组：

组织人员：赵庆红、韩秀金、张 蔚、俞 锋

编写人员：龚 恺、朱光亚、薛 力、胡 石、张 彤、王兴平、陈晓扬、吴锦绣、陈 宇、沈 旸、曾 琼、凌 洁、寿 焘、雍振华、汪永平、张明皓、晁 阳

浙江卷编写组：

组织人员：江胜利、何青峰

编写人员：王 竹、于文波、沈 黎、朱 炜、浦欣成、裘 知、张玉瑜、陈 惟、贺 勇、杜浩渊、王焯瑶、张泽浩、李秋瑜、钟温歆

安徽卷编写组：

组织人员：宋直刚、邹桂武、郭佑芹、吴胜亮

编写人员：李 早、曹海婴、叶茂盛、喻 晓、杨 燊、徐 震、曹 昊、高岩琰、郑志元

调研人员：陈骏祎、孙 霞、王达仁、周虹宇、毛心彤、朱 慧、汪 强、朱高栎、陈薇薇、贾宇枝子、崔巍懿

福建卷编写组：

组织人员：苏友佺、金纯真、许为一

编写人员：戴志坚、王绍森、陈 琦、李苏豫、王量量、韩 洁

江西卷编写组：

组织人员：熊春华、丁宜华

编写人员：姚 糖、廖 琴、蔡 晴、马 凯、李久君、李岳川、肖 芬、肖 君、许世文、吴 靖、吴 琼、兰昌剑、戴晋卿、袁立婷、赵晗聿

山东卷编写组：

组织人员：杨建武、张 林、宫晓芳、王艳玲

编写人员：刘 甦、张润武、赵学义、仝 晖、郝曙光、邓庆坦、许丛宝、姜 波、高宜生、赵 斌、张 巍、傅志前、左长安、刘建军、谷建辉、宁 荞、慕启鹏、刘明超、王冬梅、王悦涛、姚 丽、孔繁生、韦 丽、吕方正、王建波、解焕新、李 伟、孔令华

河南卷编写组：

组织人员：陈华平、马耀辉、李桂亭、韩文超

编写人员：郑东军、李 丽、唐 丽、吕红医、黄 华、韦 峰、李红光、张 东、

陈兴义、渠　韬、史学民、毕　昕、
陈伟莹、张　帆、赵　凯、许继清、
任　斌、郑丹枫、王文正、李红建、
郭兆儒、谢丁龙

湖北卷编写组：

组织人员：万应荣、付建国、王志勇
编写人员：肖　伟、王　祥、李新翠、韩　冰、
张　丽、梁　爽、韩梦涛、张阳菊、
张万春、李　扬

湖南卷编写组：

组织人员：宁艳芳、黄　立、吴立玖
编写人员：何韶瑶、唐成君、章　为、张梦淼、
姜兴华、李　夺、欧阳铎、黄力为、
张艺婕、吴晶晶、刘艳莉、刘　姿、
熊申午、陆　薇、党　航
调研人员：陈　宇、刘湘云、付玉昆、赵磊兵、
黄　慧、李　丹、唐娇致

广东卷编写组：

组织人员：梁志华、肖送文、苏智云、廖志坚、
秦　莹
编写人员：陆　琦、冼剑雄、潘　莹、徐怡芳、
何　菁、王国光、陈思翰、冒亚龙、
向　科、赵紫伶、卓晓岚、孙培真
调研人员：方　兴、张成欣、梁　林、林　琳、
陈家欢、邹　齐、王　妍、张秋艳

广西卷编写组：

组织人员：吴伟权、彭新唐、刘　哲
编写人员：雷　翔、全峰梅、徐洪涛、何晓丽、

杨　斌、梁志敏、陆如兰、尚秋铭、
孙永萍、黄晓晓、李春尧

海南卷编写组：

组织人员：丁式江、陈孝京、许　毅、杨　海
编写人员：吴小平、黄天其、唐秀飞、吴　蓉、
刘凌波、王振宇、何慧慧、陈文斌、
郑小雪、李贤颖、王贤卿、陈创娥、
吴小妹

重庆卷编写组：

组织人员：冯　赵、揭付军
编写人员：龙　彬、陈　蔚、胡　斌、徐千里、
舒　莺、刘晶晶

四川卷编写组：

组织人员：蒋　勇、李南希、鲁朝汉、吕　蔚
编写人员：陈　颖、高　静、熊　唱、李　路、
朱　伟、庄　红、郑　斌、张　莉、
何　龙、周晓宇、周　佳
调研人员：唐　剑、彭麟麒、陈延申、严　潇、
黎峰六、孙　笑、彭　一、韩东升、
聂　倩

贵州卷编写组：

组织人员：余咏梅、王　文、陈清鋆、赵玉奇
编写人员：罗德启、余压芳、陈时芳、叶其颂、
吴茜婷、代富红、吴小静、杜　佳、
杨钧月、曾　增
调研人员：钟伦超、王志鹏、刘云飞、李星星、
胡　彪、王　曦、王　艳、张　全、
杨　涵、吴汝刚、王　莹、高　蛤

西藏卷编写组：

组织人员：李新昌、姜月霞

编写人员：王世东、木雅·曲吉建才、格桑顿珠、群英、达瓦次仁、土登拉加

陕西卷编写组：

组织人员：胡汉利、苗少峰、李君、薛钢

编写人员：周庆华、李立敏、刘煜、王军、祁嘉华、武联、陈洋、吕成、倪欣、任云英、白宁、雷会霞、李晨、白钰、王建成、师晓静、李涛、黄磊、庞佳、王怡琼、时阳、吴冠宇、鱼晓惠、林高瑞、朱瑜葱、李凌、陈斯亮、张定青、雷耀丽、刘怡、党纤纤、张钰曌、陈新、李静、刘京华、毕景龙、黄姗、周岚、王美子、范小烨、曹惠源、张丽娜、陆龙、石燕、魏锋、张斌

调研人员：王晓彤、刘悦、张容、魏璇、陈雪婷、杨钦芳、张豫东、李珍玉、张演宇、杨程博、周菲、米庆志、刘培丹、王丽娜、陈治金、贾柯、陈若曦、千金、魏栋、吕咪咪、孙志青、卢鹏

甘肃卷编写组：

组织人员：刘永堂、贺建强、慕剑

编写人员：刘奔腾、安玉源、叶明晖、冯柯、张涵、王国荣、刘起、李自仁、张睿、章海峰、唐晓军、王雪浪、孟岭超、范文玲

调研人员：王雅梅、师鸿儒、闫海龙、闫幼峰、陈谦、张小娟、周琪、孟祥武、郭兴华、赵春晓

青海卷编写组：

组织人员：衣敏、陈锋、马黎光

编写人员：李立敏、王青、王力明、胡东祥

调研人员：张容、刘悦、魏璇、王晓彤、柯章亮、张浩

宁夏卷编写组：

组织人员：李志国、杨文平、徐海波

编写人员：陈宙颖、李晓玲、马冬梅、陈李立、李志辉、杜建录、杨占武、董茜、王晓燕、马小凤、田晓敏、朱启光、龙倩、武文娇、杨慧、周永惠、李巧玲

调研人员：林卫公、杨自明、张豪、宋志皓、王璐莹、王秋玉、唐玲玲、李娟玲

新疆卷编写组：

组织人员：高峰、邓旭

编写人员：陈震东、范欣、季铭、阿里木江·马克苏提、王万江、李群、李安宁、闫飞

主编单位：

中华人民共和国住房和城乡建设部

参编单位：

北京卷： 北京市规划委员会
北京市勘察设计和测绘地理信息管理办公室
北京市建筑设计研究院有限公司
清华大学
北方工业大学

天津卷： 天津市城乡建设委员会
天津大学建筑设计规划设计研究总院
天津大学

河北卷： 河北省住房和城乡建设厅
河北工业大学
河北工程大学
河北省村镇建设促进中心

山西卷： 山西省住房和城乡建设厅
山西省建筑设计研究院
北京交通大学
太原理工大学

内蒙古卷： 内蒙古自治区住房和城乡建设厅
内蒙古工业大学

辽宁卷： 辽宁省住房和城乡建设厅
沈阳建筑大学
辽宁省建筑设计研究院

吉林卷： 吉林省住房和城乡建设厅
吉林建筑大学
吉林建筑大学设计研究院
吉林省建苑设计集团有限公司

黑龙江卷： 黑龙江省住房和城乡建设厅
哈尔滨工业大学
齐齐哈尔大学
哈尔滨市建筑设计院
哈尔滨方舟工程设计咨询有限公司
黑龙江国光建筑装饰设计研究院有限公司
哈尔滨唯美源装饰设计有限公司

上海卷： 上海市规划和国土资源管理局
上海市建筑学会
华东建筑设计研究总院
同济大学
上海大学

江苏卷： 江苏省住房和城乡建设厅
东南大学

浙江卷： 浙江省住房和城乡建设厅
浙江大学
浙江工业大学

安徽卷： 安徽省住房和城乡建设厅
合肥工业大学

福建卷： 福建省住房和城乡建设厅
厦门大学

江西卷： 江西省住房和城乡建设厅
南昌大学
江西省建筑设计研究总院
南昌大学设计研究院

山东卷： 山东省住房和城乡建设厅
山东建筑大学
山东建大建筑规划设计研究院
山东省小城镇建设研究会
山东大学
烟台大学
青岛理工大学
山东省城乡规划设计研究院

河南卷： 河南省住房和城乡建设厅
郑州大学
河南大学
华北水利水电大学
河南理工大学
河南省建筑设计研究院有限公司
河南省城乡规划设计研究总院有限公司
郑州大学综合设计研究院有限公司
郑州市建筑设计院有限公司

湖北卷： 湖北省住房和城乡建设厅
中信建筑设计研究总院有限公司

湖南卷： 湖南省住房和城乡建设厅
湖南大学
湖南大学设计研究院有限公司
湖南省建筑设计院

广东卷： 广东省住房和城乡建设厅
华南理工大学
广州瀚华建筑设计有限公司
北京建工建筑设计研究院

广西卷： 广西壮族自治区住房和城乡建设厅
华蓝设计（集团）有限公司

海南卷： 海南省住房和城乡建设厅
海南华都城市设计有限公司
华中科技大学
武汉大学
重庆大学
海南省建筑设计院
海南雅克设计有限公司
海口市城市规划设计研究院
海南三寰城镇规划建筑设计有限公司

重庆卷： 重庆城乡建设委员会
重庆大学
重庆市设计院

四川卷： 四川省住房和城乡建设厅
西南交通大学
四川省建筑设计研究院

贵州卷： 贵州省住房和城乡建设厅
贵州省建筑设计研究院
贵州大学

云南卷：云南省住房和城乡建设厅
　　　　昆明理工大学

西藏卷：西藏自治区住房和城乡建设厅
　　　　西藏自治区建筑勘察设计院
　　　　西藏自治区藏式建筑研究所

陕西卷：陕西省住房和城乡建设厅
　　　　西建大城市规划设计研究院
　　　　西安建筑科技大学
　　　　长安大学
　　　　西安交通大学
　　　　西北工业大学
　　　　中国建筑西北设计研究院有限公司
　　　　中联西北工程设计研究院有限公司

甘肃卷：甘肃省住房和城乡建设厅
　　　　兰州理工大学
　　　　西北民族大学
　　　　西北师范大学
　　　　甘肃建筑职业技术学院
　　　　甘肃省建筑设计研究院
　　　　甘肃省文物保护维修研究所

青海卷：青海省住房和城乡建设厅
　　　　西安建筑科技大学
　　　　青海省建筑勘察设计研究院有限公司

宁夏卷：宁夏回族自治区住房和城乡建设厅
　　　　宁夏大学
　　　　宁夏建筑设计研究院有限公司
　　　　宁夏三益上筑建筑设计院有限公司

新疆卷：新疆维吾尔自治区住房和城乡建设厅
　　　　新疆佳联城建规划设计研究院
　　　　新疆建筑设计研究院
　　　　新疆大学
　　　　新疆师范大学

目 录

Contents

总 序

前 言

第一章 绪论

002　　第一节　地理文化
002　　第二节　聚落智慧
003　　　　一、云南聚落形态构成
004　　　　二、云南聚落形态特征
005　　第三节　民居类型
006　　　　一、滇西北高寒地区
006　　　　二、滇西北寒温地区
009　　　　三、滇西、滇中温和温热地区
014　　　　四、滇西南、滇东南湿热温热地区
020　　　　五、滇南干热地区
021　　　　六、滇东北温和山区
023　　第四节　天地人居
023　　　　一、天——气候条件
023　　　　二、地——地理地貌
023　　　　三、人居——民族构成
026　　第五节　"和而不同"

上篇：基因与特征

第二章 滇西北地区传统建筑特色分析

031	第一节 天·地
031	一、气候条件
032	二、地理环境
032	第二节 人·居
032	一、人文历史
034	二、社会文化
035	三、聚落特征
041	四、建筑特征
052	第三节 风格·元素
052	一、空间模式
056	二、建筑造型
062	三、材料建造
069	四、细部装饰
073	第四节 特征·特色
073	一、风格意象
073	二、成因分析

第三章 滇中地区传统建筑特色分析

078	第一节 天·地
078	一、气候条件
081	二、地理环境
083	第二节 人·居
083	一、人文历史
091	二、社会文化
091	三、聚落建筑
106	第三节 风格·元素
106	一、空间模式

119	二、建筑造型
121	三、材料建造
125	四、细部装饰
130	第四节 特征·特色
130	一、风格意象与成因分析
131	二、滇中滇东北传统建筑特征的流变

第四章 滇西、滇南地区传统建筑特色分析

134	第一节 天·地
134	一、气候条件
135	二、地理环境
136	第二节 人·居
136	一、人文历史
139	二、社会文化
141	三、聚落建筑
148	第三节 风格·元素
148	一、空间模式
158	二、建筑造型
164	三、材料建造
168	四、细部装饰
172	第四节 特征·特色
172	一、风格意象
172	二、成因分析
177	三、滇西、滇南传统建筑特征

下篇：传承与创新

第五章 云南建筑文化的传承与创新

181	第一节 寻根乡土
182	第二节 传统承启

193	第三节	地域特色

第六章 滇西北地区当代建筑地域特色分析

198	第一节	来龙去脉
198	第二节	肌理协调
198	一、	建筑肌理特征与协调方式
200	二、	案例解析
203	第三节	环境应答
203	一、	环境特征与应答方式
204	二、	案例解析
207	第四节	变异适度
207	一、	空间变异与适应方式
209	二、	案例解析
212	第五节	材料建构
212	一、	材料工艺与建构方式
212	二、	案例解析
217	第六节	符号点缀
217	一、	建筑符号与点缀方式
219	二、	案例解析
220	第七节	滇西北地域建筑创作特点及问题

第七章 滇中滇东北地区当代建筑地域特色分析

223	第一节	来龙去脉
223	一、	"中体西用"的中国正统民族样式
226	二、	由中国正统的民族样式传统转换到地方的民间传统
228	三、	对多元的传统形式（小传统）共性特征的提取
231	四、	由单纯的对形式的探讨转向对传统空间及形式的现代重构
232	五、	基于现代建筑地区性的跨文化表达
236	第二节	肌理协调
236	一、	建筑肌理特征与协调方式

239		二、案例解析
243		第三节　环境应答
243		一、环境特征与应答方式
244		二、案例解析
248		第四节　变异适度
248		一、空间变异与适应方式
248		二、案例解析
251		第五节　材料建构
251		一、材料工艺与建构方式
253		二、案例解析
258		第六节　符号点缀
258		一、建筑符号与点缀方式
258		二、案例解析
264		第七节　滇中城市建筑地域特色的问题

第八章　滇西、滇南地区当代建筑地域特色分析

268		第一节　来龙去脉
269		一、体现国家意志的纪念碑性建筑
270		二、对朴素的现代建筑的探索
270		三、对于形式/形状的热情
270		第二节　肌理协调
270		一、建筑肌理特征与协调方式
271		二、案例解析
274		第三节　环境应答
274		一、环境特征与应答方式
275		二、案例解析
280		第四节　变异适度
280		一、空间变异与适应方式
280		二、案例解析
286		第五节　材料建构
286		一、材料工艺与建构方式

286	二、案例解析
292	第六节 符号点缀
292	一、建筑符号与点缀方式
292	二、案例解析
299	第七节 滇西、滇南地域建筑创作特点及问题

第九章 结语 继往开来，殊途同归

参考文献

后　记

前 言

Preface

多元融合，和而不同

云南地处我国西南边陲，特殊的地理位置使云南拥有与中原内地其他省份截然不同的历史文化氛围，并体现出丰富多彩、多元融合并存的民族文化特点。云南拥有26个民族，各民族文化既有自身特点又相互交融，结合云南独特的自然环境条件，形成6个不同的地域—文化圈，分别是滇西北高寒地区、滇西北寒温地区、滇西滇中温和温热地区、滇西南滇东南湿热温热地区、滇南干热地区、滇东北温和山区。云南各民族传统民居也以此为基础，发展形成了干阑式、井干式、邛笼式（土掌房）、地棚式、合院式五大民居建筑体系，而每一种民居形式在经历了千百年来自然与社会的双重选择与整合调适之后，对自然环境与人文环境做出了完美的应答。因此，云南各民族不同形式的传统民居建筑，可以说既是各民族对自然环境的认知智慧与创造适宜之美的融合结晶，也是云南现代地域性建筑设计创作的源泉。

相对而言，地处西部欠发达地区的云南，现代建筑创作与建设起步较晚，且在新中国成立后的很长时间没有专门的建筑学专业院校，专业的大型设计院也少，使云南现代建筑的发展建设受到极大的制约。随着改革开放与地方经济发展，探讨各种传统民居建筑风格元素及其建筑文化基因在现代建筑创作中的借鉴与传承，才逐渐受到重视并不断取得很大的成就。步入新世纪后，云南的现代建筑创作更是硕果累累，其中既有云南本土建筑师的不懈努力，也有外来建筑师的积极贡献，内外融合，创作出了不少优秀的建筑方案与设计作品，尤其是在2006年，云南"卡瓦格博建筑奖"的设立，对云南现代建筑创作的良性发展起到了积极的引导和推动作用。当然我们也应当承认，云南现代建筑创作的总体数量和质量，与东部沿海省份相比，仍然有较大差距和许多不足。因此需要不断地借鉴学习、总结创新，去探索更多适宜于云南本土自然环境与民族文化精神的现代地域建筑创作之路。

2014年，中国住房和城乡建设部村镇司启动了"中国传统建筑解析与传承"的工作计划，其目的是为了深入挖掘传统建筑的地域和民族特点，系统阐释传统建筑文化在现代建筑中的传承与发展，总结弘扬优秀的传统建筑思想和设计方法，为当代建筑的创作和决策提供理论支撑与评价依据，并为促进城乡风貌建设奠定基础，指导未来城乡建设发展。针对云南实际，本书分别从云南传统建筑的

"基因与特征"和"传承与创新"两个篇章进行解析和论述，实现以下三方面的目的：

一是总结过去，对云南不同区域的传统建筑特色与有关的风格元素进行系统的梳理总结，使其成为云南现代地域建筑设计创作可资借鉴与传承的参考素材。

二是立足现在，对云南现代建筑的优秀案例进行分析，通过探究其创作手法的创新应用，来对云南本土现代建筑设计创作进行指导。

三是着眼未来，为云南未来现代地域建筑的设计创作做出具有建设性的前瞻与引导。

西周时期的哲学家史伯曾经说过："和实生物，同则不继"。在云南当前与今后的现代建筑设计创作中，应力求"和于环境、和于乡土、和于民族、和于传统、和于文脉"，尽量避免同质化、套路化和庸俗化，使云南的现代建筑设计创作更加富有地域特色与民族文化内涵，更加能够反映出新时代的地域建筑风貌。而具体如何达到"和"而"不同"，寄望本书能给予读者一个答案。

本书的上篇"基因与特征"为传统篇，旨在通过对云南不同的地域—文化圈与民族构成，系统地分析总结云南各地区遗存的传统建筑风格、元素与基因特征，尤其是对各地方民族传统民居建筑特征的成因解析。下篇"传承与创新"为现代篇，在回顾总结云南地方民族传统建筑特色与特征的基础上，提取其建筑传承基因，探讨在云南地区进行现代建筑创作与实践的基本手法，以求引导更为深层的建筑文化传承与设计实践。

第一章　绪论

传统建筑及其建筑文化作为一个地域、一个时代的风俗、时尚及相关技术条件的客观体现，往往取决于一个地方所特有的地域环境特征、文化基因及其民众的审美价值取向。而传统建筑作为一个地区和民族的特定产物，其建筑性格必然具有明显的地域性。本章根据云南特殊的自然地理环境和气候特征，分别从地理气候、环境资源等方面，简要地梳理分析了多种不同气候类型条件下所形成的风格多样的传统民居建筑形式和民族文化特点，进一步总结归纳潜藏于传统聚落与传统建筑中的民间智慧及其建筑文化内涵，以表明云南各地域、各民族之间的传统建筑及其文化特征的多元融合与"和而不同"，为当代的地域性建筑设计创作提供可资借鉴的智慧源泉。

第一节　地理文化

云南是一个多民族的山区边疆省，居住着汉、彝、白、哈尼、傣、壮、苗、瑶、回、佤、拉祜、景颇、布朗、布依、纳西、普米、阿昌、基诺、德昂、蒙古、独龙、藏、怒、水、满等26个人口在5000人以上的世居民族。在全省4000多万的总人口中，少数民族有1355万多人，占全省总人口的1/3。除白族、回族、傣族等少数民族一部分人居住在坝区之外，其他80%的人仍居住在山区。由于云南各民族聚居的自然环境和社会发展程度不同，各自的生活习俗与文化氛围不同，聚居于不同山地和平坝住区的民族形成各具特色的生产生活方式，其优良传统在代代相传的过程中，以其合理性赢得广泛承认并传延下来；不合理的传统也以其因袭保守的习惯势力传之后世。各民族的传统生产生活方式作为现代文明的基础，既决定着各民族的过去和现在，也影响着他们的未来发展走向。

总体上，云南各民族在经济、文化和社会发展等方面，与内地和发达地区相比，仍处于相对滞后的状态，这种状况与之生存的环境制约和较低的社会发育层次影响，以及形成的传统生活模式密切相关，不仅山地和坝区自然生态的种种不利因素限定了经济、文化等方面的发展，而且诸如传统的生产生活方式以及制约传统生活方式的居住意识形态，也造成了各民族社会发展水平的极端不平衡，随之创造出丰富多彩、多元融合、多样共存的传统建筑风格形式，并且满足各个民族的不同生活方式与居住质量要求。

从乡土环境气候的因素划分，云南可划分为6个区域：滇西北地区（高寒、干冷及温和）、滇东北地区（干冷、温和）、滇西地区、滇中地区（温和或温热）、滇西南地区、滇东南地区（湿热或干热）。这6个区域，同时包含有多个彼此不同的少数民族和州、市、县等行政区划，既有代表各自区域风土特色的典型传统民居及其他传统建筑，也有表现出区域共性特点以及融会贯通其他区域建筑风格

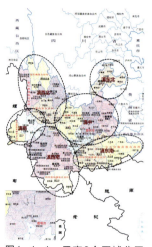

图1-1-1　云南6个区域分区示意图（来源：李君洁　改绘自中华人民共和国民政部编．中华人民共和国行政区划简册2014．北京：中国地图出版社，2014．）

图1-1-2　云南传统民居形态分布示意图（来源：吴志宏　改绘自中华人民共和国民政部编．中华人民共和国行政区划简册2014．北京：中国地图出版社，2014．）

的传统建筑。很明显，因地理气候与资源环境等相关因素的不同，必然会影响云南传统建筑的空间形态、风格形式、结构构造和材料选择应用等，最终形成一系列适合地方自然环境条件的传统建筑，共同承载和记录着各个民族所创造出的建筑文化与民间智慧，可以说是"特色鲜明，兼容并蓄"（图1-1-1、图1-1-2）。

然而，在传统建筑和现代建筑的典型案例的选择和研究时，因为以上六个分区案例数量和质量存在较大的差异，尤其是现代优秀地域建筑的案例多集中在滇中和滇西北区域，因此在撰写中，为了各章内容和篇幅相对平衡，因此在以上六个分区的基础上合并为三个区：滇西北地区仍为一个区，滇中和滇东北合并为一个区，滇西、滇西南、滇东南合并为一个区。

第二节　聚落智慧

聚落是一个活的有机体，其生长过程既复杂又朦胧，主要因为它是在社会、历史、地理等诸多因素的共同作用

下发展的。同时，又因为这些过程都发生在历史的天际线背后，依稀隐现，使人一时难以看清它的真实面目。

对于聚落的建立，昆明理工大学蒋高宸先生认为："食与性是村寨追求的最高目的。"如对爱情的追求，摩梭民歌说得最为坦白："倘若此生无人爱，死到黄泉不安心，愿学老鹰飞上天，哪里快乐哪里歇。"对于饱食的追求，也在许多民族的聚落选址中表露无遗。如"哪儿能种出蔓菁，哪儿就是纳西族要找的建寨地方"[①]。这种能饱食的村寨聚落选址原则，可认为是一种经验性的原则，体现着云南民族一种原始的生态观念。

云南地处祖国的西南边陲，由于自然环境的多样性、民族构成的复杂性，从尚未完全脱离原始状态的聚落到村镇，再到近代都市，实际上存在着一部活的聚落发展史。

众所周知，人类的生存曾经在游动和定居这两种极端形式之间长期摇摆，最终都或先或后地转向了定居。在进入定居之后，便有村落、集镇和城市的相继出现。这在不同的国家和不同地区、不同民族中，几乎都经历过这样一个相同的发展过程。但是，在这大致相同的发展过程中，不同国家、不同地区、不同民族却有着彼此不同的表现形式和不同的文化内涵，所有这些不同，正是体现出不同地方民族对聚落营建发展的智慧所在。

聚落作为各地居民赖以生活和生产的基地，它的发展历史最为悠久、数量最为庞大、分布地域最为广泛，所容纳的人口最为众多，所积淀的文化也最为深厚。

纵观云南聚落城镇的发展演变历程，大致呈现出三次大的历史性飞跃：

第一次飞跃，从游动到定居的飞跃，从而产生出现有的原始村落；

第二次飞跃，在广大乡村聚落的包围中间，一个个古代城镇脱颖而出，这可称为古代的城市化过程；

第三次飞跃，由古代城镇向近代城市转化的飞跃。

以上这三次大的历史性飞跃，标志着云南地方聚落城镇发展的进步历程。

一、云南聚落形态构成

云南各民族先民，面对不同的自然生态环境和不同的社会文化环境，曾经创造了种种带有"理想国"色彩的聚落模式，例如"沧源聚落"模式（图1-2-1）、"桑木底"模式、"惹罗"模式以及"普兹普武"模式等。在历史岁月的荡涤中，这种聚落模式的功能虽然发生了重大的变化，但其基本结构却被长久地保持下来，对云南今天的城镇发展产生着不同程度的影响。

比如，云南早期的城镇，更多地继承了自然形态的传统。究其原因，一是云南山多，地势起伏变化较大，内地城镇"方形根基"的观念形态，不如在平原地区那样易于实现；二是云南远离历朝京都，不受礼制思想的严格约束，对聚落城镇的布局建设，不论是在朝向选择上，还是在对方形城镇形态的借鉴应用上，大多取决于本地区、本民族的文化取向，从而营建出一批有鲜明地域民族文化特色的传统聚落城镇。如洱海地区的早期出现的太和城（图1-2-2），以及后期发展的丽江古城大研镇（图1-2-3），就其平面形态而言，就是自然有机形态的聚落。

而人们在这种聚居环境的建设活动中，如何适应自然环境，人与自然如何协调相处，或许从中能获得很多启迪。

由此形成的两种聚落类型：一种是自然形态的，另一种是观念形态的，其实是两种文化的象征。正是有这种不同文化的交融互渗，才有云南聚落城镇丰富多样的格局风貌。

---

① 蔓菁是一种能耐贫瘠和严寒的块茎植物。纳西族有古语赞美蔓菁："牲畜类的猫虽小，却是长斑纹的虎类，五谷种里蔓菁种最小，果实却是最大的。"王世英.初探东巴原始宗教之源[J].丽江志苑,1989(6).

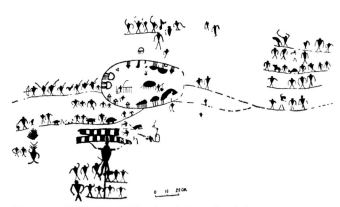

图1-2-1 沧源崖画远古村落示意图（来源：《云南沧源崖画的发现与研究》）

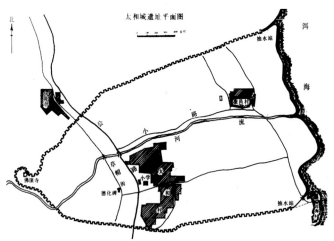

图1-2-2 太和城遗址示意图（来源：《云南民族住屋文化》）

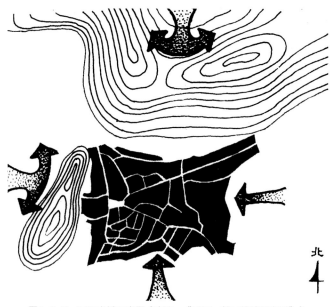

图1-2-3 丽江古城示意图（来源：《丽江·美丽的纳西家园》）

二、云南聚落形态特征

根据对云南现存许多传统聚落情况分析来看，有以下一些共性特征。

（一）综合性特征

综合性是传统聚落本身所具有的基本特征，包括人、自然、社会的综合，功能和结构的综合，人的居住行为和构筑行为的综合，以及物质形态要素和非物质形态要素的综合等。这就决定了对聚落城镇的研究，也必定是综合的研究，就应当从以建筑学、规划学、文化生态学为中心的多学科结合广泛视野上进行融贯的研究。

（二）动态性特征

聚落的发展演变是不可限制的，只是有时快一些，有时慢一些，有时会停滞甚至会倒退。人们对聚落发展演变的关注，往往不会停留在这些表象上面，而是在更为深层的动因上面，导致聚落发展演变的动力因素。或者来自外部，或者来自内部，或者是外部、内部因素的综合作用。

鉴于聚落的空间结构在历史中是动态变化和演进的，需要追踪它的变化和演进过程，这就自然地进入对聚落发展演变历史的研究。而聚落发展演变的历史，常常又表现出阶段性和变化性两大特点。

在聚落发展演变的每一个历史阶段上，一般都有作为这一阶段典型代表的聚落空间模式出现，而且具有相当的稳定性。在一个地区或一个民族中间，当由游动转向定居时所始创的聚落空间模式，可称之为该地区或该民族的聚落空间的原型模式，一个地区或一个民族的聚落空间原型模式，往往带有"理想家园"的性质，而且在一个地区或一个民族中间，保持的时间最为长久、对后者的影响也最为巨大，应该格外重视对聚落空间原型模式的深入研究。

为适应变化了的时代特点和发展需要，聚落空间常常面临着重构的任务。因有重构便带来聚落空间的变化。这种变化，既有渐变，也有突变，随机性很大，个体之间常有差异，需针对具体对象作具体分析。

（三）层次性特征

人们对聚落空间形态的认知，通常分为三个层次，即聚落的外部空间、聚落空间和宅园空间等。聚落的外部空间是聚落空间的底景，常有自然的属性，或可称为自然空间，例如平坝、峰峦、沟谷、荒坡、草地、林地等。聚落空间是自然空间的人工部分，一般称为人工空间，其构成要素例如宅基地、道路、广场、祭祀场地、宗祠或庙宇、墓地、生产基地、商业点或集市、教育机构、行政管理机构、边界标志和防卫设施等。宅园空间是聚落空间的重要构成部分之一，其构成要素例如睡眠、进食、休息娱乐、祭祀礼仪、人际交往、家务劳作、储藏、饲养、栽培、学习等。

可见，对传统聚落空间的关注与研究，既要关照聚落自身各要素和各要素之间的地位与关系，还应关照聚落空间与聚落外部空间和宅园空间之间的地位与关系，以及进一步关照一个聚落与同一地域内的其他聚落之间的地位与关系，以便获得聚落空间的完整概念。

（四）磁体性特征

传统聚落的产生发展，是人类社会发展不断进步的新标志，作为"磁体"，作为"容器"，作为"象征"，传统聚落一旦出现，便成为其所在的一定地区的中心；而该地区乃是孕育城市的母体，这个"中心"与"母体"的相互关系，必然会反映在城市的深层结构之中。

（五）记忆性特征

传统聚落或城镇是依靠它的历史记忆而存在的，也正是依靠这些历史记忆，把聚落的昨天、今天和明天持续联系在一起。比如，呈现在人们面前的一座座久享盛誉的历史性城市，对于研究者来说，这是一个个有多重价值的实例，每一个历史性城市的起源、发展、演变，它作为地区中心的功能意义，它留存至今的宝贵历史记忆等，虽非完整无缺，亦非拔类超群，但都有能够见证某种聚落或城市发展历史的真实性片段。为了聚落与城市持续发展的需要，为了"温故而知新"的认知需要，它呼唤着人们不断地开掘。

在探讨云南的生态环境时，不能忽视这样一些重要的特点。例如，由于山峦、河川、森林的阻隔，人们的活动范围相对分散而狭小，不仅各地理分区之间气候差异很大，即使在同一个分区之内，随着海拔高度变化，自河谷至山顶，因坡向、坡度及距海洋远近的不同，气候也呈现出明显的差异。一般在山麓河谷地带，气候炎热，雨量较少；在山腰地带，气候温和，降水较多；在山顶地带，气候寒冷，降水量多，人们形象称此为"垂直气候"。这种"垂直气候"，不仅影响到植被和自然景观，且在作物布局、耕作制度等方面的不同，一定程度上也影响到人口和民族分布的不同。滇东南一带曾流传着这样的口谣："苗族住山头，瑶族住箐头，彝族住坡头，傣族壮族住水头，汉族回族住街头。"人们把这个特征称为民族的"垂直分布"。

上述呈现的自然生态环境特征，导致了云南文化类型多样、民族性和地方性强、聚落城镇分散且规模较小的状况。这提示我们在研究中不仅要关注大的生态环境与聚落的关系，更应关注微生态环境与聚落之间的相互关系。

第三节 民居类型

根据云南特殊的自然地理环境和气候特征，各少数民族居住的传统民居，按照其聚居区域，可具体划分为滇西北地区（怒江州、迪庆州、大理州、丽江市）、滇东北地区（昭通市、曲靖市）、滇西地区（德宏州、保山市）、滇中地区（昆明市、楚雄州）、滇西南地区（临沧市、普洱市、西双版纳州）、滇东南地区（红河州、文山州）等6个区域，且因气候的差异，6个区域又呈现出高寒、寒冷、温和、温热、干热、湿热等多种不同气候类型，再与区域聚居的不同少数民族结合，共同形成形态丰富、风格多元并存的传统民居建筑形式，并表现出鲜明的地域特色和民族文化特点。

一、滇西北高寒地区

滇西北高寒地区主要包括迪庆藏族自治州，其代表民居类型是迪庆德钦地区的"碉房"，迪庆香格里拉地区的"闪片房"，怒江地区的"平坐式井干"民居与泸沽湖地区的"合院式井干"民居。由于气候较为寒冷，该地区民居的共同特点是具有厚实的围护结构以抵御风寒。

（一）德钦藏族土掌碉房

德钦藏族的"土库房"是藏区"邛笼"系民居的变异形式，正如藏族与古羌族的渊源。"邛笼"，为羌语，汉语之义为"碉房"。其形制受藏文化的影响，故与西藏藏族民居相像。封闭性强，保温御寒效果较好，冬季可以抵御凛冽的寒风，夏季可以给人们带来阴凉。

平面形式有"L"形、"凹"字形或"回"字形几种，基本在一个正方的格局内作局部变化。一般高三层，"货藏于上，人居其中，畜圈于下"，屋顶皆设晒房，以为晾晒粮食之用。经堂、客厅、喇嘛净室在第三层（图1-3-1）。

（二）香格里拉藏族"闪片房"

藏族"闪片房"属井干结构与夯土墙结合的混合形式，在空间和结构技术上充分体现了汉、藏两种建筑文化的嫁接与融合，多分布于低纬高山寒温性季风气候的香格里拉地区，气候相对寒冷，降水较少，日照较强。传统"闪片房"建筑布局形式多为"一"字形和"L"形，房屋平面近乎正方的矩形，"院"南、"屋"北，人畜均从前院院门进入。"闪片房"的建造是基于地理气候和生产生活的朴实应对（图1-3-2）。

其共同特点为：底层为畜圈，二层为人居，夹层为草料储藏；以保温抗寒为目的，墙体为较厚的夯土墙且开窗小，房屋进深大；屋面为平缓的"闪片"双坡，直接用冷杉木手工劈制而成，"闪片"是具抗寒、抗风化能力的"自然"材料。

二、滇西北寒温地区

滇西北寒温地区包括怒江傈僳族自治州与宁蒗泸沽湖区域，其代表民居形式是怒江地区的平坐式井干土墙民居与木楞房、宁蒗泸沽湖地区的井干式民居。该区域气候相对寒冷，比德钦高寒地区稍显温和，加之该地区森林繁茂，其传统民居的共同特点是以井干木楞房为主，建造较为厚实的井干式围护结构抵御寒冷，相对于高寒地区的藏式碉楼，其封闭性有所减弱。

（一）怒江怒族"井干—土墙"式民居

聚居于贡山一带的怒族，其生活环境的气温较低，林木丰盛，故就地取材，因地制宜，建造出底层架空的井干式民居，被称为"平坐式"（架空）垛木房。架空层以土墙围合者，称为"井干—土墙式"。

其平面形式通常为两种：一种是居中进出型，中间向内凹进一小块缓冲空间，然后分左右进入室内；另一种是带走廊的双间布置型，即将靠前面左边的一间缩小形成一个有顶盖的敞廊。粮仓、畜圈通常在住屋周围另设（图1-3-3）。

怒江这种"井干—土墙式"民居，比其他地区的木楞房多了一个平坐，故称为"平坐式"垛木房。在用料上除直接采用圆木叠置之外，怒族垛木房还有用厚约20厘米的木板层层摞叠。

（二）怒江独龙族木楞房

居住于云南独龙江山谷中的独龙族，其社会仍处于原始社会后期，因此其住居文化充实了我国居住建筑史中原始社会的篇章，是原始社会建筑的"活化石"。

独龙族民居常为两层，楼上住人，楼下圈养牲畜。平面布置多建成长方形，屋内两边用竹席隔成十多个小间，独龙语称为"得厄"。两排"得厄"中间是一条较宽的通道，通道两端各开一门，架木为梯，供上下之用。上层室内设一个或两三个火塘，一个火塘即为一个家庭的象征。此类民居在建盖时，都

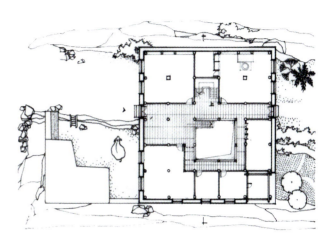

图1-3-1 德钦藏族土掌房及平面图

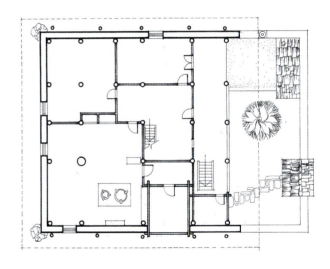

图1-3-2 香格里拉藏族"闪片房"及平面图

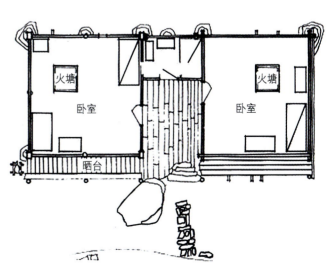

图1-3-3 怒族井干—土墙式民居及平面图

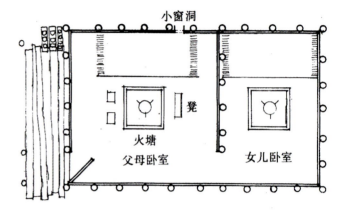

图1-3-4 独龙族井干房及平面图（来源：《云南民居续篇》）

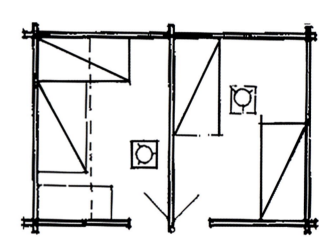

图1-3-5 彝族木楞房及平面图（来源：《云南乡土建筑文化》）

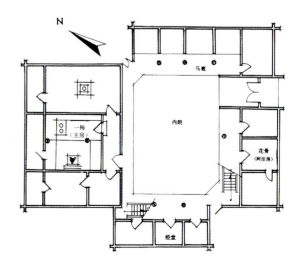

图1-3-6 纳西族木楞房及平面图（来源：潘曦 摄）

喜欢靠山打桩，屋面一般离地二三尺（约1米）高，结构是井干壁体与干阑架空相结合的建筑形式（图1-3-4）。

（三）宁蒗小凉山彝族木楞房

在滇西北小凉山、宁蒗、永宁一带彝族居住区，森林密布，交通不便，建筑技术不发达，民居建造均充分利用地方材料，以简单的井干木构房屋，满足其基本的生活生产要求。其木楞房与附近纳西族摩梭人的木楞房基本相同。

平面形式有一字形、曲尺形、三合院、四合院等。正房是三开间平房，明间是堂屋，一般作厨房及待客用，设火塘做饭、取暖及照明，且终年不息火。火塘上多以绳索吊挂一长方形木架，上置竹席，以烘烤粮食，是本地区彝族干燥粮食的特殊方法。在火塘边设地铺，家人及来客围火塘席地而坐，并有一定方位限定。堂屋右次间是主人卧室，一般不容外人入内。左次间是杂用或畜厩。多数住房设简易阁楼，堆放粮食或供子女就寝（图1-3-5）。

（四）泸沽湖摩梭人井干合院式民居

居住于川、滇、藏交界的纳西族，善于利用井干式结构建造传统的木楞房，其中以纳西族支系——摩梭人的木楞房最具代表性。摩梭人木楞房民居主要分布在泸沽湖周围，以四合院为典型居住单元。

院落中的建筑主要为正房、花楼、草楼和经堂，是典型的母系大家庭的居住建筑。房屋一般采用石砌基础，墙体为井干式木楞墙或夯土墙体，屋顶覆盖木板瓦或筒板瓦。近年来瓦片屋顶应用十分普遍，但正房的屋顶仍然使用木板（图1-3-6）。

三、滇西、滇中温和温热地区

滇西、滇中地区包括昆明市、大理白族自治州（后文简称大理）、玉溪市、丽江市与曲靖市等地，该区域气候较为温和，既是云南文明起源最早、经济最发达的地区，又是受到汉文化影响较深的地区，常见的合院式民居为"一颗印"。这类合院式民居，根据不同地区具体气候环境的不同，其内院空间有闭有敞，有大有小及明显的差异性。

（一）昆明玉溪地区的"一颗印"

"一颗印"是昆明地区传统合院民居模式的一种典型平面，被称为"三间两耳"或"三间四耳倒八尺"。所谓"三间四耳倒八尺"，指的即是正房有三间，两侧厢房(又称耳房)各有两间，共计四间；与正房相对的倒座其进深限定为八尺。这种固定的基本平面形式，其外形紧凑封闭，方正如旧时官印，因此而得其名。又因其占地小、适应性较强，辐射推广到玉溪、曲靖等地的多个民族的传统民居应用中。

"一颗印"平面由正房、厢房组成。正房为面阔三间两层，双坡瓦顶硬山或悬山式。前有单层檐廊瓦顶，一般称为腰厦，组成上下重檐。每间民居均有一封闭的院落，一家生活所需全部纳入其中，自成一隅。院子多狭小近似长方形，一般约3米×4米，屋檐距离则更小。院落有大门一樘，无后门或侧门，人畜均由一门出入。当地群众说这种方式"关得住、锁得牢"，最为理想（图1-3-7）。

（二）大理地区的白族合院

大理地区的白族传统民居有两种层次不同的合院，即适应于从事农业和工业的普通合院和带有"礼制"思想及审美追求的文人合院。

（1）普通合院：以三开间二楼作为一个基本单元，依家庭的经济财力、选择的基地环境、风水朝向等多种要求，作灵活布局，形成"L"形、"Ⅱ"形和"门"字形几种平面组合形式，加上门楼、围墙等构筑物，共同围合成为并不十分严谨的院落（图1-3-8）。"凡人家所居，皆依旁四山，上栋下宇，悉与汉同，唯东西南北不取周正耳。"

（2）文人合院：这是在对汉文化吸收融合后，再融入本民族审美需求形成的合院，其布局形式就是典型的"三坊一照壁"和"四合五天井"，它以庭院天井为中心组织各坊房屋，均以前导过渡空间来保持合院内部的相对安静。由外而内形成曲折多变的民居入口，多半与主体合院改变走向，

图1-3-7 昆明"一颗印"民居及平面、立面图

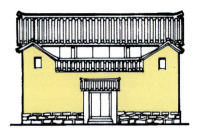

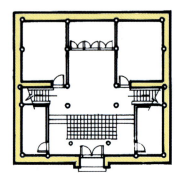

图1-3-8 大理白族合院民居及平面图

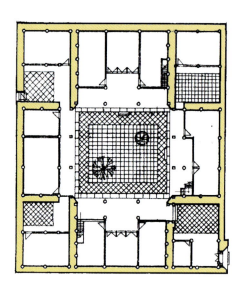

进一步增强了居民的安全感和私密性要求。

为了防风、防火,白族建筑匠师还创造了带封火檐的"三合一"外墙工艺,使大理"合院式"民居在木构技术和墙体工艺上,可谓达到了至精、至良的水平。

(三)丽江地区的纳西族合院

纳西族合院式民居为世界遗产地——丽江最典型的民居形式,它摆脱了原始的木楞房,吸收白族、汉族的建筑形式,融合本民族文化,形成适应丽江环境气候与文化特点的民居形式。其平面组合形式为三坊一照壁、四合五天井、两重院、两坊房、一坊房等多种,外形较为规整(图1-3-9)。

"四合五天井"及两重院多为土司、大户人家所建。两坊房、一坊房多为贫民所建,因受经济条件所限,常将所缺

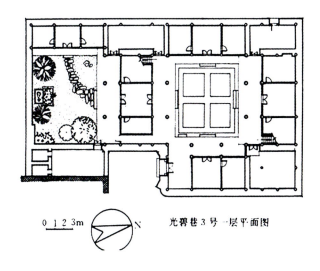

图1-3-9 丽江纳西族合院民居及平面图

的二坊或一坊留出扩建位置而围以土墙。而大量为人们所常见的是"三坊一照壁",由较高的正房与两边稍低的厢房及围墙(照壁)组成院落(内院)。

在各类合院形式中,正房均为一明两暗三开间的传统布局。中间一间较大的为堂屋,供起居、待客用。左面一间为老人住宿,右面一间为子女卧室,楼梯多置于左面开间。正房前均设有三开间"厦子"(前外廊),这是一家人生活起居、待客、搞家庭副业必不可少的地方。

悬山屋顶设封火山墙,正中有悬鱼,朴实美观,起到了盖缝及装饰作用,是区分纳西族与藏族、白族民居的明显标志。"悬鱼"的式样依建筑的等级、性质、规模和质量而定,基本形式为直线和弧线,被认为是"吉庆有余"的象征,更早期的则采用有赐福意味的"蝙蝠板"。

(四)腾冲地区的汉族合院

分布于滇西腾冲地区的传统合院式民居,以和顺镇最具代表性。和顺镇现存的合院民居大多是晚清和民国时期建盖的,其平面空间组合类型主要有三种模式:即"一正两厢房"、"四合院"、"一正两厢带花厅"。

"一正两厢式"合院,即由正房(有时一侧带耳房)、左右厢房和照壁、围墙以天井为中心组合而成,厢房对称布置。"四合院"由正房、左右厢房和倒厅组成,中央是天井。倒厅实际上是正房的反向应用,只是进深尺寸略小于正房,以保持正房的主体地位。入口大门常设在倒厅的左侧或右侧。有些人家用地宽敞,则在此基础上再增设正房、倒厅、耳房,形成大型的"四合院"平面格局的拓展形式。"一正两厢带花厅"式合院,由正房、左右厢房、花厅(花厅前左右也带一至二间厢房)、照壁、围墙组合而成,中央为主天井,花厅与照壁之间设花厅天井,花厅与花厅天井实际上是一个隐蔽的微型花园,最受书香人家的欢迎,是和顺镇合院民居中的精华和主流形式(图1-3-10)。这三种合院的平面布置,均有明显的轴线对称空间关系。

房屋的木构架是穿斗式和抬梁式的灵活运用。墙面常用不同的材料组合,使其在质感和纹理上产生对比。檐下常配以文化意味深远的传统水墨书画,增强视觉效果,镶铁花窗与木格花窗巧妙结合,展现出外来文化与本土建筑文化的融合。

(五)会泽地区的汉族合院

会泽古城位于滇中偏北地区,其传统民居不论在类型上或在细节上,都饱含着丰富的地方文化特色。从最早的"凹"字形平面,到"口"字形与"回"字形平面,再到"日"字形与"昌"字形平面,总体上有"向心、对称"的共同特点。

会泽地区的合院基本型为"四水归堂"式，正房三间、中堂开双门，如人之首，为供奉天地祖先和招待贵宾的场所，左右两间为家长和长辈居住，与两次间相接的左右厢房对称设置，与正房相对设置对厅，居中设出口过道，四坊房屋围绕天井布置，形成像人俯身视地、两手向前虚抱之势。

随着建造时间的推移，由前后两进合院组成的"重堂式"院落便成为主流。其平面形式不仅较好地分隔了公共与私密空间的使用要求，在文化内涵上也反映了当地居民对美好生活的愿望。当两进院落大小相当组成"日"字形时，则喻"日丽中天，光耀门庭"；若后进院较小则在两天井中砌横向花台，使平面变成"昌"字形，喻"福泽子孙，万世其昌"；再往后，更大型的"四合五天井"院落也出现了。这种空间形式的变化，直接反映了当地主流文化的变迁（图1-3-11）。

（六）建水地区的汉族合院

位于滇中南部的建水古城，至今仍保存着大量的合院民居，且善于运用标准化的构成单元，如正房、耳房、倒座、花

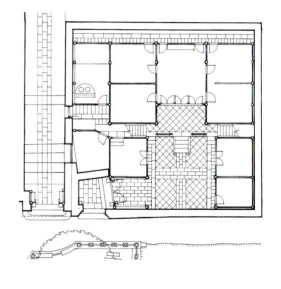

图1-3-10 腾冲汉族合院民居及平面图

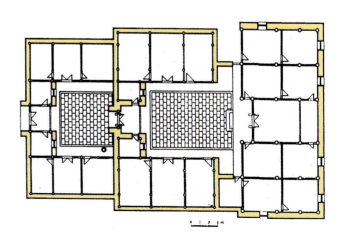

图1-3-11 会泽汉族合院民居及平面图

厅、门楼、照壁、围墙等，来进行多种形式的拼连组合，形成一个可有限"增殖"的有机平面体系，同时创造了多种使用功能不同的居住空间环境，从而显示出极大的灵活性和广泛的适应性。"三间六耳下花厅"便是建水当地的典型民居之一。

建水合院的平面组合主要有"三合院"、"四合院"和"三间六耳下花厅"三种基本形式，并在这三种基本形式的基础上进行纵向、横向及双向的不同拼连扩展组合，形成丰富特殊的组合平面（图1-3-12）。

其中最有特色的是"三间六耳下花厅"，"三间"指正屋为三间，"六耳"指正屋两边的厢房共有六间，这种合院民居一般具有两重院落，除了具有前述合院民居的一些共同特征外，"三间六耳下花厅"最大的优点就在于"双进线路"的设置与第二个院落"花厅"的配置。"双进线路"区分内外进出流线需要，花厅宁静高雅，可满足男子"苦读"、"会友"的要求，又契合儒生的精神追求。

（七）石屏地区的汉族合院

同处于滇中南的石屏古城，其合院民居形式最有特色的

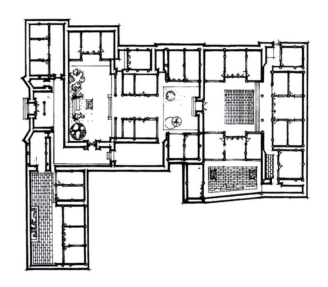

图1-3-12　建水汉族合院民居及平面图

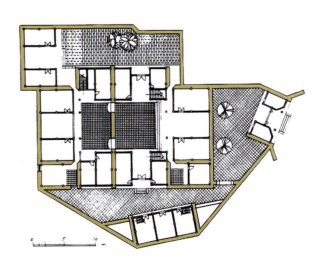

图1-3-13　石屏汉族合院民居及平面图

是"四马推车",虽亦属汉系合院民居,但却表现出另外一种建筑风格。"四马推车"是以两个"三坊一照壁"相互对接拼连而形成的组合平面。在院落中,分隔天井空间的中心照壁两边共用,且装饰不同。照壁两边的院落功能有主次,地面有高差,在保证主体院落的严格布局和方位要求外,周围的辅助用房则充分结合周边自然地形自由组合。石屏地区的合院民居还有一个明显特点,就是其屋面是柔和优美的曲线形造型(图1-3-13)。

四、滇西南、滇东南湿热温热地区

滇西南、滇东南湿热温热地区包括西双版纳傣族自治州（后文简称西双版纳）、德宏傣族景颇族自治州（后文简称德宏）、文山壮族苗族自治州（后文简称文山）、普洱市等地区,该区域气候炎热,故民居形式以底层架空的干阑式为主,其目的是利通风、避虫害。同时这一区域亦为少数民族聚集区,虽同属"干阑系",却因地形地貌与文化的不同,呈现出明显的地区差异。

（一）西双版纳、德宏的傣族干阑式民居

傣族干阑式民居主要分布滇西、滇南的西双版纳、德宏、红河哈尼族彝族自治州（后文简称红河）和普洱市等地乡镇,大致分为四种主要类型：版纳型、孟连型、瑞丽型和金平型。

（1）"版纳型"傣族竹楼,建筑平面接近于方形,一般由上层的堂屋、卧室、前廊、晒台、楼梯以及下层的架空层组成。正房以横向分隔为主,利用走廊位置的变化来组合不同的前导空间。堂屋内设火塘,可兼顾待客、做饭、家庭交往等用途。前廊有顶无墙,以交通功能为主。屋顶以较为陡峻的歇山式屋面为主,并与前廊屋顶相交连,与架空的晒台共同构成干阑民居形式独特的空间语言（图1-3-14）。

（2）"孟连型"傣族竹楼,其建筑平面及外形与西双版纳地区的相似,但无前廊,上下楼梯直接与正房相连。正房一般作纵向分隔为三间,体现出地位渐进与私密渐进的要求。从底层上下二楼的楼梯设为两段,并在两段楼梯交接转折处设置成扩大的平台,作为日常邻里间相互闲谈交往的场所。

（3）"瑞丽型"傣族竹楼,建筑平面横向分隔为前后两个空间,前室为堂屋,后间作卧室,屋内现已很少设置火塘,若有则作为取暖或象征标志,并起到堂屋方位座次的限定作用。一内一外的双楼梯设置是其特点之一,对外的入口楼梯布置在房屋的其中一端,并与二层晒台相接。另外一端

 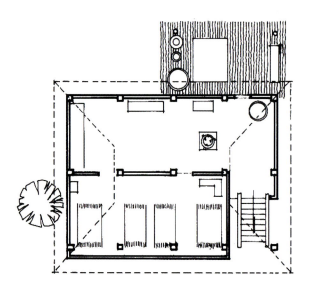

图1-3-14 版纳傣族干阑栏式民居及平面图

楼梯则直接从堂屋上下与厨房相联系。这种室内外双楼梯的设置，使交通和功能使用有了主次和内外之分，更加方便日常的生活使用要求（图1-3-15）。

（4）"金平型"傣族竹楼，建筑外形和西双版纳地区近似，但楼层的室内分隔较为简单，最明显的特点是双楼梯的对称设置，并各有大小不同的室外晒台相连接。在具体使用功能上有男女之别，男女分梯上下，分门进出楼层室内。

（二）文山壮族干阑式民居

壮族干阑式民居主要分布于滇东南的文山壮族苗族自治州，所使用的建筑材料和式样因地而异。经济发达、木材较多的地方，干阑民居多为竹木结构，竖木为柱，屋顶盖瓦。经济贫困、缺乏木材的地区，则以竹子作篱笆和楼板，用石头砌基础，夯土为墙或砌砖为墙，顶上盖茅草或瓦。

壮族干阑民居平面多为三开间二层房屋，设阁楼，带有两山披厦，外形类似歇山屋面。底层常常用于圈养牲畜，二层为居住层，阁楼作储藏之用。开间尺寸有主次之分，正房相对于厢房稍大。楼梯常居中设于房屋主入口一侧，楼上前边为走廊，较宽敞，围以栏杆或半截板壁，光线充足。进入大门即是堂屋，一边为客厅并设火塘，另一边为卧室，屋内的生活基本以火塘为中心，每日三餐都在火塘边进行（图1-3-16）。

（三）澜沧、孟连拉祜族干阑式民居

居住在澜沧、孟连一带的拉祜族，由于气候温热潮湿，其住房是利用自然资源的竹、木、草、藤等建成的干阑式住屋，又称"木掌楼"。上层住人，下层用于关养牲畜和存放杂物、舂米等。平面一般近似长方形，楼层低矮，被深深的出檐遮盖着，远望只见一根根木柱上，架着甚为硕大的黄色草顶，淳朴自然，不加装饰，颇有粗犷田野韵味（图1-3-17）。

在"木掌楼"东边山墙处，经常设一个宽约1米的晒台，叫"古塔"。每当人们回家时，先由独木梯上到晒台上，用水冲洗干净脚上的泥土后再进屋。屋分前后两间，前间较小，叫"切嘛郭"，安有木臼。后间为火塘间"阿扎"，全家做饭、起居、睡眠都在这里进行。

（四）澜沧佤族"木掌楼"及"鸡罩笼"

佤族木掌楼民居主要分布于滇西南阿佤山区的西盟、沧

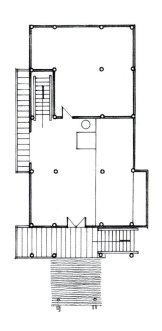

图1-3-15　瑞丽傣族干阑式民居及平面图

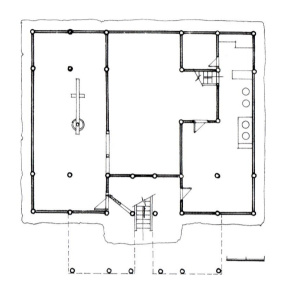

图1-3-16 文山壮族干阑民居群及平面图

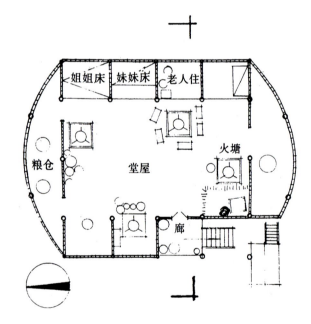

图1-3-17 澜沧拉祜族干阑式民居及平面图

源、澜沧等县乡镇。

其民居形式为一端或两端呈椭圆形平面，在椭圆的一端退后作平台，设门并从架空层上的平台进屋，平台较大，超出屋檐的滴水线。有的还错落成两层，高度相差40厘米左右，以提供更大的活动空间。平台是一个集休息和做家务用途为一体的空间。由于室内光线昏暗，于是半开敞的平台空间弥补了室内采光的不足（图1-3-18）。

屋顶是由两坡面再加上位于入口一端或两端的圆弧形屋面组成。墙壁比较低矮，仅为防止屋面的椽子与地面相碰设立。由于屋檐较低，为进出方便，在入口处将屋檐单独挖出一个缺口作为门户，成为其外观特点。

房屋空间的大小、数量，可根据各家经济条件和家庭

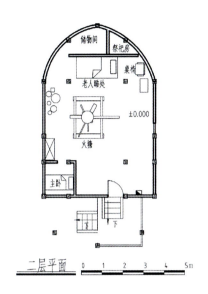

图1-3-18 澜沧佤族干阑式民居及平面图

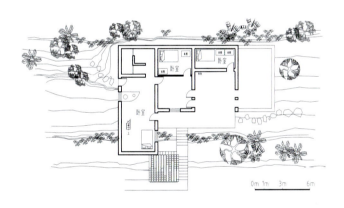

图1-3-19 文山苗族干阑式民居及平面图

人口构成而定，而头人、珠米（佤族的富裕阶层）家的房屋较大些，分主间、客间和外间；普通人家则只分主间和客间。

"鸡罩笼"形式与"木掌楼"大体相似，可以视作落地的"木掌楼"，其建筑外形就像一个罩子，平面端部做成圆弧形，与佤族特有的圆弧形屋面协调统一。

（五）文山苗族干阑栏式民居

文山地区的苗族居住方式十分多样，以保持较古老的干阑形式"吊脚楼"最为普遍。楼分三层，二三楼和前檐用挑梁伸出屋基外，形成悬空吊脚，故称"吊脚楼"。

下层多为关牲畜、家禽和堆放柴草、农具之所。二层为全家饮食起居的主要场所，外设走廊，中间安有凉台状较长的曲栏座椅。二楼大门门槛特高，以保证幼儿活动安全。三层可作卧室，亦可存放杂物（图1-3-19）。令人称奇的是，偌大一座楼房，除固定椽子用少许铁钉外，其他部位全部用卯榫构筑而成，体现了苗族人民高超的建筑技艺。

苗族传统干阑式房屋均为穿斗式构架体系，依山而建，后半边靠岩着地，前半边以木柱支撑，楼屋用当地盛产的木材建成。屋顶有双坡顶与悬山顶，屋顶材料主要为青瓦，少量的有用杉木皮盖顶。

（六）文山、红河瑶族干阑式民居

瑶族是一个山地聚居民族，往往依山傍水而居，其典型代表就是与自然地形紧密结合的吊脚楼，瑶族吊脚楼主要分布于滇东南地区的许多乡镇县。

瑶族吊脚楼依山势的高低而建造，前后立柱也随地势高低不同设置。房屋分上下两层，下层多架空，一般作为牛、猪等牲畜棚及储存农具与杂物。楼上为客堂与卧室，四周伸出有外挑廊，主人可以在廊里做家务和休息。这些廊子的柱子有的不落地，以便人畜在下面通行，廊子空间完全靠挑出的木梁承受。这种吊脚楼往往靠山坡而建，上层外边悬吊在空中，形成灵巧别致、凌空欲飞的建筑外形，且干爽透气，通风采光良好，住起来非常舒适。有人说其建筑艺术体现了瑶族人民"地不平，我身平"的哲学思想（图1-3-20）。

（七）德宏景颇族干阑式民居

景颇族干阑式民居适应其所在地的自然条件，多架空楼居，分低楼与高楼。屋面为独特的长脊短檐，造型古朴，结构简单，反映了景颇族的山地居住文化。

景颇族干阑民居平面多呈长方形，主要入口位于山面的

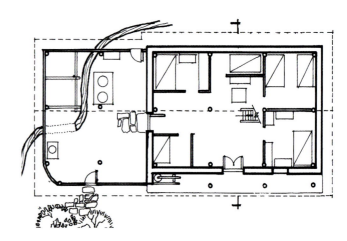

图1-3-20　文山瑶族干阑式民居及平面图

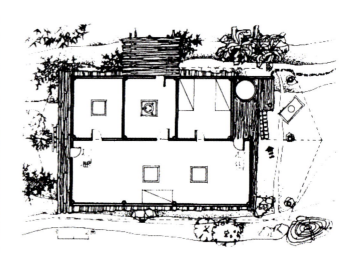

图1-3-21　德宏景颇族干阑式民居及平面图

其中一端，室内以屋脊为界纵向分为两半。其中一半为宽敞的大空间，作为家庭起居生活与会客交往空间，两端分别连接进出室外的两道门；另一半则依家庭成员的数量隔成若干小间，每一小间均设一个火塘，并有严格的顺序等级之别。纵向的承重结构与室内空间分隔相协调，柱与柱之间无横向联系，承重柱与架空居住层相互独立，自成一体。

立面造型鲜明独特，独有的"长脊短檐"倒梯形双坡悬山屋面形式，下层架空，架空高度不足1米，适应于其所建造的山地缓坡地段（图1-3-21）。

（八）德宏德昂族干阑式民居

德昂族干阑式民居70%分布于德宏州芒市三台山，少量分布于瑞丽、陇川、梁河、盈江四县，其住所属亚热带气候，山峦叠翠，竹木成林，雨量充沛。

德昂族干阑民居平面一般为矩形，独自成院，家庭成员分室居住，互不干扰。房屋两端有双楼梯设置，主梯连接楼上晒台廊子到主房，副梯则连接另一端的厨房，布置方式比较灵活多变。由于山区较冷，客堂与卧室均设火塘。

立面为一般干阑式建筑形态，但主入口一端的屋顶也像佤族民居一样做成圆弧形屋顶，当地人称"毡帽形"，且在其歇山草顶设葫芦形草结，体现出自由粗犷的建筑风格和特殊的民族文化，很有特色（图1-3-22）。

（九）西双版纳的基诺族干阑式民居

基诺族的"干阑"式竹楼位于西双版纳地区的基诺山区，一般为上下两层，竹楼上层住人，下层不设四壁，用于堆放工具、杂物和家畜栖息。竹楼上有前后两个晒台，前晒台连着楼梯口，后晒台是晒衣、纺织之处。楼上用篾笆隔

图1-3-22 德宏德昂族干阑式民居及平面图

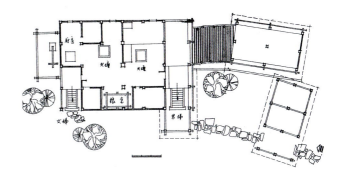

图1-3-23 西双版纳基诺族干阑式民居及平面图

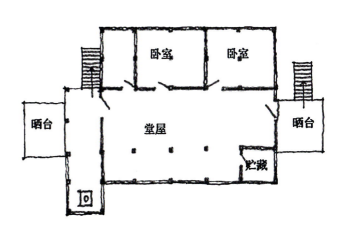

开，里屋按人口数量隔成数间卧室，外屋为"客厅"，兼厨房、饭堂，"客厅"中间有1米见方的火塘，三块锅桩石作三足鼎立状，火塘上面悬挂着竹编吊笼，放置食品。火塘和锅桩石是家中神圣之物，家人劳动归来或来客都围火塘而坐，饮茶、谈天、商谈家务事、安排生产都在这熊熊火光处进行（图1-3-23）。

（十）西双版纳的布朗族干阑式民居

居住在西双版纳边缘山区的布朗族，早期受傣族领主的统治，但社会发展缓慢，生产水平很低，其干阑式民居受傣族文化影响较深（图1-3-24）。

布朗族竹楼一般为竹木结构，分为上下两层，上面住人，下面是堆柴、舂米、织布和喂养牲畜的地方。主房平面最简单为"一"字形，房顶呈双坡面，酷似我国古代王冠，以草排覆盖。侧面设有一木梯可以沿梯上楼，楼上一侧搭有竹质晒台，上摆盛水竹筒，是妇女们梳妆、晾晒衣服和休息的地方。室内四壁系用竹片编成，基本不开窗口，光线十分暗淡。楼面用竹杆对剖压平后铺设。楼上室内筑有火塘，是取暖、做饭、待客的地方，火塘四周铺上竹席供人睡觉。

布朗族的干阑式民居曾经历过由"大房子"演变而来的漫长历史。现今住房因受傣族传统干阑民居的影响较大，其外形和平面布局，与西双版纳傣族传统干阑竹楼的造型风格相近。

五、滇南干热地区

以红河河谷为主的滇南干热地区，因其气候干燥，森林资源较为匮乏，取而代之的是较为丰富的生土资源，加之生土围护结构保温隔热效果较好，因此，该地区最为典型的民居形式是以生土材料为主的"土掌房"民居。

（一）红河地区哈尼族"蘑菇房"

哈尼族的"蘑菇房"，主要分布在红河州的元阳、红河、绿春等县一带，大多由四坡屋面的草顶与土掌平顶组合而成。草顶部分为二层正房，两坡或四坡草顶，脊短坡陡，外形近似蘑菇形，因此得名"蘑菇房"（图1-3-25）。

哈尼族"蘑菇房"民居的形制主要由正房、走廊、耳房、晒台、院落五个建筑空间组成。正房是整个房屋的核心空间，为三间二楼加闷火顶（即蘑菇形屋顶覆盖的部分）。底层三间，明间是堂屋，开间较大，为待客和家人聚集处，正中祭神；两次间为卧室，开间较小，老人或已婚兄弟各住一边。二层为晾晒、贮存粮食之用。闷火顶主要为保持所储藏的粮食和种子不易潮湿发霉，上留有一个小孔，使粮食直接从闷火顶上漏至粮仓内，方便粮食搬运。走廊设于正房前，长度与正房相同，宽度多在2米以上，是家务活动与就餐之处。耳房一般为两开间，二层，其长、宽、高的尺度均较正房小，构造也较简陋，底层低矮，为牲畜厩，二层或住人，或堆放饲料及储存杂物。晒台即土掌平顶，由正房的二

图1-3-24 西双版纳布朗族干阑式民居及平面图

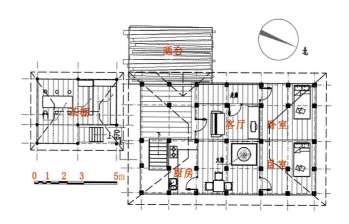

图1-3-25 红河地区哈尼族蘑菇房及平面图

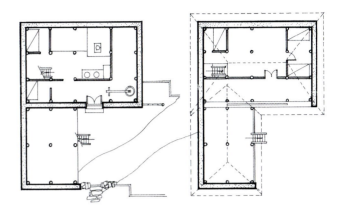

图1-3-26 红河地区彝族土掌房及平面图

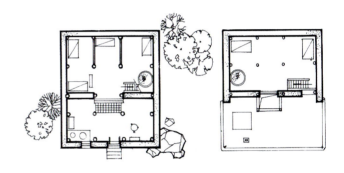

层设门直接通向室外的平台。院落一般较为狭小，由正房和一侧耳房或两边的耳房围合而成。

从建筑平面看，其布局形式主要有：独立形、曲尺形、三合院、四合院。从建筑整体看，其分为两部分，一是坡顶部分，其构造为竹木构架承重，技术较发达地区为规整的"人"字形木屋架，屋面多为草顶；二是两层的房屋部分，房屋土墙也有部分承重。

（二）红河地区彝族"土掌房"

彝族"土掌房"多分布在滇南哀牢山、红河流域和金沙江流域的干热少雨地区，以峨山、新平和元阳等地的彝族"土掌房"为代表。

"土掌房"平面一般为三开间长方形或正方形的平面组合，结合坡地灵活退台处理为两层或三层。土木结构的房屋分前后两部分布置，前部是厢房（又称耳房），后部为正房。入口一般居中设置，前后地面有高差，空间主次分明。墙壁为夯土墙体或土坯墙体，土墙一般为两层高，底部厚达1米。屋顶以粗细不等的横木分层覆盖，用树枝、柴草铺平后，再以泥土分层夯实，面层涂抹平滑，使整个屋顶面结实平整且不漏雨。层层叠落交错的退台屋顶，使其建筑外形平稳凝重，敦厚朴实，统一中有变化，退台处理形式与坡地环境融为一体（图1-3-26）。彝族"土掌房"采用的材料，皆就地取材，既方便建造，又经济适用，适合于广大乡村的普通居民建盖。

六、滇东北温和山区

滇东北温和山区主要指昭通地区，昭通古称"朱提"，其自古以来政治经济较为发达，因此民居形式上存有汉化的合院式民居，在偏远山区则以木构土墙式民居为主。

（一）昭通地区苗族单栋式民居

昭通地区的苗族传统民居，一般为单栋式的木构土墙式民居，平面空间较简单，一般位于经济条件比较落后的地区。

其平面布局特点是整体分为三开间，中间堂屋两边厢房的布置；进深两至三间，房间功能包括堂屋、火塘、倒座、卧室、厨房、储藏等，二层多开敞布置，用于储藏粮食和堆放杂物；局部三层花楼，用于堆放木料。大房子平面布局来源于川南民居，是昭通地区运用最广的民居平面布局模式（图1-3-27）。在结构上以木构架承重，土墙围护（包括夯土墙与土坯墙），主要还是为其取材方便，便于操作。

（二）昭通地区苗族合院式民居

因昭通受四川建筑文化的影响，整体外形上与川南民居风格有许多相似之处。在经济发达地区还有少量汉式合院民居分布。该类民居形制特征是：其组成方形合院院落的各幢房屋，彼此是相互分离的（主要是结构上的分离）。房屋之间的走廊相连或不相连，各幢房屋皆有坚实的外墙装修。由于雨量少，故多为硬山封护山墙，室内空间与室外空间有严格的划分，各幢住屋门窗皆朝向内院，整幢住宅外部包以厚墙。这类民居包围的院落较大，有的院内还有树木、绿化；在夏季可以接纳凉爽的自然风，冬季可获得较充沛的日照，并避免西北向寒风的侵袭（图1-3-28）。

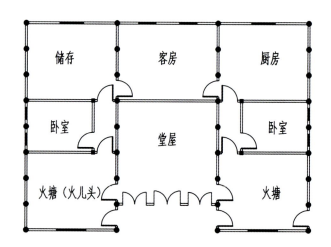

图1-3-27 昭通苗族木构土墙民居及平面图

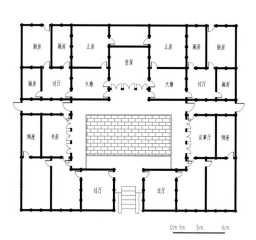

图1-3-28 昭通苗族合院式民居及平面图

第四节 天地人居

一、天——气候条件

云南的气候环境多种多样，其气候特点主要表现为：

（1）年温差小，日温差大。云南地处低纬度高原，空气干燥且较为稀薄，各地所得到的太阳光热能量随太阳高度角的变化而增减。同时又因海拔较高，气温随地势的升高而降低。

（2）干湿季节界限分明，雨量充沛而分布不均。年降水量在季节和地域上的差别很大。在较小的范围内，"地形雨"对局部地区的影响也很大，往往在山脉的迎风坡降水量大，背风坡降水量小，或形成"东边日头西边雨"的气候景象。

（3）气候垂直变化十分显著。由于水平方向纬度的增加与垂直方向海拔的增高相吻合，在云南呈现出寒、温、热三带共存的气候类型。所谓"一山分四季，十里不同天"，就是这种气候类型的真实写照。

由于地形、地貌和气候条件的差异非常显著，云南的经济形态也十分多样。这里既有高原湖区和平坝农耕、山区半农半牧和高山游耕的经济形态，也有河谷稻作农耕，以及以采集渔猎为主、刀耕火种为辅的原始经济等多种经济形态。这些不同的经济形态对人们的衣食住行、家庭结构、社会结构、民族性格和行为心理等方面都具有深刻的影响，对云南民族民居建筑形式的产生发展，是一个基本和重要的因素。

二、地——地理地貌

云南的地理环境十分复杂，大体上可划分为三个部分：滇东和滇中是云贵高原的西部范围，地势波状起伏；滇南属中南半岛的北部边缘，为中低山宽谷盆地区；滇西则属横断山脉的南端，高黎贡山、怒山、云岭等山脉呈南北走向，平行纵列。全省海拔相差很大，最高点德钦县境内的梅里雪山主峰卡瓦格博，海拔6740米，最低点河口县境内南溪河与元江汇合处，海拔仅76.4米。云南整个的地势由西北向东南倾斜，江河顺着地势成扇形分别向东、南及东南流去，所形成的地貌特征如下：

（1）高原地形呈现波涛状，大面积的土地高下参差，纵横起伏，但在一定范围内又有起伏缓和的高原平地，形成一系列云南本地称之为"坝子"的山间盆地。

（2）高山峡谷相间并存，这个特征在滇西北"三江并流"地区表现尤为突出，从而形成著名的滇西纵谷区。从地图上看，高黎贡山是恩梅开江（缅甸）与怒江的分水岭，怒山是怒江与澜沧江的分水岭，云岭是澜沧江与金沙江的分水岭。各大山脉与江水均由北往南，强烈下切，形成气势磅礴的怒山峡谷、澜沧江峡谷和金沙江峡谷。在这三个大峡谷当中，谷底是亚热带干燥气候，酷热如蒸笼，山腰则清爽宜人，山顶却终年被冰雪覆盖。因此，在几千米的垂直海拔高度范围内，其气候现象与自然景观，相当于从广东到黑龙江所跨过的纬度。

（3）全省地势自西北向东南分三大阶梯依次降低。德钦、中甸一带为最高一级，滇中高原为第二级，南部及东南、西南部为第三级，平均每公里递降6米。

（4）因自然地质断陷所构成的山间盆地星罗棋布，这些所谓的"坝子"，有的成群成带，连片分布；有的则孤立镶嵌在重峦叠嶂的高原山地中。每个"坝子"地势平缓，气候温和，雨量充沛，河流蜿蜒其间。

（5）云南境内江河纵横，天然淡水湖泊较多。除了滇西北著名的怒江、澜沧江与金沙江三江之外，云南还有大盈江、龙川江、把边江、元江（红河）、牛栏江、南盘江等，在这片红土高原上，同时还分布有滇池、洱海、程海、阳宗海、抚仙湖、星云湖、杞麓湖、异龙湖、泸沽湖等30多个天然湖泊。

三、人居——民族构成

"民族不仅是自然环境的产物，更主要的是一个精神文化的实体，它由具有共同的观念、共同的文化、追求同一目标的人们组成"①。每一个民族，都是人们在历史上经过长期发展而形成的稳定的共同体，都有其特定的文化。而每个地域的文化，也必定是居住在该地域内各个民族文化的复合体。民居建筑作为物质文化的表现形式之一，更是在民族学背景前展现出异彩纷呈的面貌。

少数民族众多是云南最为突出的一个特点。全国有56个民族，云南就占了其中的26个（特指聚居人数在5000人以上者），几乎占了全国的一半。只要我们仔细地观察一下那些仍然存活于各民族市井民间、传统乡村聚落中的多种文化事项，那么，"一方风物一方人"的特点就更加鲜明了。

由于民族众多，民族语言系属关系复杂，再加上长期所处的特殊地理环境，云南各民族在分布和生产方面，形成独自的特点，从而导致云南传统民居建筑形式的多样化和建筑文化的多层次，以及彼此间的相互影响。具体表现为：

（1）由于高山深谷的立体地理地貌，形成了各民族的立体分布聚居的情况，如民俗口谣里所说的："苗族住山头，瑶族住箐头，壮傣住水头，回汉住街头。"

居住于云南境内腹地"坝子"和边疆河谷地区的民族主要有白族、回族、纳西族、蒙古族、壮族、傣族、阿昌族、布依族、水族等9个民族；居住于半山区的有哈尼族、瑶族、拉祜族、佤族、景颇族、布朗族、德昂族、基诺族等8个民族和部分彝族。居住于高山区和滇西北高原的有苗族、傈僳族、怒族、独龙族、藏族、普米族等6个民族和部分彝族。汉族则居住于各地的城镇和坝区。各民族交错分布，形成大杂居、小聚居的局面。例如，在同一地区由于地理高差的不同而居住着3个以上民族。另外，在多民族杂居共处的地区，常常是一个民族居住于一个村寨内，使得每个民族大多都能保持自己的语言和风俗习惯，而不易和其他民族同化融合，相互之间形成多边的、复杂的民族关系（表1-4-1）。

云南少数民族源流简表　　　　表1-4-1

族系	历史时期					
	秦汉	魏、晋、南北朝	隋、唐	宋、元	明、清	现在
氐羌系	昆明	昆明	乌蛮（东爨乌蛮）、么些、和蛮、傈僳、乌蛮、寻传	乌蛮、罗罗、么些、和泥、傈僳、俄昌、路蛮	黑爨、爨蛮、罗罗、么些、和泥、斡尼、禾尼、傈僳、阿昌、山头、怒、俅、倮黑、攸乐	彝、纳西、哈尼、傈僳、阿昌、景颇、怒、独龙、拉祜、基诺
	滇僰	叟、爨	白蛮（西爨白蛮）	白人、僰人	白爨、僰人、民家	白
			吐蕃	藏	藏、古宗	藏
					西番	普米

---

① 〔日〕石毛直道.住居空间人类学[M]// 杨大禹.云南少数民族住屋形式与文化研究.天津：天津大学出版社,1997:8.

续表

族系	历 史 时 期					
	秦汉	魏、晋、南北朝	隋、唐	宋、元	明、清	现在
百濮系	濮	濮	朴子蛮、望蛮	朴蛮、蒲蛮	蒲蛮、哈喇、卡瓦、卡崩胧	布朗、佤、德昂
百越系	越掸、僚	越、僚、鸠僚	白夷	白衣、白夷、仲家	白夷、束夷、摆夷、侬、沙、仲家	傣、壮、布衣、水
苗瑶系				瑶	苗、瑶	苗、瑶
未列				回回、畏吾儿	回	回
				蒙古	蒙古	蒙古

注：本表所列各民族名称从秦汉时起，后迁入者以始入云南时期为上限。

（2）由于寒、温、热三带兼有的立体气候，形成不同民族的立体农业生产状况。滇中、滇西、滇西南和滇东南温带地区，平坝较多，交通相对便利，生产水平较高，与之相应的民居形式、建构技术、空间组合、审美追求也显得较高、较复杂。其居住的民族主要是汉族、白族、回族、纳西族、蒙古族等民族以及低山丘陵地区的部分彝族；在滇南和滇西以及金沙江河谷的热带、亚热带气候地区，以热带经济作物为主，传统民居多为干阑式。居住在这里的民族有壮族、傣族、哈尼族、瑶族、布朗族、景颇族、佤族、拉祜族、德昂族等民族；在滇西北和滇东北的高寒山区，以林业和畜牧业为主，民居则多为井干式。居住的民族主要有彝族、傈僳族、藏族、怒族、独龙族、普米族等民族（表1-4-2）。

从以上两个特点可看出，云南各民族的分布情况，较北方地区来说，其区别是十分显著的。北方民族的分布，往往是由一个单一的民族平面分布于大片草原或一个较大区域之内，在相同的气候带上从事单一的畜牧业或种植业。

云南传统民居分布一览表　　　　表1-4-2

民居类型		分布地区（以县为单位）	地域类型	主体民族
本土型民居	碉房	德钦	干冷地区	藏族
	土掌房	元谋、峨山、新平、元江、墨江、石屏、建水、红河、元阳、绿春、江城	干热地区	彝族、哈尼族（傣族、汉族）等民族
	井干式民居	中甸、丽江、宁蒗、维西、兰坪、漾濞、洱源、贡山、云龙、永平、南华	高寒地区	彝族、纳西族、藏族、白族、普米族、怒族、独龙族等民族
	干阑式民居	景洪、勐腊、勐海、孟连、镇康、澜沧、双江、陇川、福贡、耿马、潞西、瑞丽、盈江、泸水	温热地区（低热平坝、低热山地）	傣族、壮族、布朗族、佤族、德昂族、景颇族、拉祜族、基诺族、哈尼族等民族
汉化型民居	汉式合院民居	昆明、建水、石屏、大理、丽江	中暖平坝地区	汉族、白族、纳西族、彝族、回族、蒙古族、阿昌族、傣族等民族

第五节 "和而不同"

云南在横向地理空间上，形成了滇西北文化、滇中和滇东北文化、滇南文化三种类型。云南众多的高山大江、河谷盆地、山区坝区，又在纵向空间上形成了城市文化、河谷坝区文化、半山区文化和高山文化。除汉族以外，在云南聚居生活的25个少数民族中，有15个少数民族为云南所特有。这些少数民族在漫长的历史发展过程中，不断地分化、融合、重组，形成了很多不同的民族支系。而每个不同民族和同一个民族的不同支系，又由于各自的社会发展历史和自然生活环境的原因，最终都形成有别于其他民族的民族文化。不同的民族有彼此不同的语言、不同的生活习俗、不同的服饰、不同的宗教信仰与崇拜、不同的节日庆典、不同的文化艺术以及不同的民族传统建筑形式。云南各少数民族祖祖辈辈在因地制宜、就地取材、积极灵活地适应环境和改造环境的历史发展过程中，各自创造和积累，形成了相应的知识经验、信仰习俗、技术艺术、道德制度和文化心理素质等社会意识诸要素，而且各种文化寓于其中，使云南成为民族文化多样性特点最突出的地区之一。

对云南地方民族文化多样性的描述，过去有"云南十八怪"，而今却有云南"五十最"，这不仅是云南之最，也是中国之最、世界之最。这里的"五十最"从云南的山川地理、气候环境、民族构成、历史遗存、风貌特点等许多方面，都作了简要的总结提炼，具体表述为：

> 一年四季如春归，民族多达十三对；
> 白垩恐龙地下睡，元谋早有古人类；
> 丽江古城风光美，大理三塔段氏碑；
> 泸沽走婚阿夏妹，石林天成惊神鬼；
> 三江并流奔不废，元阳梯田白云归；
> 西双版纳树珍贵，香格里拉羊儿肥；
> 澜沧江边象成队，怒江峡谷浪花堆；
> 滇池美人发长垂，瑞丽江畔孔雀追；
> 火山热海消疲惫，雪山玉龙有神威；
> 石月如镜挂边陲，阿庐古洞望月龟；
> 白水银台熔岩垒，大树包塔永相陪；
> 茶马古道艰辛泪，溜索过江快如飞；
> 歌舞服饰冠海内，花茶药烟更夺魁；
> 玉石玛瑙加翡翠，澄江化石成联袂；
> 彩云南来千岁梅，鸡足山顶看夕晖；
> 独龙镖牛古分配，刀山火海称英伟；
> 风花雪月爱无悔，蝴蝶泉边心相随；
> 傣族姑娘爱泼水，七天沐浴澡塘会；
> 玉峰山茶初放蕊，杜鹃花落鱼儿醉；
> 百万燕子声如沸，人鸥同乐玩不累；
> 东巴文化是国粹，太阳历法高智慧；
> 石窟浮雕超千岁，五百罗汉艺精髓；
> 千佛塔成镇鳌辈，曼飞笋塔如破锥；
> 重建金殿乐爱妃，世博园艺花为媒；
> 金碧甲子一交辉，大观长联后有谁。

从以上纵观云南的民族历史文化，我们似乎很容易发现其多元融合的文化特征，和谐相处聚居在这块红土地上的众多民族，他们所创造、融合的文化是如此丰富多彩，主要体现在从宏观到微观的三个层次上。

从宏观层面上看，云南民族文化明显表现出与汉文化的"和而不同"，云南民族文化本身的构成就是多元的。从古滇文化的更替，两爨文化的兴衰，到南诏、大理文化的显赫，再到明清以后汉文化不同程度的覆盖，其中虽有一定的历史延续性，但文化的异质性特点体现得似乎更多一些。这与中原地区自先秦时期就逐渐形成一个较为明确和清晰的文化传统显然不同。另外，即使在同一历史时期内，除了有一种占主导地位的主流文化外，在不同的地区，还同时并存着多种不同的文化类型。即便是明清以来随着汉文化的强势进入，也无法消解云南各民族在自然环境基础上经过长期发展积淀所形成的民族文化特色，没有从根本上改变云南多民族文化多元并存的基本格局。而且汉文化也是以一种文化特质的姿态，注入到了云南整体的民族文化圈之中，形成在云南部分地区汉文化与民族文化和谐共存的历史与现实。

从中观层面上看，云南各地域、各民族之间的文化也是"和而不同"，由于云南各民族分布呈现"大杂居、小聚居"的总体格局，以及在不同时期因外来文化的不断渗透与融合，很容易形成在文化构成上的多元态势。种种历史原因造成了许多民族的迁徙，而民族的迁徙实际上就是民族文化的迁徙。一个古老的民族集团分裂以后，必然带着分裂前形成的精神文化"依各自遇到的生活条件而独特地发展起来"[①]。氐羌族群南下的历史也证实了这一论点。许多民族繁迁而形成的多种民族文化交流撞击，本应发展为较优秀、较先进的文化，可惜因为受到云南境内高山深谷的自然环境阻隔，使云南各民族文化之间的交流，受到很大的局限。如果说民族的迁徙可以促成民族文化总体特征发生较大的变化，那么邻近民族之间的相互影响，则是民族文化具体特征出现差异的主要原因之一。

从微观的建筑文化层面来讲，云南各民族多种不同的传统民居形式也反映出"和而不同"，在同样的地域环境，不同的民族民居形式彼此不同，而相同的民族在不同的地方民居形式亦不相同。一般来说，在不同民族相互杂居的地区，往往是较为先进的民族文化占据主导地位，不同程度地影响着周围的其他民族，如在云南本土传统民居建筑形式上，往往出现有"汉化"、"白化"和"傣化"的现象。正是这样，各民族传统民居建筑才得以不断发展与更新。又比如云南"汉式"合院民居建筑体系，即云南地方民族根据自身的发展需要，在借鉴中原地区汉族传统建筑先进技术与经验的基础上，有效地移植借鉴、应用创新出的具有本民族乡土特质的另外一类传统民居建筑形式和居住文化。而同一个民族，由于其聚居环境的不同，其民居形式在传承本民族固有建筑文化的同时，也会受到周围自然环境条件和资源材料的影响，也会形成不同的形式。因此，云南传统建筑文化反映的是各民族文化、各地区环境气候等诸多要素的多元统一。同一个民族的建筑是"和而不同"，同一个地区的建筑也是"和而不同"。

很明显，云南民族文化的多样性是区别于其他省份的最大特点之一，且这种多样性的民族文化又是和谐共存的，这既促进了云南地区的创造性，为各地方的建筑设计创作提供智慧源泉，又促进了云南地区的稳定性，也为各个地区的建筑设计提供相对稳定的创作环境。因此，在地域性建筑设计创作方面，应涉及各地区丰富的自然环境与人文背景，不同程度地体现其地域性(自然地理、气候、地形地貌、地方建材、适宜技术、生态环境)、民族性(生活习俗、宗教信仰、婚姻家庭、审美价值取向)、文化性(人文精神、历史积淀、社会经济)和时代性(新技术、新材料、新观念)几个方面，从而实现了云南传统建筑基因的传承与发扬。

---

① 杨知勇. 西南民族生死观[M].昆明：云南教育出版社，1992:9.

上篇：基因与特征

第二章 滇西北地区传统建筑特色分析

滇西北是我国生物多样性和文化多样性都非常富集的地区。同处横断山系的大理、丽江、迪庆、怒江四个地州，在地理基质环境和立体多元气候上有着明显的相似性，而经学者考证，藏、纳西、白三个民族同源而生，他们的古羌同源血脉关系又使各自物质文化特点具有亲缘关系的隐性条件。相似的自然条件，同族源的民族演变历史是滇西北乡土建筑形式特点共性形成的基础条件；而不同地域圈层又有各自不同的微观地理和气候条件，交通条件的恶劣也造成交流的阻隔，不同的地域又形成相对封闭和保守的民俗习惯与文化特质，从而产生了滇西北地区丰富的多元文化、特殊的聚居格局和多样的乡土建筑。

乡土建筑的发展，包括其变异的过程，都融合了自然、文化、人文特点要素，形成较为明显的建筑传统特色。滇西北地区的乡土建筑特色保存较为完整，通过对因循"天地人神时"的滇西北乡土建筑的分析，我们也许可以找到其具有遗传效应的"地区基因"以及其在进化中的致变力量，这是提炼各地区建筑传统特色的重要途径。

第一节 天·地

一、气候条件

滇西北地区的气候因受地形地貌影响较大，呈现出跨度较大的特点，从迪庆的高寒气候区域，到大理丽江中温带与南温带区域，再到怒江以北的亚热带气候（图2-1-1～图2-1-3）。海拔由南至北升高，气温随着地势的升高而降低。

滇西北地区气候垂直变化十分显著，跨越了寒、温、热三大气候带。由于地形、地貌和气候条件的差异非常显著，

图2-1-1 寒带气候区（上），温带区域（下左），亚热带气候（下右）（来源：李天依 摄）

图2-1-2 香格里拉、怒江、丽江（来源：李天依 摄）

图2-1-3 大理（来源：施维克 摄）

这里的聚落形态也十分多样。既有高原湖区和平坝农耕，又有山沟河谷和丘陵山地。如迪庆地区，从海拔1503米的金沙江河谷到海拔5396米的哈巴雪山顶，依次有河谷北亚热带、山地暖温带、山地温带、山地寒温带、高山亚寒带和高山寒带六个气候带。各种气候类型相嵌交错，形成"隔里不同天"的气候特征。

二、地理环境

滇西北地区处于青藏高原东南部、著名的横断山脉纵谷地带，境内有澜沧江、金沙江、怒江、洱海—江河、宾川—程海等深谷大江，与高黎贡山、怒山、云岭平行纵列。地势北高南低，山地多，平地少，自然地理条件复杂。整个地区涉及迪庆、大理、丽江、怒江4个地州，形成了顺应不同地理、气候环境和民族特色的诸多传统聚落。

迪庆藏族自治州平均海拔3380米，数云南之最，海拔6740米的太子雪山主峰卡格博峰为全省最高点，境内多雪山冰峰、有大范围发育良好的现代冰川群；怒江傈僳族自治州是青藏高原南延部分，是云南乃至全国最典型的高山、峡谷地貌分布区，独龙江、怒江、澜沧江与担当力卡山、高黎贡山、碧罗雪山自南向北相间排列；丽江地区跨横断山峡谷和滇西高原两大地貌单元，地势西北高、东南低，玉龙雪山为境内最高点，主峰扇子陡峰海拔5596米，境内最低点为金沙江河谷，海拔为1016米，高山、中山、低山、丘陵、阶地、坝子应有尽有；大理全州地势西北高、东南低，以澜沧江深断裂为界，分为东西两大地貌单元。

作为一个少见的传统聚落富集地，滇西北地区集文化资源、旅游资源极度丰富与生态环境极度脆弱于一体，汇集了大理、巍山、丽江三座国家级历史文化名城以及鹤庆、剑川、香格里拉、束河、喜洲等许多闻名遐迩的历史文化名城名镇，而大理、丽江、香格里拉除了彰显各自的地方民族特色之外，同时还兼具滇西北地区白族文化、藏文化、东巴文化等，构成多元文化融合的中心，这种丰富的文化内涵与独特的地缘关系，全国少有。

第二节 人·居

一、人文历史

滇西北是少数民族聚居区，有丰富多样的自然景观、灿烂辉煌的民族文化和多元融合的人文景观。作为云南传统村落分布最多、地域性建筑分布最广的地区，随着自然环境、历史文化与社会经济发展在时间和空间上的积淀，凝聚着不同时代的信息，成为反映地方民族历史文化的"活化石"，这里保存着藏族、纳西族、傈僳族、白族等多民族文化的多样性，是体现云南地域性特色的原始摹本。

滇西北地区的传统聚落，大多"自然"形成，少有"人工规划"的痕迹。各民族的传统民居受气候、地理条件、生产生活方式的制约较大，其建筑形态表现出因地制宜和顺应自然的灵活性。尽管其地理环境千差万别，也给当地民居的房屋建造带来很多限制，但顺应自然成为各地区传统建筑的共性特征。自然环境与交通不便、经济落后等，所造成的山川阻隔和社会生产力发展水平低下的现实，使滇西北的很多传统聚落和建筑幸免于被飞速发展的城镇化建设吞噬，也最大程度地保留了传统建筑的价值。迪庆的藏族、傈僳族，怒江的独龙族、怒族，丽江纳西族和大理白族等多种少数民族传统建筑，成为见证少数民族生产生活的物质载体和传延民族历史文化价值的精神载体。

滇西北地区总共有十余种少数民族聚居，其中藏族、白族、纳西族、傈僳族数量最多。如有着深厚历史文化和宗教信仰的藏族，他们在文学、音乐、舞蹈、绘画、建筑艺术等方面，都有非常丰富的文化遗产。藏传佛教寺院建筑艺术，在西藏古代建筑艺术中，最富有地域民族特点和时代特色，且多依山而建、规模宏大、工艺精湛；白族主要分布在大理州，其建筑、雕刻、绘画艺术名扬古今中外，是一个聚居程度很高的民族；纳西族主要分布在丽江地区，信仰东巴教、藏传佛教等宗教，普遍信奉"三朵"神，有大量世界文化遗产与国家物质、非物质文化遗产；傈僳族主要聚居在怒江傈僳族自治州和迪庆州维西傈僳族自治县，民间文学丰富多彩，是一个能歌善舞的民族。

（一）丽江地区

南宋末年，丽江木氏先祖将其统治中心从白沙移至狮子山麓，开始营造房屋城池，称"大叶场"。

南宋宝祐元年（1253年），蒙古军南征，木氏先祖阿宗阿良迎降，阿宗阿良归附元世祖忽必烈。宝祐二年（1254年），在"大叶场"设"三赕管民官"，其建制隶属于"茶罕章管民官"。1253年，忽必烈南征大理国时，就曾驻军于此。由此开始，直至清初的近五百年里，丽江地区皆为中央王朝管辖下的纳西族木氏先祖及木氏土司（1382年设立）世袭统治。元至元十三年（1276年），茶罕章管民官改为丽江路军民总管府；元至元十四年（1277年），三赕管民官改为通安州，州治在今大研古城。明洪武十五年（1382年），通安州知州阿甲阿得归顺明朝，设丽江军民府，阿甲阿得被朱元璋皇帝赐姓木并被封为世袭知府。明洪武十六年（1383年），木得在狮子山麓兴建"丽江军民府衙署"；曾遍游云南的明代地理学家徐霞客（1587—1641年），在《滇游日记》中描述当时丽江城"民房群落，瓦屋栉比"，明末古城居民达千余户，可见城镇营建已颇具规模。清顺治十七年（1660年），设丽江军民府，仍由木氏任世袭知府；清雍正元年（1723年），朝廷在丽江实行"改土归流"，改由朝廷委派流官任知府，降木氏为土通判。雍正二年（1724年），第一任丽江流官知府杨馝到任后，在古城东北面的金虹山下新建流官知府衙门、兵营、教授署、训导署等，并环绕这些官府建筑群修筑城墙。乾隆三十五年（1770年），丽江军民府下增设丽江县，县衙门建于古城南门桥旁；民国元年（1912年），丽江废府留县，县衙门迁入原丽江府署衙内。1986年12月，丽江古城因为集中体现了纳西文化的精华，并完整保留了宋、元以来形成的历史风貌，被国务院列为中国历史文化名城。1997年，丽江撤"地区"建地级市，12月4日在意大利那不勒斯召开的联合国教科文组织世界遗产委员会第21次全体会议上根据文化遗产遴选标准C(II)(IV)被列入《世界文化遗产名录》。2003年，将大研古镇设立为丽江市古城区，束河古镇也包括在其辖区内。2011年7月6日云南省丽江市丽江古城景区被国家旅游局评定为国家5A级旅游景区。2012年6月24日至7月6日联合国教科文组织下属的世界遗产委员会在俄罗斯圣彼得堡举行的第36届世界遗产大会上通过了丽江古城微小边界调整和设立缓冲区的提议，将丽江古城面积3.8平方公里调整到7.279平方公里。①

（二）大理地区

南诏在中国历史上赫赫有名，公元737年南诏王皮罗阁在唐王朝的支持下，几经战争兼并，统一了六诏，建立起中国西南民族史上的少数民族地方政权。南诏国历时253年，与唐代相始终。南诏国最先定都太和城；公元779年，南诏王异牟寻迁都羊苴咩城。羊苴咩城的整个布局井然有序、庄重威严，很有王权的气概。其内部结构分五大部分，即宫、廷、高级官僚住宅区、南北通衢和客馆，南诏王丰佑在位时修建起五华楼，成为羊苴咩城的第六部分。唐大中十年（856年），南诏王丰佑在羊苴咩城内修建了一座宏伟的五华楼。周长2.5公里，高30多米，可以居住一万多人，下面还可以竖起五丈高的旗杆。羊苴咩城作为南诏国中晚期的都城达123年之久，以后郑氏的"大长和国"、赵氏的"大天兴国"、杨氏的"大义宁国"以及段氏的"大理国"，都以羊苴咩城为国都。五华楼作为国宾馆的历史也达数百年之久。每年农历三月十六，南诏时期的南诏王以及后来大理国的大理王都会在五华楼会见西南夷各个小国国君和其他一些重要宾客，赐以酒席佳肴，奏以南诏、大理时期的音乐。②

（三）香格里拉地区

唐初属吐蕃神州都督地，唐南诏国为剑川节度使地。宋

---

① 丽江县志编纂委员会.丽江纳西族自治县志[M].昆明：云南人民出版社,2001.
② 大理白族自治州地方志编纂委员会.大理白族自治州志[M].昆明：云南人民出版社,1999.

大理国为旦当（今香格里拉），属善巨郡。元代称"大旦当"，至元三十年（1293年）改属宣政院辖地吐蕃等路宣慰司。明中叶后为忠甸，属云南布政司丽江军民府。清康熙年间吴三桂以中甸地予达赖喇嘛，雍正四年（1726年）划归丽江府。雍正五年（1727年）4月，移剑川州判驻中甸，并划归鹤庆军民府。雍正八年（1730年）7月，鹤庆府属迤西道。乾隆二十一年（1756年）5月，于中甸地置中甸厅，设同知，复属迤西道丽江府。民国2年（1913年）4月，中甸厅改为中甸县，迤西道改为滇西道，中甸县属滇西道。民国3年（1914年），滇西道改为腾越道，中甸县属之。民国18年（1929年），裁腾越道直属省。民国31年（1942年）属云南省第七行政督察区（驻丽江县）。民国37年（1948年）属云南省第十三行政督察区（驻维西县）。1949年属云南省第十行政督察区（驻鹤庆县）。

1956年9月11日国务院决定设置迪庆藏族自治州，自治州人民委员会驻中甸县城。1957年9月13日，迪庆藏族自治州正式成立。2001年12月17日，民政部批准将中甸县更名为香格里拉县。2014年12月16日，香格里拉撤县设市获得国务院批准。①

（四）怒江地区

萨尔温江（Salween），中国称怒江（Nu Chiang 或 Nu Jiang）。怒江是中国西南地区的大河之一，又称潞江，上游藏语叫"那曲河"，发源于青藏高原的唐古拉山南麓的吉热拍格。它深入青藏高原内部，由西北向东南斜贯西藏东部的平浅谷地，入云南省折向南流，经怒江傈僳族自治州、保山市和德宏傣族景颇族自治州，流入缅甸后改称萨尔温江，最后注入印度洋的安达曼海。地理特征导致怒江地区相对封闭，以怒族、傈僳族为主，两个民族族源同属氐羌族系，与藏族也有着亲缘族属关系。然而，他们没有自己的独特信仰，他们的文化多传习藏文化，历史也与藏族历史相关联。在19世纪初两族不堪土司的战争苦役而迁入怒江流域（地区）。至20世纪40年代末，怒族社会由原始社会过渡到阶级社会时期。长期以来由于怒江地区交通闭塞、信息滞后，文明进程发展缓慢，经济文化滞后。整个地区（建筑）文化还可以窥视到祖先技艺传承，也是人文最原汁原味的地区。

二、社会文化

不同的民族聚居区孕育了不同的社会环境，并形成各民族彼此不同的生产生活方式和社会形态。在聚居区内，既有农区、林区，又有牧区和滨水，居住地形既有坝区、山区，又有半山区和高寒山区，因而各民族的生产生活方式、宗教信仰和行为习俗，都自成一体。这就形成了云南民居特殊和复杂的社会环境。比如，纳西族摩梭人的大房子，反映了母系制的残余；白族的"三坊一照壁、四合五天井"，则透视出封建社会"四代同堂"的大家庭观念。

滇西北地区辖十五个县（市），地形复杂，气候多样，是世界上生物多样性和民族文化多样性最丰富的地区之一。同时，滇西北地区经济和社会的总体发展水平仍处于欠发达状态，十五个县（市）中就有十二个是国家级贫困县。

滇西北处于与藏文化、南亚—东南亚文化、中国汉文化交汇的边缘地区和过渡地带。四条大江所形成的天然河谷通道，将滇西北与周边各大文化区域连接起来，不同民族文化之间的交流与融合十分频繁，形成了这一地区众多民族交错杂居、多元文化交融互动的格局，是中国乃至世界民族文化多样性最为丰富、历史文化遗产极为丰厚的地区之一。

在数千年的历史发展过程中，各少数民族在适应滇西北地区自然环境的多样性生产生活中，创造了各具特色的地域民族传统文化，使其成为一个世界罕见的多民族、多语言、多文字、多种宗教信仰、多种生产生活方式和多种风俗习惯

---

① 沈镭,等.澜沧江流域与大香格里拉地区人居环境与山地灾害研究[M].北京:科学出版社,2015.

并存的汇聚区，留下了丰厚的历史文化遗产。特别宝贵的是，各少数民族与自然环境相互依存，创造了自己独特的生态保护文化，自然与文化在同一空间、同一区域内实现了相互依存、相互适应。

历史上，滇西北地区长期处于中国内地文化的边缘地带，直到20世纪50年代以前，这里的一些少数民族仍然处在原始社会、奴隶制、封建农奴制、封建地主制和资本主义工商业社会等多层次的社会发展阶段上。迄今仍表现为总体水平低而又极不平衡的社会发育特征。正因为地处边远山区，使滇西北少数民族中许多古老、独特的文化和多种社会形态很少受外来文化的强烈冲击而存活至今。为这一地区的可持续发展，提供了丰厚的人文资源。

总之，滇西北地区的民族文化多样性和丰厚的历史文化遗产，使其成为21世纪全球民族文化多样性保护与发展战略中一个十分重要的地区。

（一）宗教信仰

在滇西北地区，除了以藏传佛教信仰为主，同时还有伊斯兰教、基督教、天主教、汉传佛教、道教及东巴教等多种地方宗教共同存在，它们各行其道、和睦共处。不论是藏传佛教的"松赞林寺"、"东竹林寺"和"寿国寺"，还是天主教的"茨中教堂"和"小维西教堂"，各自的信徒虔诚地参加诵经等仪式，体现了香格里拉"人神共处、天人合一"的民族文化（图2-2-1）。

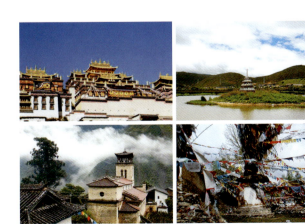

图2-2-1 宗教信仰（来源：李天依、张灏予 摄）

（二）民俗风情

滇西北地区是历史上著名的"茶马古道"要塞，在漫长的历史发展中，各民族相互间频繁地进行经济和文化交流，形成了一个独特的"民族文化大走廊"（图2-2-2）。因此，无论在各民族自身的构成上，还是在宗教、民俗、衣食住行、歌舞艺术等方面，都形成各自的特色，且表现出"你中有我、我中有你"的格局和宽容开放精神，构成滇西北地区各民族文化并存的局面。

（三）文化符号

滇西北地区主要有东巴文化、氐羌文化、藏传佛教文化等反映民族文化与宗教信仰的文化符号，体现在传统建筑中有藏族的白塔、玛尼堆，纳西族的悬鱼、蝙蝠板和东巴文字装饰，白族的照壁、山墙花门头装饰等，使各民族的建筑装饰体现了浓郁的地方民族特色与宗教信仰色彩。可见，多民族文化在滇西北地区的和谐共生，共同组成了滇西北地区的丰富多彩传统建筑要素与建筑文化的多样性特点（图2-2-3）。

三、聚落特征

滇西北地区是一个跨越行政辖区和多个少数民族聚居的地理区域。整个地区地势因海拔高度不同，自西北向东南分三大阶梯状依次降低，即迪庆—丽江—大理。千百年来在横断山系生活的各族人民孕育出三种同构异质的地域文化，并在这逐级递进相互感应的地理生态圈中，形成了各具特色的传统聚落类型及与之相应的居住生活形态。

（一）迪庆地区聚落特征

迪庆香格里拉地区的传统村落选址大多遵循"地形与神论"，村落多建在群山环抱的坝区，或地势平坦的河谷。迪庆即西方人心目中的"世外桃源"——香格里拉。地处青藏高原南延部分，这里雪山耸峙、草原广袤，其自然地理特点可以概括为："三山夹两江一坝"，"三山"即怒山山脉、云岭山脉、贡嘎山脉，纵贯南北，平行并列；其间有澜沧江、金沙江自北而南贯穿全境。"一坝"即大、小中甸坝子，整个地形呈现从北到南的跌落，特殊的地理自然环境使境内具有明显的垂直气候和立体生态环境，可以说是一块最具滇西北地区自然环境特征的大地。

图 2-2-2　民俗风情（来源：李天依、张灏予 摄）

图 2-2-3　文化符号（来源：李天依 摄）

在2014年的火灾发生之前，香格里拉独克宗古城是中国藏区唯一的保存完整的藏族民居聚落和古城镇，具有国内藏区不可替代的地位。独克宗古城保留了较为完整的历史风貌、街巷空间和藏式传统民居建筑格局，保存完好且连续成片。古城道路以大龟山为中心呈放射状展开（图2-2-4上），城中主要街道有北门、金龙、仓房三街，中心大面积空地称为"四方街"。

霞给村（图2-2-4下）周围的天然原始森林，把"香格里拉藏族第一村"包围在大山的环抱中。村内居住有二十多户藏民，独具特色的藏族传统民居保存完好，随处可以看到佛塔、玛尼堆、经幡和护法天柱。有风格各异的水力转经筒、铜制转经筒和羊皮制转经筒等。

拖顶大村（图2-2-5）位于半山，蜿蜒的山路盘旋而上，整个村落与周边优美山水环境相互融合，依山傍水，拥有良好的山水格局和优美良好的生活环境，植被茂盛，村内居民全为傈僳族。其传统民居保护较好，建造的主要特点是高寒山区以土木结构为主，其余地区以石木结构为主。

噶丹·松赞林寺（图2-2-6）是云南省内规模最大的藏传佛教寺院，整个寺院依山而建，外形犹如一座古堡，集藏族造型艺术之大成，又有"藏族艺术博物馆"之称。大寺坐北朝南，为五层藏式碉房建筑。扎仓、吉康两大主寺建于最高点，居全寺中央，主殿上层覆镀金铜瓦，殿宇屋角兽吻飞檐。僧舍围绕着主殿铺展开来，随地势高低错落，十分壮观。

（二）丽江地区聚落特征

丽江地区地处滇西北中部，占据了横断山系向云贵高原北部云岭山脉过渡的衔接地段，北接青藏高原，南连云贵高原，地势西北高东南低，境内金沙江穿流而过。丽江地区的聚落呈"大杂居、小聚居"的模式，丽江大研古城、束河古镇、白沙古镇是典型的大杂居聚落，远离坝区的聚落民族集中度相对较高，规模也较小。

大研古镇坐落在丽江玉龙雪山下的坝子中部，是中国仅有的以整座古城申报世界文化遗产获得成功的两座古县城之一，是罕见的保存相当完好的少数民族聚落。古城民居在布

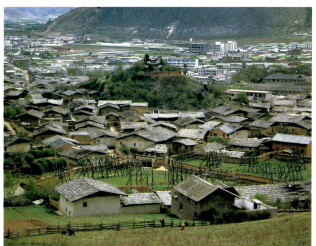

图2-2-4 藏民居（闪片房）聚落——独克宗古城（上）（来源：翟辉 摄）藏民居聚落——霞给村（下）（来源：李天依 摄）

图2-2-5 傈僳族聚落——拖顶大村鸟瞰图（来源：李天依 摄）

局、结构和造型方面，均按自身的环境条件和传统生活习惯，结合了汉族、白族以及藏族传统民居的相关特点，并在房屋抗震、遮阳、防雨、通风、装饰等方面进行了大胆、创新发展，这就形成了独特的成片、壮观的聚落风貌（图2-2-7）。

玉湖村坐落于玉龙雪山脚下，是小聚居的聚落典型，玉湖村最早的居民是为纳西王养鹿的人，全村房屋以火山石建造，平面形式与屋顶保留了传统纳西族形式，村落连绵成片，几十栋民居构成了高度统一的聚落模式（图2-2-8）。

束河，纳西语称"绍坞"，意为"高峰之下的村寨"，是纳西先民在丽江坝子中最早的聚居地之一，作为茶马古道上保存完好的重要集镇，束河既是对外开放和马帮活动形成的集镇建设典范，也是纳西先民从农耕文明向商业文明过渡的活标本。而且还是世界文化遗产丽江古城的重要组成部分。束河古镇依山傍水，民居房舍鳞次栉比，错落有致地面临田园阡陌；成为北瞰玉龙，东南瞻象山、文笔海的清泉之乡（图2-2-9）。

丽江束河的传统村落强调的是整体和谐而非个体建筑的张扬，突出的是街道空间形态而非建筑单体，街道并非横平竖直、整齐划一的，而是让人感觉是群体建筑"挤"出来的，村落公共空间能够成为"图形"。

图2-2-6 藏民居（土掌碉房）聚落——松赞林寺（来源：李天依 摄）

图2-2-7 纳西族民居聚落——丽江大研古镇（来源：李天依 摄）

图2-2-8 纳西族民居聚落——玉湖村（来源：李天依 摄）

（三）大理地区聚落特征

以洱海为中心的大理地区，围绕洱海形成大片白族的传统聚落（图2-2-10）。大理地区处于横断山与哀牢山的交接地区，两大山脉于西洱河谷分界，又处于金沙江、红河和澜沧江水系的分水岭地带，西靠点苍山脉，东濒洱海，地形西高东低，中部为洱海断陷盆地和大理凤仪平坝，较为平坦。大理地区临近丽江地区的重要城镇沙溪、剑川，聚落选址依照大理平坝地区聚落，选址也呈现临水依山集合发展的形态（图2-2-11）。

在滇西北传统聚居类型中，地处平坝的传统聚落是最为繁荣的历史文化村镇。

（四）怒江地区聚落特征

怒江地区为滇西北地区最偏远、人居环境最为原生态的聚落，由于山高谷深，交通极为不便，至今仍保存着比较完好的传统民居形式，几乎没有现代化的特征植入。这里以"小聚居"的聚居形式为主，聚落多依山而建，或在河谷滩边连续稀疏布置（图2-2-12～图2-2-17）。

滇西北地区聚落特征与地理特征相呼应，滇西北主要城镇为香格里拉、丽江、大理，三者均处于文化通廊上。文化廊道孵化了地域贸易的节点集镇，如沙溪、剑川、束河、白沙等。滇西北的迪庆地区，与北方游牧文化区域的住屋特质有着明显的"基因相似性"，并有着能够满足文化传承的自然条件——雪域高原；丽江大理地区，有着吸纳中原文化内涵的地理基质环境——平坝集镇；怒江地区，在保留其独特祖先基因的基础上，充分结合湿热气候——河（峡）谷村落。

（五）滇西北地区聚落的总体特征——"大杂居、小聚居"

总体上，滇西北地区的传统聚落模式和聚居特性与其自然环境相呼应，表现为"大杂居、小聚居"特点。而且这种"大杂居"特点，是由滇西北地区的特殊的地形地貌和立体多样的自然生态环境直接导致而成，杂居的格局既有平面上的，也有垂直立体的，两者交错纵横，这也是由各民族长期发展平衡后造成的格局。所谓的"小聚居"，即指族类聚居点各自固守在适应其生存繁衍的人居生长点内，有独立的自我组织结构，自成生态系统，基本上都形成了一个个自我循环和自我演化的独立社区。

（六）聚落模式——四种主要的滇西北民居聚落类型

针对滇西北地区特有的地理环境差异，可大致分为山地村寨模式、平坝村寨模式、平坝城镇模式、湖滨场景模式等四种传统聚落模式。

（1）山地村寨模式多位于向阳的缓坡地带，前有农田，后靠青山，周围有河流溪流穿过。山地聚落的形态更多的是体现人们对自然的顺应和适应，如线状走向的布局形式，以灵活自然布局的有机形态来维持人地之间的平衡（图2-2-18）。

图2-2-9　纳西族民居聚落——束河古镇（来源：翟辉 摄）

图2-2-13 弥勒坝村（来源：杜雨 摄）

图2-2-10 大理古城（来源：翟辉 摄）

图2-2-14 黄松村（来源：杜雨 摄）

图2-2-11 大理双廊镇（来源：李天依 摄）

图2-2-15 罗古箐村（来源：杜雨 摄）

图2-2-12 雾里村（来源：孙春媛 摄）

图2-2-16 苗嘎村（来源：孙春媛 摄）

图 2-2-17　喇哈村（来源：杜雨 摄）

图 2-2-20　平坝城镇聚落模式（来源：张剑辉 摄）

图 2-2-18　山地村寨聚落模式（来源：翟辉 摄）

图 2-2-21　湖滨场景聚落模式（来源：张剑辉 摄）

（3）平坝城镇模式是由于大型平坝的地理特征而形成。其人口容量大，承载能力亦大，平坝宽厚的自然品性诱发了最初的农耕畜牧中心，如大理、丽江等坝区，又打破了族群类别和地域的界限，形成了区域经济走廊上的集镇互市。这里往往人口稠密，村镇聚落鳞次栉比（图2-2-20）。

（4）湖滨场景模式。在滇西北地区大大小小的湖泊，如散落的棋子般点缀在崇山峻岭间，这些滨湖而居的聚落群体构成了湖滨场景聚落模式。湖域及附近江河的沿岸大多为冲积平原，形成肥沃丰饶的土地，有着最理想的人居生态优势，构成滇西北地区滨水聚落（图2-2-21）。

图 2-2-19　平坝村寨聚落模式（来源：李天依 摄）

（2）平坝村寨模式用地条件好，坝子地势平坦，适于农耕或放牧。空间开阔，具有使周围各分散的山寨部落族类相互连接凝聚的功能。但坝子规模相对较小，自然地理格局相对封闭（图2-2-19）。

四、建筑特征

（一）迪庆地区建筑特征

迪庆地区因其地理环境和气候差异，传统建筑有着不同的形态，主要有闪片房和土掌碉房、土库房三种形式，分别突出居住与防御的特性，它们都是对环境特色的适应与反映。建筑朝向的选择有较大的灵活性，通常由寺庙的活佛"仓巴"来选定方位（图2-2-22）。

1. 闪片房

闪片房（图2-2-23、图2-2-24）是香格里拉地区藏族常见的传统民居形式之一，闪片房有以下的建筑空间形态特征：

（1）"一"字形平面，组合庭院，二（三）层楼房，底层为牲畜所居以及堆放薪柴的地方，因为养牛、养羊、烧柴是他们生活所需，人居楼上；

（2）"闪片"坡屋顶与二（三）层的平屋面间有一夹层空间，夹层是干燥通风、存储草料及杂物的空间，既满足了日常生活的需要，又可保温隔热、通风避雨，是一个多功能的节约用地的高效空间；

图2-2-22 闪片房与土掌碉房（来源：翟辉 摄）

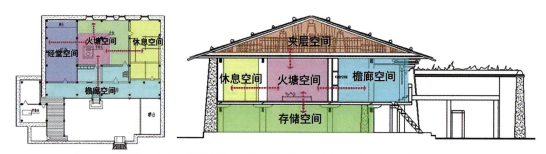

图2-2-23 闪片房平面、垂直空间关系图（来源：李天依 改绘）

图2-2-24 传统闪片房特征（来源：翟辉、李天依 摄）

（3）二层入口一侧设檐廊；

（4）带有中柱的堂屋为二层平面的核心，面积较大，不仅满足日常起居使用，而且还可满足藏族居民在节假喜庆日子围绕中柱跳"锅庄"的风俗；水亭、佛龛、经堂也是日常生活中不可缺少的部分，兼顾有实用功能和装饰性特点，是藏族民居的核心居住、宗教信仰寄托场所。

（5）天井一方或两方筑有土掌平台。

在迪庆的藏族民居中，有几个"关键词"是共同的，如中柱、火塘、神龛、吉祥八宝、水亭、经堂、经幡和香台（图2-2-25～图2-2-27）。

中柱：是藏族家庭财富和地位的象征。中柱崇拜源于对"树"的崇拜。建屋立柱时，务须遵守根部在下、梢部在上的规矩。

火塘：在藏族民居中火塘是必不可少的。不仅可烹煮食物、取暖，还可增光照明，同时也是起居的中心。

神龛：藏族民居堂屋中一般均在火塘一侧设有神龛，供有喇嘛活佛或者菩萨像，下方一般还放有净水碗（七个或七的倍数）。

吉祥八宝：是堂屋的墙面装饰，也是藏民的精神寄托。即吉祥结、妙莲、宝伞、右旋白螺、法轮、胜利幢、宝瓶和金鱼。

水亭：即水缸厅，内置一两个大铜缸，缸上挂有大大小小的铜瓢，铜瓢后还整齐地放着酥油。铜瓢是家庭财富的象征，水亭大多配有精细而华丽的雕刻。

经堂：是家庭中最奢华的地方，装饰辉煌，精雕细刻，金光灿灿。一般都供有释迦牟尼佛、宗喀巴、至尊度母像，以及各种佛教典籍，还有香炉、净水碗、酥油等供器，是藏民在自家中的精神寓所。

经幡：藏族民居的屋顶上一般都插有经幡，经幡上印有经文咒语以祈求平安，经幡飘动一次就如念了一遍经文。屋顶经幡和烧香台是传统藏族民居显著的外观特征之一。

香台：藏族民居院墙上或院落内祈福的香台，往往村落会有大型烧香台，做工精致，而藏民自家香台相对简单，规模小，为日常祈福的场所。

传统藏族闪片房一层为牲畜房，二层为人居，前后分别设院落，夹层空间作为储物通风，以马扎架固定支撑，二层是主要的活动场所，有中柱、火塘、神龛、水亭、经堂等要素（图2-2-28～图2-2-32）。

2. 土掌碉房

除了高寒坝区的闪片房，迪庆干热河谷地带多分布土掌

图2-2-25 传统闪片房室内要素（中柱、火塘）（来源：翟辉 摄）

图2-2-26 传统闪片房室内要素（神龛、吉祥八宝、水亭、经堂）（来源：翟辉 摄）

图2-2-27 传统闪片房（经幡、香台）（来源：翟辉 摄）

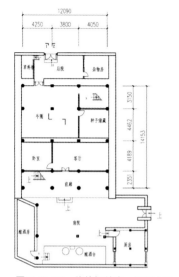
图 2-2-28 传统闪片房一层平面图

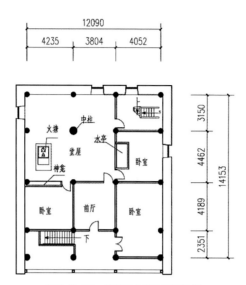
图 2-2-29 传统闪片房二层平面图

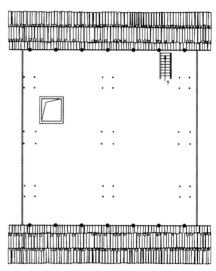
图 2-2-30 传统闪片房夹层平面图

图 2-2-31 传统闪片房剖面、立面图

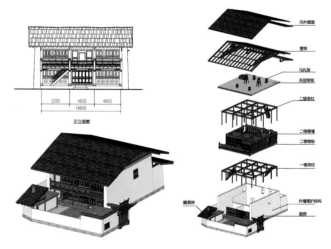
图 2-2-32 传统闪片房结构分解示意

碉房，以德钦的奔子栏、明永、西单等地最具代表，土掌碉房在结合自然和文化方面也是充满"智慧"的：下部厚达1米的夯土外墙，屋面土掌，较大的进深，这些都是出于隔热的目的；而小天井及退台又可加强通风；退台平屋顶得于降水量少，而且也是山地建筑晾晒农作物的最佳选择；经堂、中柱、神龛、香台、玛尼旗以及浓艳的装饰都使土掌碉房打上了藏文化的烙印。

藏族传统土掌碉房特征如下（图2-2-33～图2-2-36）：

（1）土掌碉房一般为3层，高者达4～5层，土木结构，砌石为基，夯土为墙。

（2）中层为主人住居，下层为牲畜居住之所。厨房则多在中层兼作卧室。中等以上人家，另有卧室者多。

（3）空间布局以堂屋为中心，布置卧室、仓库，堂屋中亦有火塘、神龛、水亭，有的在火塘正面还砌有灶台，供奉灶神。三层有经堂、卧室，经堂油漆彩画，十分华丽。部分"碉房"还有内天井。

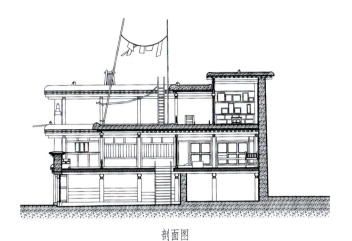

图 2-2-33 土掌碉房测绘图 1（来源：《云南藏族民居》）

图 2-2-34 土掌碉房（来源：《云南藏族民居》）

图 2-2-35 土掌碉房测绘图 2（来源：《云南藏族民居》）

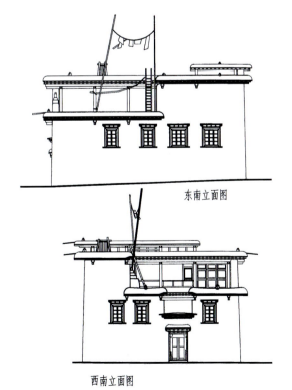

图 2-2-36 土掌碉房测绘图 3（来源：《云南藏族民居》）

（二）丽江地区建筑特征

丽江地区纳西族的民居建筑，随着分布地区的地理自然条件、社会经济条件以及文化、技术发展情况的不同，有着多种不同的类型特点（图 2-2-37、图 2-2-38）。

在高寒山区，至今保存着少量的井干式"木楞房"，这是纳西族民居中比较原始的建筑形式。而聚居在丽江坝子的大多数纳西族传统民居，是根据本地区、本民族原有的特点，吸取、融汇了其他地区和民族特长而逐步发展起来的。

1. 木楞房特征（图 2-2-39）

（1）木楞房一般为一层或者两层，几乎全为木材构成。

图2-2-37 木楞房图（来源：翟辉 摄）

图2-2-38 丽江合院民居（来源：穆童 摄）

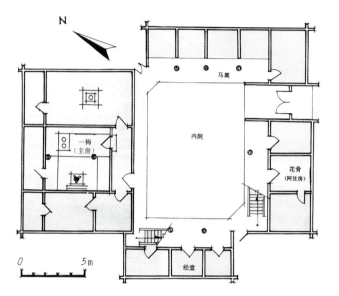

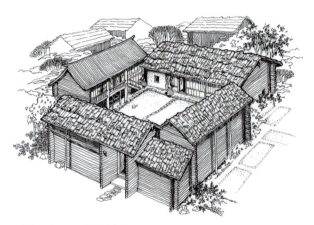

图2-2-39 纳西族木楞房平面图及透视图（来源：杨大禹 绘）

木楞房以圆木为材，两端砍出接口，首尾相嵌，用纵横相加叠垒的方式，构成四面墙体。墙体圆木间的缝隙抹上牛粪或草泥，以避风寒。

（2）屋面高至七八尺（2.3～2.6米），即加椽桁，覆之以板，石压其上。

（3）木楞房的正房（祖房中），有一个高出地面的地台称为"格古鲁"，中间为架有铁三脚的火塘，火塘两边铺木板，右边是主位，左边是客位，不能相混。

2. 合院民居特征

纳西族合院式民居多为土木结构，比较常见的形式有"三坊一照壁"、"四合五天井"、前后院、一进两院等几种合院形式（图2-2-40）。

（1）三坊一照壁：最基本、最常见的合院民居形式之一（图2-2-41）。在结构上，一般正房一坊较高，方向朝南，面对照壁。农村的三坊一照壁民居在功能上与城镇略有不同。一般来说三坊皆两层，朝东的正房一坊及朝南的厢房一坊楼下住人，楼上作仓库，朝北的一坊楼下当畜厩，楼上贮藏草料。合院天井除供生活之用外，还兼供生产（如晒谷子或加工粮食）之用。

（2）两坊房：仍按"三坊一照壁"的规模布局，只是在经济条件暂不许可时先盖两坊，预留出另外一坊，以后经济条件许可时最终建成"三坊一照壁"。此两坊屋不能对面建盖，必须成曲尺形布置，故形成二坊拐角的平面形式，其他两面由照壁及围墙合成庭院（图2-2-42）。

（3）四合五天井：由正房、下房、左右厢房共同组成一个封闭的四合院。除中间一个大天井外，还有四个"漏角"小天井。一般正房两端各带两开间进深较浅、房高较低的耳房，耳房由一天井相隔，与正房相邻厢房的山墙相望，即"三间两耳组成四合五天井"。四坊多为三间二层（厢房、下房有时也有一层），但正房一坊的进深与高度皆大于其他各坊，其地坪也略高，多朝东、南。在四个漏角小天井中必有一个用于大门入口，设门楼，亦多朝东、南（图2-2-43）。

（4）前后院（图2-2-44）："四合头"是四合五天井的一种变化形式，其相邻两坊的房屋屋面等高，相交处产生了斜沟，即是合头之处。而且四合头楼面厦子四坊相连，即"跑马转角楼"。所用木构架也仅限于采用无腰檐的"冲天蛮楼"构架。

三坊一照壁、四合五天井都是以一个大天井为中心的基本平面类型，为小型民居；"前后院"则是由上述两类型组合成两个院相连的平面类型。它的特点是用花厅联系两个院，前院作花园，后院为正院，两个院的轴线均在正房的轴线上。前院房屋一般是小巧玲珑的厅阁等与宅园相协调的建筑。

（5）一进两院：两进院它不同于"前后院"的是两院不是在正房轴线上排列，而是左右并排，两院由过厅联系。一般两院各有一轴线相互平行。"前后院"以及"两进院"一般皆中型民居。其含义是进大门后，有一过渡空间，然后有分别两个庭院的入口，各院又有上述四种基本平面形式，有花厅、过厅相联系，组成多进套院。多进套院是前后院形式的发展，即有多进院落相套，不只前后两进，而且随地形情况，院落的轴线不一定一直向后延伸，也可能转向。一般属于富家大户住宅，皆属大型民居。

（三）大理地区建筑特征

大理的自然地理特征可以概括为"风、花、雪、月"四

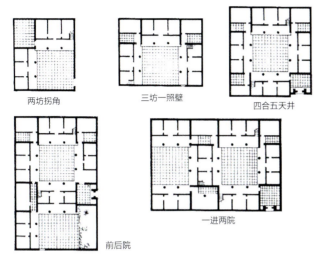

图2-2-40　多种合院平面形式（来源：《云南民居》）

图2-2-41　丽江"三坊一照壁"（来源：穆童 摄）

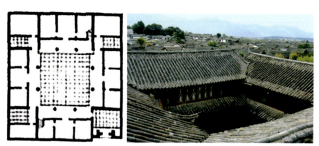

图 2-2-43 丽江 "四合五天井"（来源：左：《云南民居》，右：穆童 摄）

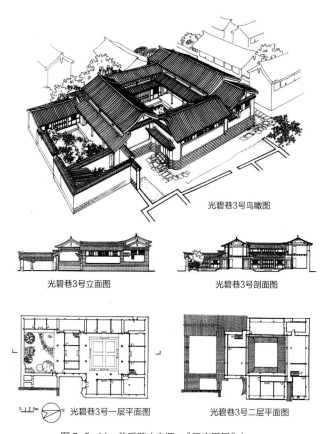

图 2-2-44 前后院（来源：《云南民居》）

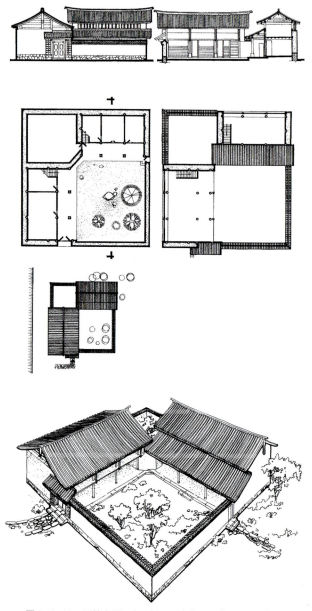

图 2-2-42 两坊房平、立、剖面图（来源：《云南民居》）

个字，贴切地道出了大理"白云积蓝天、众溪归洱海"的自然风貌。尽管大理白族的传统民居建筑比较多样化，但仍以合院式民居为主，主要有三坊一照壁、四合五天井、六合同春民居、两房一耳和一房三墙等形式。

1. 合院式建筑的特征（图 2-2-45 ~ 图 2-2-49）

（1）曲折多变的民居入口，均以前导过渡空间来保持合院内部的相对安静，由外而内的合院入口，多半和主体建筑走向不同，进一步增强了民居的安全感和私密性。入口门楼装饰丰富，标志性强，形式多样，分为有厦和无厦两类。

（2）以庭院天井为中心组织平面空间，有明确的纵、横轴线。有基本的构成核心，这个核心就是居于院落中的主体建筑，并在主轴线上占据重要的位置，尺度也较其他房屋大。

图 2-2-45 四合五天井图（来源：穆童 摄）

图 2-2-46 三坊一照壁（来源：穆童 摄）

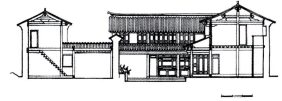

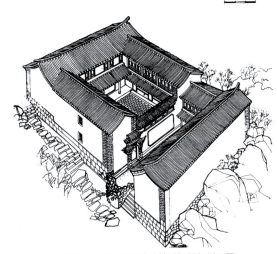

图 2-2-48 合院式建筑透视图与剖面图

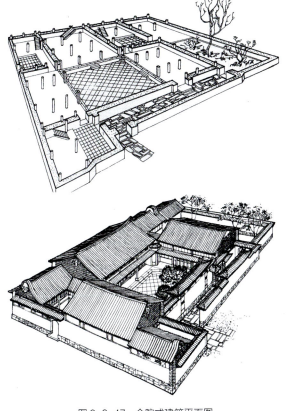

图 2-2-47 合院式建筑平面图

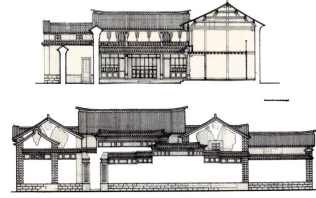

图 2-2-49 合院式建筑立面图与剖面图

（3）功能齐全，分区明确，厅、廊的设置使各房上下之间、室内外之间交通联系十分方便，交通流线主次分明，依轴线层层深入，在空间组织上创造了渐进的层次，由公共性部分进入庭院，经过廊子的过渡，逐渐引入领域感较强的房间。

（4）合院内的各坊房屋既相对独立，又相互联系，还便于分期修建。房屋常用的木构架制作完整，使用灵活，抗震性能良好。

（5）合院内的装修、装饰雕刻有鲜明的地方民族色彩，统一中求变化，平淡中见真奇，同时也不同程度地显示出家庭财富地位。

（6）建筑外部造型轮廓丰富，屋顶曲线柔和优美，高低起伏，错落有致，善于运用不同的材料，在山墙的山花部分及墙体转角处，贴以很薄的灰色面砖，强调砖与砖之间的

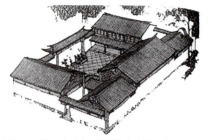
图2-2-50 "三坊一照壁"合院透视图

图2-2-51 "三坊一照壁"合院聚落（来源：穆童 摄）

图2-2-52 "三坊一照壁"合院正立面（来源：穆童 摄）

线缝，既保护了墙体，又形成了上下墙面材料质感和色彩的对比。

（7）合院中广植草木花卉，壁饰字画，使封闭的庭院空间充满了生机绿意，幽栅垄趣，既保证了住家的安静与私密性，又能够足不出户接触自然，领略自然变化。在满足物质要求（日照、采光、通风、排水）的同时，精神要求也得到满足。而照壁可谓是合院中最具特色的点睛之处，造型简洁优美，有一字形和三叠水两种形式。

2. 三坊一照壁的建筑特征（图2-2-50～图2-2-53）

三坊一照壁是白族民居最常见的院落形式，它的占地深度比四合院小，是白族顺应斜坡地形营建居所经验的产物。且"三坊一照壁"的院落适合当地的环境和生活需求，已成为白族大多数家庭的居住模式选择。

"三坊一照壁"是指由一坊正房、两坊厢房、一座照壁和中间的天井组成的方形院落，并在此基础上进行或多或少的变异。这类民居在白族地区最普遍，给人以舒适华丽、绰约多姿的印象。院内各处装修都用木料，极其丰富华丽千姿百态，互相争妍，其雕工技巧十分精湛。

3. 四合五天井的建筑特征

"四合五天井"（图2-2-54）合院也是大理传统民居的另一种典型平面布局形式，其规模较大，由四坊房屋围合组成，无照壁，除当中有一个正方形的大天井外，四坊交角处还各有一小天井，形成大小共五个天井的庭院，各坊的房屋，均为三开间二层楼，明间稍大，在漏角天井一般也都设有耳房。

图2-2-53 "三坊一照壁"合院细部图（来源：穆童 摄）

这种布局形式的合院民居，入口常常是从其中一个漏角进入院落的，漏角通过天井作为前导空间过渡，形成入口小院，再从厢房的山墙面上开设第二道门通往正房和厢房走廊。其空间比"三坊一照壁"显得更加封闭。

4. 六合同春民居的建筑特征

最复杂的白族传统合院民居是由两个或两个以上院落组合成的重院。"六合同春"（图2-2-55）即是将一个"三坊一照壁"与一个"四合五天井"纵向串联在一起的组合院

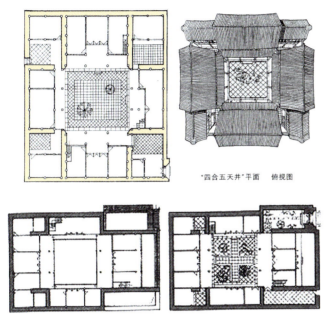

图2-2-54 "四合五天井"合院平面图（来源:《云南民居》）

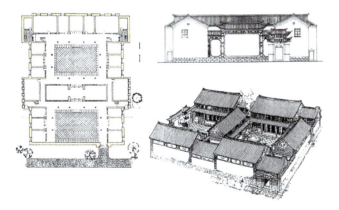

图2-2-55 "六合同春"合院平、立、透视图（来源:《云南民居》）

落，两个院落的前廊彼此相通，方便人们进出。依此组合方式，还可以根据不同地形，灵活自由地进行拼连扩展，构成多院落的大型合院群体。

（四）怒江地区建筑特征

怒江地区的地理环境与人文资源古老而独特，经过当地少数民族长期相对封闭的生存发展，形成了许多特殊的传统民居与人文景观。根据该地区气候环境与聚居民族的不同，

图2-2-56 怒江地区民居（来源：王祎婷 摄）

形成了多种不同的民居形式，如傈僳族的"千脚落地"房、木楞房和土墙房（图2-2-56）。

1. 千脚落地房的特征

"千脚落地"房（图2-2-57、图2-2-58）是傈僳族、独龙族主要的传统民居，是对民居建筑外形和底层架空支柱的形象说明，这种底层架空的干阑民居，适用于缺少粗大木材的高山陡坡，气候温暖、河谷湿热地区。之所以采用密集排列支柱的方式，主要是为了保持上层房屋自身的稳定性，既满足生活需要，又弥补了缺乏大型木桩材料的不足。

"千脚落地"房一侧靠山接地，另一侧架空。底层架空以防潮避暑，通风性能好，但结构简单、造型简陋。建筑呈长方形，室内平面通常分为前后两间，其中一间做客房，另一间为卧室，两个房间内各置一火塘。房间外围根据实际需要，可架空长短不等的狭窄连廊，而进出室内的入口，常在房屋的上坡向或其中一端开设。

2. 木楞房的特征（图2-2-59）

木楞房是"井干"式民居的类型，直接由圆木层层堆砌而成，其相互交错的壁体，既是房屋的承重结构，又是房屋的围护结构。在空间上所呈现的封闭性特征，与洞穴有着某种文化上的渊源关系。

怒江地区的木楞房从用料构成方式和外观造型上看，又

图2-2-57 千脚落地房（来源：王祎婷 摄）

图2-2-58 千脚落地房（来源：王祎婷 摄）

图2-2-59 木楞房（来源：栾涵潇 摄）

分为"井干—土墙"式和"平坐"式。"井干—土墙"式是将整个木楞房架设在用土墙砌筑的墙基上，以适应不同坡度的山地环境；"平坐"式则直接将木楞房搁置在一个较矮的架空平坐上。这两种民居建筑屋顶多为"悬山"式，常采用坡度平缓且相互搭接的双坡木板或石板覆盖，为防止其滑落，又在上面压上石块。木楞房的木墙体与屋面支撑构架彼此独立，其建筑形体和构造十分简洁，并且其主体结构还可以和局部的底层架空的干阑、"平坐"或土墙石墙处理相结合，调整与缓坡地形的关系。

其平面形式通常为两种：一种居中进出，中间向内凹进一小块缓冲空间，然后分别进入左右室内。两边房间大小相等，各置一火塘，唯右边一间居中有独柱，既可作客厅，也可作卧室。另一种是带走廊的双间布置，这是将靠前面左边的一间缩小一个柱间，形成有顶盖的敞廊，左间做卧室或储存室，另一间布置同上，粮仓、牲畜圈在住屋周围另外设。

3. 土墙房的特征（图2-2-60）

土墙房多见于藏族与怒族等民族混居地区。是由夯土外墙与木结构木楞房组成的民居，屋顶统一形成双坡石片瓦大屋顶。一方面土墙显示出一些藏房的特征，另一方面木楞房又表达出怒族民居的建筑风格。土墙房木料需求小，且冬暖夏凉。

第三节 风格·元素

一、空间模式

（一）迪庆地区空间模式

迪庆地区的藏族传统民居，主要根据当地的气候特点、用地地形、建材资源的条件、居民的生产生活需要以及地方文化特点而建。其典型的空间模式主要有两种：一种是带前廊的"闪片房"（图2-3-1），另一种是回字形空间的"土掌碉房"。闪片房空间模式可总结为："一"字形平面，组合庭院，二（三）层楼房，底层为牲畜所居，人居楼上，"闪片"坡屋顶与二（三）层的平屋面间有一夹层空间，入口一侧设前廊，带有中柱的堂屋为二层平面的核心，面积较大，其中设有火塘、神龛、水亭，火塘正面墙上绘有"吉祥八宝"彩图，中柱为堂屋的中心，用材粗大。

图2-2-60 土墙房（来源：张欣雁 摄）

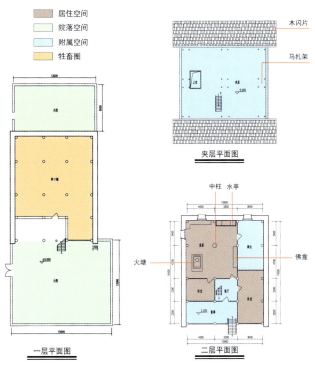

图 2-3-1 闪片房典型平面空间模式

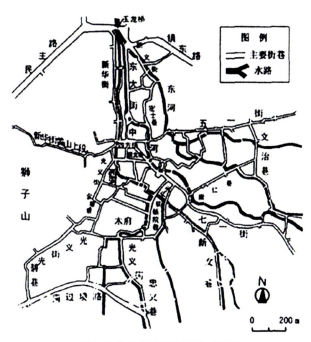

图 2-3-2 丽江古城的街巷与水系图

图 2-3-3 丽江束河的水（来源：李天依 摄）

（二）丽江地区空间模式

丽江远离汉族的统治中心，并且处于汉藏文化的交界地带，在文化上保留有自己的显著地域特征与多元融合特征。

丽江古城从选址到营建都体现出纳西族先民的智慧沉淀，这是一种积极利用环境条件，创造与自然融合共生关系的设计原则：根据地形、人口、微气候等各种因素间的相互制约、影响，逐渐形成了以山、水为依托的一种网络连续型城镇模式。

丽江古城公共空间要素主要是街巷、河流、桥梁、广场，以及一个个类似"三眼井"的节点空间。这些元素是在古城不断生长过程中形成的，其存在和构成都有一种内在逻辑性，即由功能出发，最后演变为一种具有多重意义的场所。相对于规整型的街巷体系而言，丽江古城的街巷适应性和经济性较强，形态自由多变。6 条主要街巷以四方街为中心向四周自然延伸，构成了城市空间的放射状骨架。如果说街道组成了丽江古城的骨架，那么河流就是古城流淌的血液（图 2-3-2）。丽江古城的街巷体系呈现出一种有机生长的特征，展现出古城生生不息的活力。河流与道路的关系是动态的，随着人的移动而变换的，河水与河岸的位置，河水与道路的宽度，河岸的房屋性质也在变化（图 2-3-3）。

古城空间的逐级构成关系十分明显，呈现出间—院落组—地块—街坊—古城的递进关系，即由最基本的构成单元"间"，组合形成不同的"坊"，由"坊"再组合成"三坊一照壁"、"四合五天井"等大小不同的院落，院落与院落

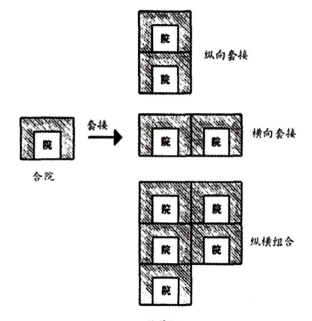

图 2-3-4 院落空间构成图示

图 2-3-5 地块及街巷空间构成图示

组合成地块空间（图 2-3-4），地块空间再形成街坊空间，这样一步步最终形成古城的整体空间（图 2-3-5）。

（三）大理地区空间模式

1. 聚落空间模式——布局自由

从建筑群的布局来说，白族传统村落中的巷道，直的为充，横的为巷，每一充巷都留出双牛抬杠而行的位置做人行道，曲折而幽深。建筑相互毗邻，若宅院与宅院之间没有巷道，通常会有三尺（约1米）沟壑。建筑大都沿沟巷分布，集中分布于水井等公共设施周围，布局自由（图2-3-6）。

2. 民居建筑空间模式——院落式

从大理地区民居的平面布局来说，建筑空间模式主要为院落式，可以归纳为三种类型：三坊一照壁、四合五天井、多院拼合（图2-3-7～图2-3-9）。大理地区建筑空间模式与汉式合院相似。建筑空间以院为核心，以"坊"为建筑单元围绕院落布局。

（四）怒江地区空间模式

在怒江的民族传统村落中（图2-3-10、图2-3-11），有点状的空间，如古树、路口、大石头；有线状空间，如田埂、溪边、屋檐；有面状空间，如篮球场、广场、田野；还

图 2-3-6 自由式建筑群布局

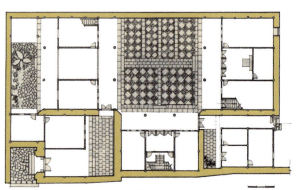

图 2-3-7 四合五天井（来源：《云南民居》）

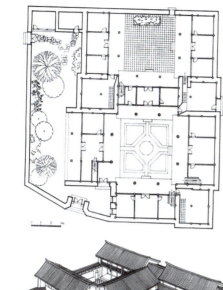

图 2-3-8 多院拼合（来源：《云南民居》）

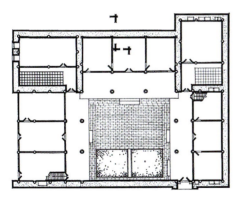

图 2-3-9 三坊一照壁（来源：《云南民居》）

图 2-3-10 怒江秋那桶村全景（来源：栾涵潇 摄）

图 2-3-11 初岗组平面图（来源：栾涵潇 摄）

图 2-3-12 建筑空间适应地形（来源：栾涵潇 摄）

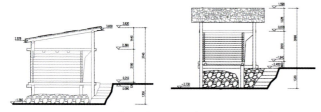

图 2-3-13 建筑空间立面剖面图（来源：栾涵潇 摄）

有公共建筑，如教堂、村民活动中心。人们在这些多样化的空间中进行生产生活活动，呈现出异彩纷呈的行为特征，造就独特的乡村生活氛围。村落的空间性质有社会性、文化性、交流性等，展现出村民不同的生活追求与文化心理。

怒江传统民居建筑的空间形态适应陡峭的坡地环境，满足日常的生活需求。建筑常利用自然高差，结合地形常将下半部分作为牲畜棚和柴火房。上部为居住用房与地面齐平，利用高坎搭棚创造室内外过渡空间。部分房顶采用泥土夯实，作为晾晒粮食和储藏的空间（图2-3-12、图2-3-13）。

二、建筑造型

（一）迪庆地区

闪片房外形特征主要为：厚实的夯土外墙，向上有明显收分，房屋进深大，窗少且小，屋面的双坡"闪片"坡度较缓，入口翼侧设前廊，前廊部分由精密的木构架构成，前檐双层斗栱，绘有双层吉祥图案，有汉藏结合的特点（图2-3-14）。

"土掌碉房"一般为三层，高者达四至五层。土木结构，砌石为基，夯土为墙；屋顶用一种叫"阿尕萨"的黏性极强的土夯实抹平为土掌，主要为脱粒、晒粮之所；三楼屋顶的一角设有香灶，插有玛尼旗。下部为厚达1米的夯土外墙，屋面土掌有较大的进深，这些都是出于隔热的目的；而小天井及退台又可加强通风；退台平屋顶得于降水量少，而且也是山地建筑晾晒谷物的最佳选择。

1. 屋顶

屋顶形式与气候关联，寒冷地区多为双坡顶。坡度小，没有屋脊。檐口及山墙出挑较大，材料主要为木板。屋顶形式轻盈，与墙体"分离"组合。河谷地区多为平屋顶，平屋顶用作晾晒休憩。两个地域屋顶形式简单统一。

2. 墙体

墙体厚实且朴实，墙体主要是保温防护体系。因而墙体底部较宽，向上做收分处理。墙体装饰少，材料统一。外墙勒脚多用石材垒砌。墙体整体统一，是藏族民居特色构成的重要元素。

3. 门窗

门窗装饰性较强，主要以木材为主要材料。开窗小，且仅向南、西、东面开窗。南面为主要开窗面，东西面为次要面。

图 2-3-15　丽江民居典型屋顶

图 2-3-16　丽江民居典型屋顶图

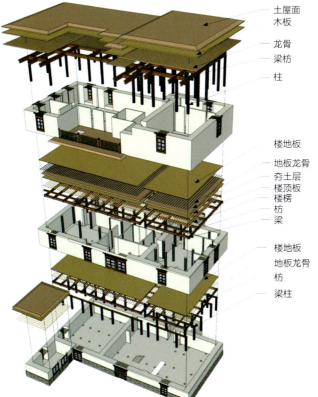

图 2-3-14　藏族民居土掌碉房

图 2-3-17　丽江民居屋顶

（二）丽江地区

1. 屋顶（图 2-3-15～图 2-3-17）

丽江民居虽然采用同一种建筑原型，但整体效果与外部造型显得千变万化，这得益于纳西族对建筑处理手法的灵活多变。坡屋顶是中国传统建筑普遍使用的屋顶形式，便于排水及维修。以古城民居来看，其悬山屋顶独具特色，而且屋顶的设置与建筑的社会职能处理一致，最高大的屋顶表现最重要的社会活动空间，次一级的屋顶围绕着最大的屋顶，层层出檐，丰富变化。虽然受到汉族建筑的影响，但丽江民居的屋顶却更加简洁、轻巧，质朴自然。

2. 墙体（图2-3-18）

墙体是丽江民居中最具艺术特色的部分，一方面在于对材料与质感的表现，另一方面在于对墙体的划分处理及其比例的协调。

3. 门窗（图2-3-19、图2-3-20）

丽江传统民居主要以木构架承重，对于非承重墙体，则是展示"门窗"的平台。门与窗有时候是合二为一的，门也承担部分采光功能。丽江传统民居门窗棂花图案以表现世俗美学为主，它的寓意内容多与喜庆、吉祥等观念相联系，反映出当地的一种乐生思想。

比如用棂条构成艺术变形的"福"、"禄"、"寿"、"喜"等吉祥文字的窗棂或直接将这些文字雕刻在门窗棂条、裙板或绦环板上，还有将之做成小型雕刻物，即作为花结嵌入棂花间，以求吉庆意义。也有根据汉字的谐音代表的吉祥图案，如蝙蝠代表"五福捧寿"、"万福万寿"、"福在眼前"等，梅花鹿代表"禄"。月季插瓶，意为"四季平安"。牡丹花代表"花开富贵"，松树和仙鹤组合的图案代表"松鹤延年"。也有用"岁寒三友"松、竹、梅和"四君子"梅、兰、竹、菊为题材的门窗棂花，显示出主人的喜好和品位。

（三）大理地区

1. 屋顶

坡屋顶——歇山式或硬山式（图2-3-21）。

大理白族传统民居的坡顶屋面一般为硬山式，无论正房、厢房，其屋脊两端的"鼻子"均高高向上翘起，有的屋面还装饰一些避邪瑞兽。在民居建筑二楼的两坊相交处常处理成特殊的转角马头墙，使两坊房屋的山墙端头相互连接，自然过渡，更显平衡与协调，地方民族特色鲜明。

2. 墙体

1）石、砖、土坯三合一的墙体技艺（图2-3-22）

大理地区传统民居的建筑墙体主要有卵石墙、砖墙、土坯墙等形式。卵石墙墙体一般从石脚以上至檐口全部用苍山鹅卵石或苍山片麻岩条石砌筑，这种民间的特殊卵石墙砌筑方法，被誉为大理三宝之一的"鹅卵石砌墙不会倒"，此法始于南诏时期。

另外一种"金包玉"墙体，其做法为条石做墙角，加强"四大角"。角柱料石砌，或做"金包玉"。墙分上下段，楼面为界线。下石上土基，厚度不改变。砌墙要错缝，竹、木做墙筋。墙顶加腰檐。粉面、贴砖、"穿花衣"。

2）式样丰富的山墙面形式

山墙面式样丰富，山花图案以传统元素的图案为依据。大理地区的房墙从石脚以上至檐口全部用苍山鹅卵石或苍山片麻岩条石砌筑，称鹅卵石墙和条石墙，独有其民族风格。围墙由石脚、墙体两部分组成，顶部用瓦覆盖，两面出水。墙体多用泥土夯筑或土坯（土墼）支砌，外用石灰衬，并进行装饰。近年来，部分人家开始用砖块和水泥预制件支砌围

图2-3-18 丽江民居木楞房（来源：翟辉 摄）

图2-3-19 丽江民居门窗（来源：翟辉 摄）

图2-3-20 丽江古城门窗图（来源：翟辉 摄）

图 2-3-21　白族传统民居的双向斜坡屋顶及马头墙（来源：《云南大理白族民居建筑》）

图 2-3-22　墙体材料（来源：《云南大理白族民居建筑》）

墙，造型精美（图 2-3-23）。

3）构成院落视觉中心的照壁

照壁（图 2-3-24），原指位于大门外面或里面的一段独立墙体，因其有"隐避"的意义，又名"影壁"。白族传统民居中的照壁，作为住家表达审美追求、精气神与灵性之所在，已成为一个极为重要的建筑形象。如大理白族传统民居常见的"三坊一照壁"合院，就直接将照壁设置为与正房相对的一面围墙。从某种意义上来说，这里的照壁除了起着普通墙体的围合作用之外，还被赋予了特殊的功能需要和文化意义。这一照壁不仅比例匀称，而且装饰题材丰富。整个照壁顺檐下和墙体两端或绘以彩画，或题诗书、家训，或镶嵌大理石山水图，飞檐滴水，外观极具欣赏性。照壁多为白色（石灰涂面），利用反光，增加室内采光。

白族传统民居的照壁一般有"一滴水"和"三滴水"两种形式，其中三滴水照壁最典型且比较常用。总的来说，白族传统民居的照壁，既是挡风防盗的屏障，又是美化庭院的景观重点，并构成了白族独特的照壁文化。

4）门窗

门窗（图 2-3-25、图 2-3-26）也是大理白族传统民居中的重要组成部分，在某种程度上体现出住家的社会地位与经济实力。经济条件比较好或对生活品质要求较高的人家，会采用"一滴水"、"三滴水"的门楼样式，青瓦斜坡，屋角飞翘，别有一番风味。门面则以双合门或组合门样式居多。

虽然有些民居的室内门窗仍在使用木雕门窗，但更多的则在保留传统格子门窗样式的基础上，改用铁质的门窗。格子门通体由铁皮、钢管和一些仿木雕图案的铁件焊接而成，再以各色的油漆粉饰之。当然，有些格子门还采用了铁木结合的模式，以铁料做好每扇格子门的框架，再以木材做心，雕饰各种图案。甚至，有些民居已完全采用新型的玻璃门面，通过左右滑动来开关。边房则仍多安装单扇门，以木质或铁

质的板门为主，铁质的门还常装饰有图案铁构件。相应的，窗户也多以钢铁做成，仿造以往的窗格样式，用钢管、图案铁件焊接成窗框和窗面，再安装玻璃而成。而近几年，汉式的铝合金窗也悄然兴起，铝合金窗框镶嵌玻璃窗面即可，做法简单且省事。如楼层屋檐下的窗户，即多为条形的连排铝合金玻璃窗。

图 2-3-23 山墙面式样丰富（来源：见地工作室）

图 2-3-24 大理传统民居照壁（来源：穆童 摄）

图 2-3-25 大理传统民居——门（来源：穆童 摄）

图 2-3-26　大理传统民居——窗（来源：穆童 摄）

（四）怒江地区

1. 墙体

怒江地区传统民居建筑的墙体主要是以圆形或者方形木料层层垒砌的"井干式"壁体，房屋的梁架结构直接在壁体上立瓜柱，承载檩子。这种墙体既是房屋的围护结构，也是房屋的承重结构。还有部分地区的建筑外墙采用夯土墙，且在夯土内放置木柱以及细木条，增加其墙体的稳定性。湿热地区则采用竹篾做外墙（图 2-3-27～图 2-3-31）。

图 2-3-27　木楞房墙体构成示意（来源：栾涵潇 绘）

图 2-3-29　木材外墙（来源：吴志宏 摄）

图 2-3-28　井干式木楞房（来源：吴志宏 摄）

图 2-3-30　竹篾外墙（来源：吴志宏 摄）

图2-3-31 土墙外墙（来源：吴志宏 摄）

2. 门窗

怒江地区的传统民居建筑，门窗形式比较单一。主要由于天气寒冷，一般开窗面积都很小，常在建筑向阳面开设一两扇小窗用于采光，简洁实用（图2-3-32）。

三、材料建造

（一）迪庆地区

迪庆藏族传统民居的用材主要是木和土。木材不仅是主要的承重结构材料，内隔墙、地板、门窗等也大量地使用，连闪片瓦也全是冷杉木劈制而成。墙体及平屋面均用当地的土夯成，其白色的墙面并不是石灰刷成，而是用当地深层的白土"浇"成的。为了防虫、防漏，闪片房每年都要"翻瓦"，对木材的消耗较大。闪片房最大的特点便是用木板覆盖的屋顶，这种被当作"瓦"来覆盖屋顶的"木板"，构成一种自然质朴的视觉肌理（图2-3-33～图2-3-40）。

图2-3-32 建筑门窗（来源：穆童 摄）

图2-3-33 木材——闪片房屋顶（来源：翟辉 摄）

图 2-3-34　木材——闪片房屋顶（来源：翟辉 摄）

图 2-3-36　夯土墙

图 2-3-35　翻闪片、浇白土（来源：翟辉 摄）

图 2-3-37　夯土＋石

图2-3-38 石墙

图2-3-39 石墙+木楞+夯土

图2-3-40 建房过程（来源：翟辉 摄）

（二）丽江地区

1. 材料

1）木材

与现代建筑大量使用混凝土、玻璃等材料而造成的冷冰冰的质感不同，丽江民居的亲切感来自于木材的质感。木材天然就是适宜人类居住的建筑材料。中国古代建筑史甚至可以说就是一部木结构建筑的历史。丽江民居在木构架建筑重要部位的构件末端，都有一定程度的处理。尤其在非承重的木构件尽端、表面（图2-3-41）。

2）石材

丽江地区有着丰富的石材资源，因此石材在丽江民居中有着广泛的应用。石材在民居中主要用作基础、勒脚、台阶、桥梁、地面等。料石是由人工开采出来、专门经过加工的较规整的石块。料石因为加工严格，砌筑施工就相对简单，建成后墙面很工整，大多用于墙体下碱部分（图2-3-42、图2-3-43）。

3）砖材

丽江民居中广泛使用砖材，如青砖等（图2-3-44）。

4）瓦

丽江民居所使用的瓦为灰色或黑色，主要由筒瓦、板瓦两种类型和勾头搭接而成。瓦在丽江民居中的另一处应用是在内院铺地中，用瓦碴拼出各种图案，如四蝠闹寿等，瓦的功能由排水而变成一种面材，质感和排列出的肌理得到了强调（图2-3-45）。

5）土坯

土坯墙的使用在丽江相当普遍。从建筑技术史上看，从夯筑墙到砌筑土坯墙，是一项巨大的技术进步，也是建筑材料的一大革新，它为砖的出现作了准备。土坯墙比夯土墙要求的技术含量要低，在施工作业和时间安排上更灵活机动，造价低廉、经济实用，是降低建造成本的重要手段之一。而且土坯墙敦实淳厚、粗犷质朴，与大地融为一体，在质感和肌理上充分体现了民居的艺术魅力，其表现力也是其他建筑材料不可取代的（图2-3-46）。

2. 建造

1）抗震措施

在京柱头上纵向加一道名叫"勒马挂"的挂枋，增强了纵向刚度；柱脚用截面较大的地脚梁纵横固定；凡设有地脚的部位，它与上部相应的构件组成隔板系统，把周围

图2-3-41 丽江古城门窗（来源：穆童 摄）

图2-3-42 石材的运用（来源：张欣雁 摄）

图2-3-43 毛石干砌墙体下碱（来源：张欣雁 摄）

图2-3-44 民居砖材的运用

图 2-3-45　民居瓦的运用

图 2-3-46　民居土坯材料的运用

的构件用榫卯连成一体；"见尺收分"的做法（按百分之一的斜度将柱头往里倾斜），造成柱根部向外展开，也叫做"放侧脚"。

2）料石砌筑

料石应事先加工成规格料（长度灵活），砌筑前按石料及灰缝厚度，预先计算石料层数和选定排列方法、尺寸。但无论哪种砌法，上下错缝一般不小于 10 厘米，灰缝厚度约 15～20 毫米。石材上下和两侧的修凿面应和石料表面垂直，同一层石材和灰缝的厚度要均匀一致，有掉角缺边的不用于外露面。

3）毛石砌筑

选择比较方整的石料在大角处（称脚石，又称定位石），角石应选择体积较大、三面方整的石料，如不合适，应稍加调整，角石砌好后，也可以把准线挂在角石上。

4）砖的砌筑

金包玉的砌筑常用的方式有：一丁三顺侧砌与平砖顺砌错缝方式、一丁一顺侧砌与平砖顺砌错缝方式、隔三层侧砖摆一层平砖顺砌错缝等三种方式。

（三）大理地区

在新时期，白族民居的建筑材料使用也发生了极大的变化。其中，梁柱结构用混凝土和砖块代替以往的土木，墙体用砖和混凝土而不再用土石，墙面用瓷砖贴面代替了白灰粉刷，地面也用混凝土或地板砖代替过去的青石板、大理石、鹅卵石、地砖及三合土，而门窗则由纯木制改用铁制或木铁混制并以玻璃作补充装饰，连精美的木雕也改由烧陶拼制或铁件铸造。可以说，新时期白族民居的建筑材料更加多样化了，也更具工业化气息了。

通过对不同时期白族民居的比较，不难发现，新时期的大理白族民居在现代化进程中的变迁总体呈现出一种与时俱进的特点，从建筑材料、建筑构件到建筑布局，都是随着时代的发展和人们生活水平的提高而发生变化的，极富现代生活的气息。虽然它们也继承了传统民居的一些元素和理念，但较为片面（图 2-3-47）。

1. 建造

1）砖构

大理地区的砖构技术受中原地区的影响一步步发展，逐渐在堆砌技术的发展变化下演变出多种砖墙砌筑形式的砖构技术方式（图 2-3-48）。

（1）夯土筑墙：大理地区传统的民居围护和立面，在经济条件落后的地区，较多以"夯土筑墙"的形式出现，土坯墙砲筑是最常见的做法，通常是一层用夯土砌筑，二层用土坯砌筑，墙外侧向上作等比收分处理，外墙下部有高 1 米的石条踢脚基石护墙，转角处踢脚基石护墙高度再增加 1 米。

（2）错缝顺砖砌墙：选用单砖顺砌，并进行上下错缝处理。这种砌筑的单砖墙体受力薄弱、稳定性差，不能受较大的荷载力。大理地区顺砌常见的砖缝形式分为：十字缝、三顺一丁、一顺一丁、五顺一丁几种。

（3）不同材质砖砌墙：在砖砌墙的基础上，使用青砖、红砖、瓦片等综合进行装饰性砌筑。这种方式表现力较强，打破了传统民居建筑立面色彩、材质单调的局面。

图2-3-47 大理传统民居的建筑材料（来源：穆童 摄）

图2-3-48 砖墙、土坯墙（来源：张欣雁 摄）

图2-3-49 传统石构构件（来源：张欣雁 摄）

2）石构

大理地区的石构技术是民居建筑的一个重要组成部分，从考古资料中不难看出，石构技术已经广泛地运用在民居的建构建造上，大理民居建筑在石构技术的运用主要分为（图2-3-49）：

（1）民居建筑石构件：云南十八怪中"原石砌墙，墙不倒"的卵石附属围墙砌筑做法，后来发展到在基础、柱础、勒脚、踏步地面等建筑易磨损部位。部分地区墙体为石构，外墙的四角通常使用"金包玉"的做法。石材坚实耐用、稳定可靠的特点，大量被当地居民使用并加工构筑。

（2）室外石材附属构件：同样是石材坚固耐用、适合于室外的特点，选用石材进行加工成为室外踏步楼梯、护栏、桌椅和石雕等装饰之用的附属构件。

（3）由于石材加工的发展，在大理地区民居中也开始广泛使用石材饰面技术。

3）木构

大理地区民居作为传统中国木建筑的一个分支，以"井干"式（垛木房）和"干阑"式为主。后在本土建筑发展基础上主动吸取汉文化建筑硬山、悬山式的特点，都因随地域而发生了一些变化，形成了自己特有的地方风格，并沿用至今。大理地区的民居木构架结构通过梁架扣榫的方式连接，并通过穿枋的做法保证了木构架结构的抗震性能。

大理地区的剑川县的木匠，手工艺水平是整个云南地区最好的，无论从木构架的建构，木构件的制作雕刻，还是从抗震方面对于木结构体系中构件在节点处"木锁"的工艺，以及在装饰装修上，都有很广泛的运用。木材可以用在墙面、地面、吊顶、楼梯等室内装饰上，在室外门窗、栏杆、美人靠等也有运用，家具的制作加工也在大理地区广泛使用。大理民居其结构方式与中国传统建筑一样以木结构为主，其支撑构件与中国传统的构件形式类似，但其中最有特点的是石柱础雕饰和梁头雕饰（图2-3-50）。

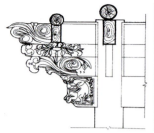

图2-3-50 中梁头和石柱础雕饰样式（来源：《云南大理白族民居建筑》）

关的仪式活动之后，依次将房屋的主体结构、地板和屋顶组建好，然后再根据各家具体的生活生产需要，围合形成灵活多变的室内外空间。④空间结构，随着时代发展，少数人家已开始修建砖混房屋，通常三开间，并体现出其对生活私密性或居家环境卫生的相应要求。⑤火塘空间，火塘作为怒江地区各民族生活不可缺的重要空间，既是每个家庭进行日常起居生活、文化活动和对外待客交流的核心

（四）怒江地区

1. 材料

怒江地区的传统民居建筑，主体部分以木材为主，辅以局部的夯土墙和竹篾墙。建筑基底由木条或土墙、石块垒砌至水平面，屋顶由石片覆盖，上压石块防止石片滑落，还有一些覆盖茅草的屋顶。对建筑材料的选择利用完全因地制宜，就地取材（图2-3-51）。

2. 建造顺序

对于怒江地区的传统民居建造，一般表现出以下的建造顺序特点（图2-3-52、图2-3-53）：①选址，常选择聚落中平坦开阔，靠近道路、相对安全或便于取水的水源地。②备料，政府办理砍伐证，每年8月至次年2月为最佳备料期。③建造过程，通常选好建盖日子，在举行有

图2-3-52 建房顺序（来源：李克翰 摄）

图2-3-51 建筑材料（来源：栾涵潇 摄）

图2-3-53 村民投工投劳（来源：栾涵潇 摄）

空间，也是体现家庭凝聚力的特殊表现。⑥建筑艺术，在延续传统建筑技术的基础上，吸收了部分汉族的木构穿斗技术，在建筑外观形态上呈现出粗犷质朴、自然本色与协调的艺术特点。⑦祭祀与庆祝，在房屋建成后，要请天主教神父到新屋念经祈福，屋主宴请帮忙的所有亲友村民并一起唱歌跳舞。

四、细部装饰

（一）迪庆地区

藏族是一个富于装饰的民族，各种民间的雕刻、绘画艺术，充分地体现在其民居建造中。有条件的人家在柱梁斗栱上绘装饰图案，在内墙上方绘三色条纹花饰，下方涂黄或浅绿色颜料，色彩鲜艳，对比强烈。藏族民居注重对门的装饰。大型宅院的大门由门框、门楣、斗栱组成。门楣连着斗栱，斗栱多用蓝、红、绿三色彩绘，门楣上印烫金符咒。门楣的上方形成凸字形状，中间留有约一尺见方的空间，用木头做框，镶以玻璃作为佛龛，里面供奉主人崇奉的佛像或圣物。门框边的墙体用黑漆涂绘，上宽下窄。大门多为单扇，颜色朱红或乌黑。除了门窗、外廊装饰，室内的经堂、佛龛也是家里最富丽堂皇的地方（图2-3-54、图2-3-55）。

图2-3-54 迪庆藏族民居门窗装饰

图2-3-55 迪庆藏族民居细节装饰（来源：李天依 摄）

（二）丽江地区

1. 色彩

丽江传统民居的色彩具有亲和力，一般是青砖、木材以及砖石等主要材料的自然色彩（图2-3-56）。

2. 细部

在丽江传统民居建筑中，有一些常见的建筑细部装饰，特色鲜明且有丰富的文化象征意味，具体如下：

（1）悬鱼：长度一般在80～100厘米，宽约20厘米，造型简单奇特，长宽比10:5至10:7（图2-3-57）。

（2）屋脊：外观每组民居的体型组合，纵横交替，高低错落，有机别致，从造型轮廓上看，纵向屋脊两角起翘，横向坡屋顶的第二、三架檩条皆落低一些，名为"落脉"（图2-3-58）。

（3）门楼：是纳西族传统民居的重点，按照门楼位置可以分为独立式和穿斗式两种；其中穿斗式按照顶部结构的不同可以分为砖砌圆拱和木过梁平拱两种，以砖拱形式居多。形式多为"三滴水"，按照自上而下的三段式的处理手法。门楼形式有砖拱、木过梁平拱及木构架式三种（图2-3-59）。

（4）照壁：①天井照壁——有一滴水和三滴水两种形式，自然大方（图2-3-60）。②厦子照壁——尺度较小，通常只是在墙面上镶装一块长方形、圆形、八角形等形状的花纹别致的大理石，边框做精彩的木雕或砖雕线脚（图2-3-61、图2-3-62）。

（5）铺地：①厦子的铺地——主要用大方砖、六角砖、八角砖等与卵石、瓦磴间隔组砌，一般组成有规律的集合图案（图2-3-63）。②天井铺地——天井中的铺地通常用石块、瓦磴、卵石等简易材料按民间风俗铺砌成有象征意义的图案（图2-3-64）。

（6）门窗隔扇：无论哪一坊房屋底层明间面对天井的一面，在两侧抱柱坊之间多为三组六扇雕饰精细的隔扇门。每一坊次间两个房间面对天井的一面，为采光需要上部各有一扇木花窗隔扇，形状或圆或方，雕以精细的图案（图2-3-65～图2-3-66）。

（7）柱础：石材柱础在丽江民居中十分常见。柱础与人的距离近，因此多有精细的雕琢（图2-3-67）。

图2-3-56　丽江传统民居色彩（来源：张欣雁 摄）

图2-3-57　悬鱼（来源：翟辉 摄）　　图2-3-58　屋脊（来源：《云南建筑》）　　图2-3-60　天井照壁（来源：翟辉 摄）

图2-3-59　木构架门楼

图2-3-65　门窗隔扇

图2-3-61　厦子照壁（来源：翟辉 摄）　图2-3-62　厦子照壁（来源：翟辉 摄）

图2-3-63　厦子的铺地（来源：李天依 摄）

图2-3-66　建筑细部

图2-3-64　天井铺地

图2-3-67　柱础

(三)大理地区

"粉墙画壁"也是白族建筑装饰的一大特征。墙体的砖柱和贴砖都刷灰勾缝,墙心粉白,檐口饰有宽窄不同、色彩相同的装饰带(图2-3-68、图2-3-69)。

1. 细部

建筑细部可以表现出当时建筑的工艺水平、建筑技术,以及当地的文化特征。建筑细部的重要性不仅体现在能够满足建筑的某种实用性要求,更重要在于其审美价值、社会和文化特征的体现上。建筑细部的内涵相当丰富,建筑的立面、平面、体型和内部空间都是由各式各样的细部组成。在大理的传统建筑中,主要通过其细致的立面设计、精美的装饰等来体现其细部。

2. 装饰

富于装饰,是白族传统民居最显著和最突出的特点之一。而"各民族人民由于自然环境、宗教信仰、风俗习惯及审美观点等因素的不同,加之文化具有各自鲜明的特点,从而使民居装饰同样带有浓厚的地方特色和地方风格",白族民居自然也不例外。其装饰体系,简单讲由四部分组成:木作、石作、泥作和彩画。其中,木雕装饰遍布民居建筑的门窗、梁柱、天花、楼道护栏等构件,题材和图案十分丰富,尤以门窗的木雕装饰最为集中、突出。石作的装饰工艺除铺地外,主要是镶石和石雕。镶石多用于照壁和围屏,以带纹理图案的大理石见长,而石雕则常用于墙体和柱础等部位,独具地方特色。白族的泥作工艺,用料独特、白度好、可塑性强,多在院墙、照壁和非木构门头上使用,有的还作为勾缝使用。彩画,广义上也叫彩绘,其色彩多以冷色调为主,题材内容多为山水风景和传说故事等。这种装饰工艺除被用于砌体和面砖外,主要集中于照壁门头、院墙和天花等处,是白族民居中又一极具特色的装饰工艺。

(四)怒江地区

怒江传统民居利用材料非常有特点,基本为自然环境所带的颜色:木材削皮以后原木的颜色,经过风雨和烟的洗刷成为深浅不一的棕色;夯土呈现原本的黄色,因掺夹的石头、麦秆多少不一,呈现不同深浅的土黄。不做多余色彩处理,与环境融合(图2-3-70~图2-3-73)。

怒江传统民居的建筑,一般采用简单的榫卯结构建造,且每一户的建筑细部都会有所不同,在保持重要节点例如火

图2-3-68 大理民居建筑色彩(来源:穆童 摄)

图2-3-69 大理传统民居的各种装饰(来源:穆童 摄)

图2-3-70 怒江民居建筑色彩

图2-3-71 建筑基础配色

图2-3-72 小环境基础色

图2-3-73 大环境基础色

图2-3-74 火塘构造、火塘上部构造、木楞房构造（来源：栾涵潇 绘）

图2-3-75 怒江民居建筑细部（来源：栾涵潇 摄）

塘、火塘上部、撑顶框架等固定做法的基础上，根据每户的实际需求，做相应的调整变化，甚至有的连空间结构都会改变（图2-3-74）。

因为经济生产力水平低下落后，对外文化交流相对闭塞，使怒江地区的传统民居呈现出朴实无华的原始形态，鲜少装饰。即便是村里少数富裕的家庭，请外地工匠建房时也仅只对窗户与室内中柱稍加装饰，中柱装饰只是挂些五谷和珍贵物品，并无过多雕刻（图2-3-75）。

第四节 特征·特色

一、风格意象

滇西北地区的建筑特色受自然气候、地理特征影响，建筑"风貌"与自然气候呼应协调。平坝区，建筑形式汉化程度高。半山及山地地区，建筑特质独特"张扬"，呈现出相互呼应融合、各自特色鲜明的形式：

迪庆地区——自然朴素

丽江地区——秀外慧中

大理地区——秀丽多样

怒江地区——原生朴实

二、成因分析

（一）迪庆地区（表2-4-1）

迪庆地区建筑成因表　　　　　　　　　　　　　　　　表2-4-1

类型分区		滇西北	
主要分布		迪庆地区	
传统建筑类型		土掌碉房	闪片房
风格要素特质	空间模式	1.围火而居；2.间套组构；3.双核凝聚；4.退台空间	1.围火而居；2.间套组构；3.双核凝聚；4.夹层缓冲
	屋顶	平顶土掌、屋顶退台	木闪片双坡顶、坡缓檐深
	墙体	1.夯土厚重；2.收分显著；3.虚实对比；4.檐口装饰	1.夯土厚重；2.收分显著；3.虚实对比；4.井干式转角仓库
	材料建造	1.夯土墙；2.石砌墙；3.石墙基；4.木前廊；5.木屋顶	1.夯土墙；2.石砌墙；3.石墙基；4.木屋架；5.木闪片
	色彩	白、红、黑	
	装饰	1.藏式吉祥图案；2.梯形窗	
风格意象		外屏内聚、前秀后雄、南虚余实、墙体收分、平顶退台	外屏内聚、前秀后雄、南虚余实、墙体收分、缓坡夹层

续表

类型分区		滇西北	
主要分布		迪庆地区	
传统建筑类型		土掌碉房	闪片房
成因总结	地理与气候	干冷河谷	高寒山区
	民族与文化	藏传佛教文化（藏族）	
	经济与社会	历史悠久、丝绸之路	
	建造技术	砖构、石构、木构技术传承	

（二）丽江地区（表2-4-2）

丽江地区建筑成因分析　　　　　　表2-4-2

类型分区		滇西北	
主要分布		丽江地区	
传统建筑类型		合院	木楞房
空间模式		1.围火而居；2.间套组构；3.合院	1.围火而居；2.间套组构
风格要素	屋顶	双坡瓦顶	木闪片双坡顶
	墙体	1.轻盈较开敞；2.收分显著；3.底座高；4.汉式装饰	1.圆木井构；2.叠垒平交；3.统一完整
	材料建造	1.夯土墙；2.石砌墙；3.石墙基；4.木构架	1.圆木；2.木闪片；3.草泥
	色彩	白、红、黑	材料原色
	装饰	悬山悬鱼	
风格意象		外屏内聚 合院向心	朴实原生
成因总结	地理与气候	高寒山区	
	民族与文化	汉文化、纳西原始宗教、藏传佛教文化	
	经济与社会	历史悠久、丝绸之路	
	建造技术	砖构、石构、木构技术传承	

（三）大理地区（表2-4-3）

大理地区建筑成因分析　　　　　　表2-4-3

类型分区		滇西北
主要分布		大理地区
传统建筑类型		合院式
空间模式		1.聚落空间模式——布局自由；2.民居建筑空间模式——院落式："三坊一照壁"、"四合五天井"、"多院合"
风格要素	屋顶	1.歇山式；2.硬山式
	墙体	1.石、砖、土坯三合一的墙体技艺；2.山墙面式样丰富；3.照壁形式多样
	材料建造	1.砖构；2.石构；3.木构

续表

类型分区		滇西北
主要分布		大理地区
传统建筑类型		合院式
风格要素	色彩	以灰、白为主色调，辅助其他色彩（如朱红）
	装饰	木作、石作、泥作和彩画
风格意象		巷道、院落、白墙、灰瓦、照壁、门楼、淡墨、彩画
成因总结	地理与气候	依山傍水、气候宜人
	民族与文化	大理白族文化
	经济与社会	历史悠久、文化飞地
	建造技术	砖构、石构、木构技术传承

（四）怒江地区（表2-4-4）

怒江地区建筑成因分析　　　　　　表2-4-4

类型分区		滇西北	
主要分布		怒江地区	
传统建筑类型		千脚落地房	井干木楞房
空间模式		1.围火而居；2.底层架空；3.间套组构；4.结合地形	1.围火而居；2.底层架空；3.间套组构；4.结合地形
风格要素	屋顶	茅草屋顶	闪片屋顶
	墙体	竹篾墙、井干式木楞墙	井干式木楞墙
	材料建造	木条支柱、木墙面、竹篾墙面、茅草顶	石墙土墙底座、木墙面、夯土墙面、石片屋顶
	色彩	棕色、土黄色	
	装饰	中柱装饰	
风格意象		融合自然、结合地形、清秀轻盈	融合自然、结合地形、方正稳重
成因总结	地理与气候	湿热河谷	高寒山区
	民族与文化	基督教、天主教、原始宗教、藏传佛教	
	经济与社会	相对落后、人文保持较好	
	建造技术	木料垒砌、夯土、竹篾	木料垒砌、夯土

建筑特色包括了建筑文化的内涵，建筑特色的形成是一个多维度的融合过程。时间、空间、事件的融合。建筑物理空间的各要素是承载聚落"事件"，而城镇的特色建筑是与生活生产关联的。如传统村落中的"四方街"，便是聚落聚会、交易、风水的承载点。但伴随着城镇化的发展，传统的聚落空间及建筑不适应新的生活生产方式，因此建筑的特色也伴随其变化而变化和发展。

滇西北地区，传统民居特色保存较为完整。这与相关政策及规划有直接的关联性。同时该区域也是茶马古道重要的交通通行区域。建筑的"演变"过程，其实也就是一个文化融合的过程。而就上文解读的关于特色建筑外向及内向含义而言，单一注重建筑细节的要素设计，不是特色传承的有力手段。

第三章 滇中地区传统建筑特色分析

滇中地区是云南社会经济文化最发达的区域，也是云南大城市和人口最集中的区域[①]，在近现代也是受到西方影响最显著的地区。因此与其他章节相比，在滇中地区人居环境的论述中除了设计乡土环境之外，特别增加了对昆明传统城市结构和城市民居的分析。由于昆明在历史和人文的发展及人居环境上，是滇中最具代表性的区域，因此对城市历史地理变化和传统格局特征的分析主要集中在昆明以及周边地区。而人居环境中的乡土环境和民居，则涉及包括楚雄、玉溪、曲靖、昭通在内的各个区域，主要分析滇中地区主要民居特征的普遍性和在各地演变而形成特征的独特性。滇东北地区也是云南社会经济较早发达的区域，因其地理位置属于由川入滇的必经之路，受巴蜀文化影响较大，生活文化等方面更偏近于四川、重庆区域。

---

① 2012年，滇中地区人口占全省44.06%和29%的国土面积，实现全省65.56%的生产总值，66.17%的地方财政收入。

第一节 天·地

一、气候条件

滇中地区属于滇东高原盆地，以山地和山间盆地地形为主，地势起伏和缓。滇中地区包括：昆明、曲靖、楚雄和玉溪四个城市。滇中地区多盆地，集中了云南全省近一半的山间平地（坝子）。位于长江、珠江和红河上游，有滇池、抚仙湖等高原湖泊。属亚热带气候，日照充足，四季如春，气候宜人，干湿季分明。土壤类型以红壤为主。植被类型多样，多为次生植被和人工植被。

滇中昆明、楚雄、曲靖、玉溪四个地区气候条件和自然条件都比较相似，相对而言，前三个地区基本处于同一纬度，玉溪纬度偏南，气温在总体上比以上三个区域更高一些。昭通地区以及前三个区域为中纬度偏北的地区和海拔较高的区域，如昆明的东川区、曲靖的会泽、宣威，纬度相对偏北，在传统上也属于滇东北的区域，昆明的禄劝县、楚雄的永仁县的西部和北部海拔较高，因而气候相对寒冷；楚雄地处于龙川江（元谋）、元江河谷地带以及靠近南部的双柏县，在气温则相对较高（表3-1-1、表3-1-2）。

滇中地区气候一览表　　　　　表3-1-1

地域		地形、地貌			气候		民族
区位	典型地区	海拔（单位：米）	主要特征	特殊地形、地貌	降雨（单位：毫米）	主体气候	特殊气候	
昆明地区 地处云贵高原中部，南临玉溪，北靠昭通，东临红河、曲靖，西接楚雄	富民	1455~2817	山地为主，盆地为辅	河谷和山地交错	846.5	亚热带季风气候	低纬度亚热带高原季风气候	主要民族：汉族、彝族、回族、白族、苗族为主。其中彝族主要分布在东川和禄劝，苗族主要分布在寻甸西南部
	石林	1700~1950		喀斯特地貌	939.5		低纬度高原山地季风气候	
	东川	695~4017.3		红土壤，海拔相差悬殊	1000.5		亚热带高原季风气候	
楚雄地区 地处云南省中部，东靠昆明市，西接大理白族自治州，南连普洱市和玉溪市，北临四川省攀枝花市	双柏	556~2946	高寒山区和山区、丘陵平坝区	99.7%是山地	927		北亚热带高原季风气候	主要民族：汉族、彝族为主，回族、苗族、哈尼族等少数民族为辅
	武定	826~2956		山区面积占97%，坝子及水面占3%	996.9		高原季风气候	
	元谋	2300~2400		由三座大山构成	613.8		南亚热带干热季风气候	
	大姚	1023~3657		呈塔状，中部高，四周低	520~1078		亚热带季风气候	
玉溪地区 位于云南省中部，北接省会昆明市，西南连普洱市，东南邻红河哈尼族彝族自治州，西北靠楚雄彝族自治州	元江	327~2580	地形复杂，山地、峡谷、高原、盆地交错分布	山区面积96.8%，坝区面积3.2%	770~2400		温带气候	主要民族：汉族、彝族、回族、蒙古族、傣族、哈尼族，其中蒙古族主要分布在通海县兴蒙乡，彝族主要在峨山，傣族在新平
	新平	422~3165.9		山地为主	800		温带气候	
	峨山	1691~2583		主要是高原地貌，山地和河谷相间的地貌，中部石灰岩地貌	800		中亚热带半湿润凉冬高原季风气候区	

滇东北地区气候一览表　　　　　　　　　　　　　　　　　　　　表3-1-2

地域			地形、地貌			气候			民族
	区位	典型地区	海拔（单位：米）	主要特征	特殊地形、地貌	降雨（单位：毫米）	主体气候	特殊气候	
曲靖地区	位于云贵高原中部，云南省东部偏北，地处滇、黔、桂三省结合处	麒麟区	1845~2452	以高原山地为主，间有高原盆地，高山、中山、低山、河槽和湖盆多种地貌并存	高原盆地	1008	亚热带高原季风气候	北亚热带季风气候	主要民族：汉族、彝族、回族、壮族、布依族、苗族、水族、瑶族。除汉族外，少数民族中以彝族人口最多
		会泽县	695~4017		以山地地貌为主，次为盆地地貌，部分为冰川地貌	817.7		中亚热带、北亚热带、南温带、中温带、北温带等气候类型	
		沾益县	1650~2678		高原丘陵	1002		低纬高原山地季风气候	
		罗平县	722~2468		西部和北部是较为完整的滇东高原，中部属岩溶断陷湖形盆地	1743.9		南部八大河一带属南亚热带气候外，其余皆为高原季风气候	
昭通地区	位于云南省东北部、金沙江下游右岸，与四川、贵州接壤，处于云、贵、川三省结合处	昭阳区	494~3364	地势西南高、东北低，属典型的山地构造地形，山高谷深	高原地貌、山高坡陡、海拔悬殊	735	亚热带、暖温带共存的高原季风立体气候	北纬高原大陆季风气候	主要民族：汉族、回族、苗族、彝族等
		盐津县	330~2263		重峦叠嶂、山势陡峭、沟壑纵横、喀斯特地貌明显	1226.2		中亚热带与温带共存的季风立体气候	
		彝良县	520~2780		侵蚀山地	774.6		亚热带季风气候	

（一）昆明

昆明位于云贵高原中部，自然条件得天独厚，由于地貌复杂多样，在气候上存在着明显的垂直差异和水平差异。在山区有"山下花开山上雪"、"一山分四季，十里不同天"的景象（图3-1-1）。

昆明城市中心海拔1891米，年平均温度15.2℃，年平均降雨量1065毫米，全年日照约2470小时，由于海拔高，纬度低，阳光充足，雨量充沛。气候特征可概括为：春季温暖，干燥少雨，风高，蒸发旺盛，日温变化大；夏无酷暑，雨量集中；秋季温凉，天高气爽，雨水减少，霜期开始；冬

图3-1-1　昆明远景（来源：吴志宏 摄）

无严寒，日照充足，天晴少雨；干、湿季分明。因此，昆明是一个气候宜人、花卉常开的城市，素有"春城"之称，是一个得天独厚的迷人春城。明代文学家杨慎描绘昆明是"天气常如二三月，花枝不断四时春"。

（二）楚雄（图3-1-2）

楚雄州境内气候属亚热带季风气候，但由于山高谷深，气候垂直变化明显。楚雄彝族自治州总的气候特征是冬夏季短、春秋季长；日温差大、年温差小；冬无严寒、夏无酷暑；干湿分明、雨热同季；日照充足，霜期较短；降水偏少，春夏旱重。同时因各地地形和海拔的差异，形成气象要素时空分布复杂、立体气候和小气候特征明显的特点。年均气温为14.8～21.9℃。楚雄州降水量偏少，年均降水量800～1000毫米，且主要集中在7月至10月。楚雄州地处云南省日照高值区，年均日照为2450小时，从西北向东南呈递减分布。楚雄州的年平均蒸发量为2432毫米，为年降雨量的3倍多。

图3-1-2 楚雄（来源：丁焕萌 摄）

（三）玉溪（图3-1-3）

玉溪市处于低纬度高原区，属于亚热带季风气候，气候随复杂的地形及受印度洋、北部湾温湿与干燥气流综合影响变化，具有冬春干季、夏秋雨季及垂直与背向、朝向影响而具多样性气候变化特征，温和湿润。年平均气温15.4～24.2℃，年平均降水787.8～1000mm；相对湿度75.3%；年平均蒸发量1801mm。由于地形复杂，高差较大，一般山区比坝区降雨量大，温度较低，自山顶到谷底，全年和昼夜温差变化亦较显著。

图3-1-3 玉溪景观

（四）曲靖（图3-1-4）

曲靖主要为亚热带高原季风气候。春温不稳，风高物燥，降水不均；夏无酷暑，降水集中，涝旱兼有，风和日丽；秋季降温快，阴雨多；冬暖冬干，寒潮降温，具有"一山分四季，十里不同天"的立体气候。年平均气温为14.5℃。

图3-1-4 曲靖景观（来源：高怀富 摄）

（五）昭通（图3-1-5）

昭通境内群山林立，海拔差异较大，具有高原季风立体气候特征。其四季差异较小，但是不同的海拔上气候有着较大的差异，海拔从高到低有高原气候、温带气候、亚热带气候之分，而在同一海拔上，昭通南部温度比北部高，湿度比北部低。

昭通全年平均气温在11～21℃之间，降水比较丰富，但是南北分布不均，南干北湿，涝灾和旱灾时有发生。

二、地理环境

（一）昆明

昆明位于中国西南云贵高原中部，南濒滇池，三面环山，滇池平原。昆明是中国面向东南亚、南亚乃至中东、南欧、非洲的前沿和门户，具有东连黔桂通沿海，北经川渝进中原，南下越老达泰柬，西接缅甸连印巴的独特区位优势。

昆明市中心海拔约1891米。拱王山马鬃岭为昆明境内最高点，海拔4247.7米，金沙江与普渡河汇合处为昆明境内最低点，海拔746米。市域地处云贵高原，总体地势北部高，南部低，由北向南呈阶梯状逐渐降低。中部隆起，东西两侧较低。以湖盆岩溶高原地貌形态为主，红色山原地貌次之。大部分地区海拔在1500～2800米之间。

昆明山川明秀，土地肥沃。三面环有三台山、拱王山、梁王山三大山脉及中国山体山峰；市域范围临接金沙江、南盘江、元江三大水系及众多支流水系，坝区周边分布滇池、抚仙湖、阳宗海、月湖与长湖等湖泊。坝区内盘龙江、金汁河、宝象河、海源河、马料河、洛龙河六河纵横；1268年，赛典赤开凿海口治理滇池水患，使滇池北、东、南形成土壤肥沃的昆明坝子（图3-1-6、图3-1-7）。

（二）楚雄

楚雄彝族自治州地处云南省中部，跨东经100°43′～102°30′，北纬24°13′～26°30′之间，属云贵高原西部，滇中高原的主体部位。东靠昆明市，西接大理白族自治州，南连普洱市和玉溪市，北临四川省攀枝花市和凉山彝族自治州，西北隔金沙江与丽江市相望。

楚雄彝族自治州地势大致由西北向东南倾斜，东西最大横距175公里，南北最大纵距247.5公里。境内多山，山地面

图3-1-5 昭通景观（来源：周雄 摄）

图3-1-6 昆明城山水关系（来源：《春城昆明》）

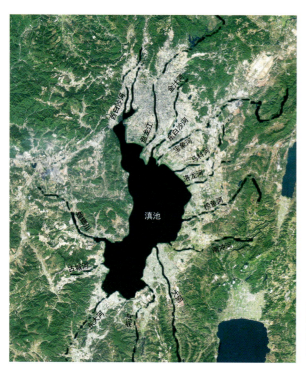 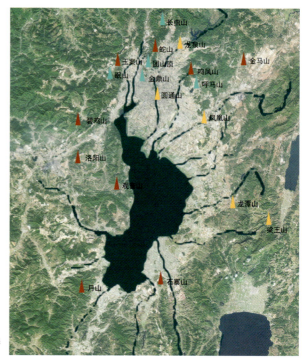

图3-1-7 滇池水域山水格局与古代遗迹分布关系（来源：《昆明历史文化名城保护规划（2014-2020）》）

积占总面积的90%以上，其间重峦叠嶂，诸峰环拱，谷地错落，溪河纵横，素有"九分山水一分坝"之称。乌蒙山虎踞东部，哀牢山盘亘西南，百草岭雄峙西北，构成三山鼎立之势；金沙江、元江两大水系以州境中部为分水岭各奔南北，形成二水分流之态。州境最高点为大姚县白草岭主峰帽台山，海拔3657米；最低点在双柏县南端的三江口，海拔556米。州府所在地鹿城海拔1773米，大致为楚雄州坝区的一般海拔高度。在群山环抱之间，有104个面积在1平方公里以上的盆地（坝子）星罗棋布，形成州内一个个规模不同、独具特色的经济、文化区域。

（三）玉溪

为云南省第三大城市，位于云南省中部，地理坐标处于北纬23°19′～24°53′、东经101°16′～103°09′之间。北接省会昆明市，西南连普洱市，东南邻红河哈尼族彝族自治州，西北靠楚雄彝族自治州。总面积15285平方公里，人口230万（2010年）。全市分1个市辖区、5个县、3个自治县，行政驻地红塔区。地势西北高，东南低，地形复杂，山地、峡谷、高原、盆地交错分布。玉溪的平均海拔在1800米左右，玉溪地处云贵高原西缘，地形条件复杂，以红河为界，其东西两边的地貌景观有较大的差异。红河以西为滇西横断山区，山体走向呈北西向，最高为哀牢山主峰大雪锅山海拔3165.9米，当地最低为元江河谷侵蚀基面海拔328米，相对高差2838米。红河以东为云贵高原，由于受云南"山"字形构造的影响，山体走向分别为南北向、北西向、北东向及南突的东西向，山体破碎，其间以梁王山主峰海拔2820米为最高点，一般海拔1500～1900米。

（四）曲靖

曲靖市地处云贵高原中部滇东高原向黔西高原过渡地带的乌蒙山脉，西与滇中高原湖盆地区相嵌，东部逐步向贵州高原倾斜过渡，东南部是典型的岩溶丘原景观，中部为长江、珠江两大水系分水岭地带，地势西北高，东南低。

市境地貌以高原山地为主，间有高原盆地，境内山岭河谷相间交错，地质构造复杂，山脉有乌蒙山系和梁王山系，多呈北东—南北向或近南北向。

曲靖市地处长江、珠江两大水系的分水岭地带，流域面积100平方公里以上的河流有80多条，以南盘江、北盘江、牛栏江、黄泥河、以礼河、块泽河、小江等为主要干流，分属长江和珠江两大水系。

（五）昭通

昭通地势西南高、东北低，属典型的山地构造地形，山高谷深。市内平均海拔1685米，其中市政府驻地海拔1920米，最高海拔4040米（巧家县药山），最低海拔267米（水富县滚坎坝）。大致以境内五莲峰和乌蒙山余脉北侧海拔2500米的山系为界：北部倾向四川盆地，南部属云贵高原主体。

第二节 人·居

在人居环境方面的论述，在宏观的历史、文化和城市方面，主要以昆明为代表，而具体到民居、建筑方面则按滇中各地区的特点分别进行说明。

一、人文历史

（一）昆明地区

昆明是云南省唯一的特大城市，也是中国西南地区和东南亚地区的重要城市。昆明具有优越的区位条件，是南中首邑、通达中外的关口。《读史方舆纪要》将昆明描述为"控驭戎、蛮、藩屏黔、蜀，山川明秀，屹为西南要会"。昆明北通四川盆地，东接广西、贵州，南连中南半岛，西至南亚次大陆，是历代地方政权和中原王朝经营云南的战略支点。汉代以来逐渐发展成为云南的中心和西南丝绸之路上的重要枢纽。

"昆明"最初是我国西南地区一个古代民族的族称。早在公元前3世纪，庄蹻率楚兵入滇，并在今昆明市晋宁县晋城一带筑城建立了"滇国"，至今有2300多年的历史；秦汉时期在云南普设郡县，派官设吏；战国以来，昆明一带一直是云南经济发展最先进的地区，昆明又是联系滇西、巴蜀、交趾的交通中心，控制西南的战略要地。到了唐宋时期，云南"南诏"、"大理"政权于公元765年在昆明地区设拓东城，作为大理的陪都。到了元代，于1276年正式建立了云南行中书省，把行政中心由大理迁到中庆（今昆明）。"云南"遂正式成为省级行政区划，"昆明"成为云南的首府，名副其实地成为云南政治、经济、文化的中心[①]。

要理解昆明的人文特征，则必须对昆明历史发展的几个重要阶段作简要的介绍。

1.青铜时期至庄蹻入滇（公元前9世纪至公元前3~4世纪）

公元前9世纪，昆明地区已进入青铜时期，滇池东岸曾经出现过一个"初期奴隶制国家"，已形成一个等级森严的奴隶社会。20世纪50年代开始，陆续出土的晋宁石寨山墓葬、呈贡天子庙墓葬则是这一时期的典型代表（图3-2-1）。

公元前3~4世纪时，滇池周围地区分布着"劳浸"、"靡莫"等数十个部落，以"滇"最大。楚顷襄王时期（公元前298~公元前262年），楚将庄蹻率楚兵入滇，"以声教诱服诸夷，夷人皆悦，共推蹻为君长。蹻，变服从其俗以其众王滇"，一直到秦灭汉兴，庄蹻世代有封土。汉武帝时候的滇王常羌，即庄蹻的后代。庄蹻王滇后，使滇池区域的经济文化受到很大的影响，生产力得到提高，也建立了有史记载的最早的城市。明正德《云南志》和天启《滇志》载，"庄蹻王滇"时，曾筑苴兰城（又称庄跃故城、汉城）。历史记载城址在明代砖城北十余里。

[①] 谢本书，李江，马颖生.近代昆明城市史[M].昆明：云南大学出版社，1997:12.

图3-2-1 晋宁石寨山出土青铜器，公元前9世纪（来源：吴志宏 摄）

据考证，城址在昆明西北隅黑林铺平板玻璃厂一带。公元前109年，汉武帝发兵巴蜀，以郭昌、卫广两将军统率，击灭劳浸、靡莫，兵临滇池，滇王降服，归顺汉朝，汉在滇池地区设益州郡，"赐滇王王印，复长其民"。但汉军距益州郡治滇池县近百里的金马山麓、黑土凹附近设郭昌城（后改谷昌），用以威慑诸部落，遥控滇王。

2. 南诏至元代（765年至1381年）

公元8世纪，南诏国王阁罗凤认为"次昆川，审形势，言山河时以作藩屏，川陆可以养人民"认为滇池区域很适合建立重镇，加大发展。在唐永泰元年（公元765年），命长子凤伽异正式建立城市，命名为拓东城，寓南诏将"开拓东境"。它的大致位置在今昆明市区南部，地跨盘龙江两岸，北迄长春路，南至金碧路一带，东起五里多、拓东路，西到得胜桥一带。拓东城是南诏历代统治者极为重视的"都城"，其地位仅次于南诏都城，故又称"别都"、"上都"、"东京"（太和城称"西京"）[1]。拓东城周长约六华里，是一个狭长形的土城，东、南、北三面，河上有木桥，可通滇池西岸，类似南诏太和城，城内有王宫、官署、馆蝉、寺庙、都阐台。唐文宗大和三年（公元829年）请中原内地工匠尉迟恭韬在拓东城西一里外滇池水滨建觉照、慧光二寺和东西寺塔，即今昆明书林街，双塔均为典型的唐代风格方形十三级密檐式砖塔。

宋宝祐二年（元宪宗四年，1254年）元灭大理，正式设立起云南行中书省。并把云南省的行政中心从大理迁到昆明。忽必烈命赛典赤为云南行省平章政事，至元十三年（1276年），昆明正式成为全省政治、经济、文化的中心，云南成为全国的十一个行省之一。赛典赤的总的施政方针是减少赋税，招抚流亡人口，抚恤孤寡老人，兴办学校，倡导儒学，发展生产。赛典赤委派张立道修治滇池水患，首先在昆明城东北地区清理水源疏浚盘龙江，把来自东北部群山中的"邵甸九十九泉"引入盘龙江，从而消除了滇池上游水患。下游扩开滇池出水口海口，使滇池水位大大下降，消除滇池水患的同时形成大面积良田。治水之后，赛典赤建立了中庆城，它在大理国都阐城的基础上，向西北发展到现城区的中部。又因中庆路治所设于此，所以又称中庆城，从此昆明城初具规模。中庆城是一座南北长而东西窄的土城。南端为土桥，北端为五华山，东在盘龙江西约100步，西在今沿福照街至鸡鸣桥一带。中庆城内有梁上府。城内有大德桥、至正桥、白塔；西南两面有护城河——玉带河；北城墙内外建悯忠寺和圆通寺。中庆城的中心是三市街，即今威远街口正义路中段至金碧路一带。元代文人王昇用诗歌描述了元代昆明，即所谓"元代昆明

---

[1] 王海涛. 昆明文物古迹[M]. 昆明：云南人民出版社，1989:137.

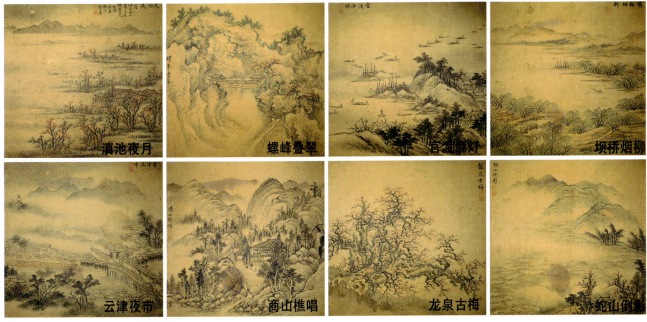

图3-2-2 昆明八景（来源：《春城昆明》）

八景"（图3-2-2）。

3. 明清时期（1381～1905年）

明清时期昆明城市的发展，奠定了昆明传统城市建筑最基本的架构和形态。

洪武十四年（1381年）12月24日明军击败梁王的军队占领昆明，翌年将城墙改为砖城，周围九里三分，"三百三十四步，共一千九百六十七丈"。"高二丈九尺二寸，向南。城共六门，上各有楼：南门曰丽正，楼曰近日（原名向明，清总督范承勋易今名）；大东门曰咸和，楼曰殷春；小东门曰敷泽，楼曰璧光；北门曰拱辰，楼曰眺京；大西门曰宝城，楼曰拓边；小西门曰威远，楼曰康阜。居南门西偏者为钟楼。环城有河，可通舟楫。外有重关，跨隘街市……"。明时，南关街道宽丈余，中间分三道，行走的人左边为仕官，右边为商旅，中间为王公贵人。明代的昆明府城向盘龙江以西拓展。城内主要是衙署、官邸、寺庙，一般居民很少。近郊多是王公显贵及士大夫的园林别墅。黔宁王府、巡按察院、都察院、布政使司署、提刑按察使司、都指挥使司都集中于今正义路、威远街一带。整座砖城的城区面积约3平方公里。

康熙元年（1662年），吴三桂绞杀永历皇帝朱由榔于昆明华山西金蝉寺逼死坡。康熙二十年（1681年），清军攻占昆明，平三藩之乱。明代以前城内仅沐氏私邸和以衙门寺庙为多，自清代开始民户渐多，商业逐渐兴盛。城南的广聚街（金碧路）、南校场（宝善街一带），城东的咸和铺、米厂心，城西的庆丰街、风泰街都成为商业闹市。南门外从三市街到塘子巷至得胜桥为商业中心，著名的"云津夜市"即在这一段（图3-2-3、图3-2-4）。

4. 近代至抗战时期（1905～1949年）

1905年是昆明近代史上一个重要转折点，也是新的历史发展起点，正是在这一年，昆明主动开辟为通商口岸，从此昆明发展开启了近现代化的进程。1840年以来，英、法列强一直觊觎中国的西南大后门。他们入侵缅甸、越南的一个重要目的就是要打开进入云南的通道，以便扩大在中国的势力范围。他们把云南视作"为中国西南无限的市场打开一

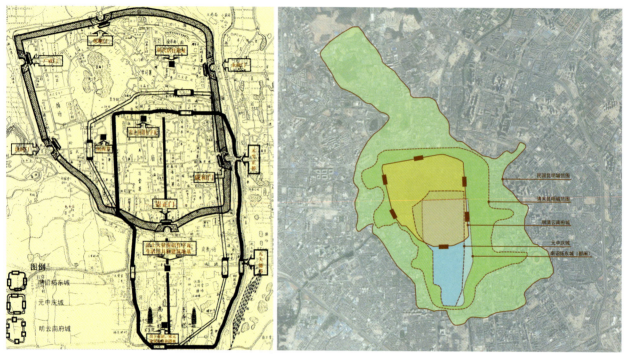

图3-2-3 昆明历代（南诏至民国）古城演变位置关系图（来源：《昆明历史文化名城保护规划（2014-2020）》）

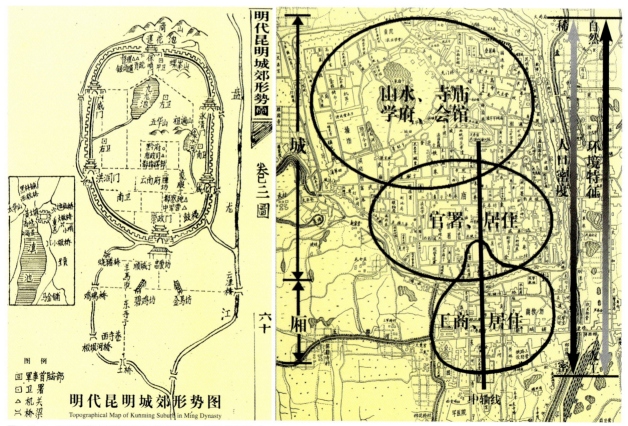

图3-2-4 昆明明代古城格局及功能（来源：《春城昆明》）

个后门"①。昆明成为通商口岸之后，一方面，洋货大量涌入，并成为西方列强掠夺云南原材料市场和商品销售市场的中心；另一方面，云南与外部世界相对隔绝、封闭的状态也被打破，尤其是1910年，法国修通了由越南海防、河内经云南河口、开远到昆明的滇越铁路，极大地促进了社会经济的发展，加速了昆明近代化的进程。

1937年抗日战争爆发，随着战争的全面展开，西南地区在整个抗战中的大后方地位日益突显出来。为了持久抗战和支援前方的需要，原先设于华东、华北及华中、华南的许多政治、文教机构及重要工矿企业纷纷内迁西南，西南地区的若干城镇成为主要的内迁机构集中地。而昆明由于其特殊的区位及交通条件，成为许多内迁部门优先选择的对象，一时间，昆明的城市结构发生了显著的变化，这对于昆明的城市化进程产生了重大的影响。同时，昆明不仅是疏散、安置沿海、内地各界人士的聚散地，起着内引外联、沟通内外的重要战略枢纽作用。在日军攻占越南以前，昆明是当时云南唯一的一条铁路——滇越铁路的终点，通过滇越铁路，大批外国援华战略物资源源不断地经昆明中转至全国各地。而且昆明同样是另一条重要国际通道——滇缅公路的终点，在整个抗日战争中，滇缅公路以及后来的中印公路对支持中国的抗日事业起到了极其重要的作用。昆明成为整个滇西抗战及远征军出国作战的战略后方和指挥中枢。随着战事的发展，昆明成为许多军政部门的驻地。在对外联系上，随着昆明战略地位重要性的强化，特别是在滇缅公路建成通车以及缅甸战场开辟之后，昆明成为一个有着重要影响的国际城市，对国内外视听有直接的影响。这种情况使昆明成为国内外瞩目的焦点城市之一。尤其重要的是，随着北京大学、清华大学、南开大学的迁昆和西南联大的建立，昆明成为大后方更为重要的文化重地和学术重地。昆明在抗日战争战略格局中的地位表明，昆明已从过去一个相对封闭的内陆高原城市，快速而全面地进入了整个远东地区的战略变迁中，这种开放、变迁的态势，表明昆明的城市化运动进入了一个新的历史阶段。

抗战胜利后，在昆明的大批工商企业、学校回迁，设备、人才流失，使昆明工商业顿成萧条之势。加之，1945年10月3日，蒋介石指使杜聿明，趁抗日胜利后滇军入越受降之际，在昆明发动武装事变，迫使统治云南18年之久的龙云离开昆明，而由李宗黄代理省主席职务，使国民党中央势力直接插手云南事务。此后当局镇压民主运动，更使云南处境维艰，严重制约了昆明城市的近代化进程，使昆明城市近代化进程大大衰落。随后，解放战争的爆发和国民党统治区的全面危机，昆明城市的近代化进程事实上被迫中断（图3-2-5）。

5.新中国成立后的大发展与大折腾（1949年至今）

中华人民共和国成立后，昆明通往东南亚的通道相继关闭或半关闭，1966年前昆明与内地无一条铁路相通，昆明与省外的交通主要靠公路和航空运输，昆明不仅与国外处于封闭状态，而且与外省（区）亦处于半封闭状态，城市的发展受到制约。1964年为应对当时的国际形势，中共中央把三线建设提到了国家建设的首位。军工、电子、工矿和基础设施成为建设的重点。1966年3月11日，贵（阳）昆（明）铁路全线通车；1970年7月1日，成昆铁路正式通车。从而大大加强了昆明与内地的联系，极大地促进了昆明的社会经济的发展。

20世纪50~60年代全国均处于相对稳定发展的时期，城市得到进一步发展，昆明原有局促的城市空间在新的政治经济条件下已经成为城市发展的"绊脚石"。这一时期不但拆除了剩下的城墙填平了护城河并在其基址上修建了东风西路和青年路，还拆掉了昆明最有纪念性的两座建筑——近日楼（1952年拆）和金马碧鸡坊（1967年拆）（然而它们又都由于某种原因在20世纪末得以重建，虽然性质和原先有所不同）。1953年昆明因市政建设拆除了护国门，铁门用作了昆明市工人文化宫的大门，与检阅台相对应，甚为壮观。20世纪70年代，昆明市工人文化宫被炸毁，在文化宫

---

① （英）伯尔考维茨.中国通与英国外交部[M]. 北京:商务印书馆，1959:124-125;189.

原址上修成了"红太阳广场"。1970年围湖造田破坏了滇池的湿地系统,而滇池的上游河流主要有盘龙江、金汁河、玉带河、大观河、宝象河、海源河、新河、运粮河、马料河、大青河、洛龙河、捞渔河、梁王河等20余条河流,到20世纪90年代中期大多遭受严重污染,有的被填埋,更多被改造成为下水道(图3-2-6)。

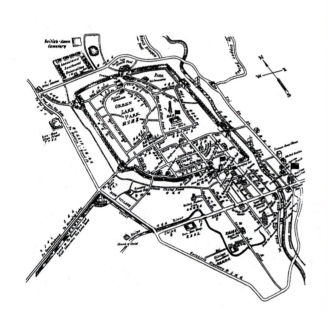
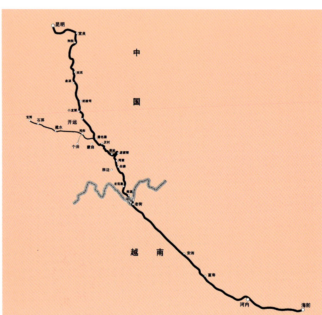

图3-2-5 昆明近代滇越铁路的开通与城市变化(来源:左上《街巷寻踪》,右上《滇越铁路》,下图《春城昆明》)

如果说1949年后对于城市传统和自然生态的破坏是源自于"改天换地"的意识形态化，改革开放尤其是1999年以后昆明的大发展，则更多来自于市场的力量。尤其是1999年在昆明举办的世界园艺博览会，使昆明社会经济有大幅度的提升，同时也对城市主要区域进行了大规模改造（世博会期间的旧城改造规模约占全市房屋总面积的1/5），一方面城市面貌焕然一新，另一方面，许多历史街区和传统建筑也被大规模拆迁。作为中国第一批历史文化名城的昆明，丢失了城市建筑的特色（图3-2-7）。2005年以后，随着房价高企和房地产的高速发展，政府通过土地财政的方式来急速推动经济发展和城市建设，大量的楼盘、公共工程、新区和基础设施在短时期被迅速建设起来，其数量、规模和范围都是历史上从未有过的。2008年开始，昆明开始对二环以内及处于优越地段的城中村进行大规模改造，启动了昆明有史以来最大规模的大拆大建，主城区共336个城中村中有超过200个城中村改造项目启动拆迁，涉及人口约110万。其大幅度地改变了昆明的城市景观，形成大量不断简单复制的高层高密度的住宅楼和大量的城市综合体。结果房租大幅上涨和人力成本的提高，拉高了通货膨胀率，也造成很高的住房空置和商业过剩。2014年中国经济的失速使过去房地产大规模发展的模式难以为继，昆明这一轮大规模的城市改造和建设也迅速冷却，造成社会经济发展的停滞。

（二）楚雄

先秦时期，楚雄州境主要分布着氐羌、百越、百濮三大族群。西汉中期楚雄州境被纳入中原王朝的版图，分别隶属于越嶲、益州二郡；蜀汉时期，分属建宁郡、越嶲郡和云南郡；西晋时分属云南、建宁二郡；东晋咸康八年（公元342年），有"爨酋威楚筑城硪碌赕居之"，故有威楚之称；南北朝时分属晋宁郡、兴宁郡和建宁郡；唐初属戎州都督府和姚州都督府，南诏时属拓东节度和弄栋节度；宋属弄栋府、鄯阐府和威楚府；元初分属威楚万户府、罗婺万户府和大理万户府，后改设路、府、州、县，分属中庆路、威楚开南路、武定路和大理路；明代分属云南府、楚雄府、姚安军民府和武定府；清代分属云南府、武定直隶州、楚雄府。民国年间，裁府、州，设道、县，设楚雄、双柏、广通、盐兴、牟定、镇南、姚安、盐丰、大姚、永仁、元谋、武定、罗次、禄丰共15个县。

楚雄州文化，由于所处的地理环境与历史条件，其发展呈现出丰富性、开放性与单一性、封闭性的双重特征。在坝区和交通沿线，由于邻区文化的影响与历代中原王朝的开发，形成了以汉文化为主要特征的地方文化；在山区各少数民族地区，因与外界相对隔绝，保留了彝族等少数民族传统文化。但两种文化又长期相互交融，相互影响，相互吸收，形成了楚雄州多元一体的民族地方传统文化。

汉文化在坝区广泛传播的同时，山区少数民族亦"渐习汉学"，"间有中科第者"。各少数民族在与汉民族的交往过程中逐渐使用汉族语言，吸收汉文化丰富自己的文化。汉文化同时亦受当地自然环境和民族文化的影响，具有了明显的地方特色。

图3-2-6　昆明解放后"围湖造田"（来源：《春城昆明》）

图3-2-7　1998年拆除历史街区武城路金碧路（来源：昆明城建档案馆）

（三）玉溪

公元前279年，楚将军庄蹻入滇。公元前111年，设牂柯郡，华宁县属毋单县。公元前109年，西汉兵临滇，滇王降，汉武帝赐滇王王印，并置益州郡，郡建置滇池县（今晋宁）、双柏县（今易门）、俞元县（今澄江）等24个县。蜀汉时建置俞元县，隶属益州建宁郡。晋、南北朝时期建置俞元县，隶属宁州建宁郡。隋代建置西爨地，隶属宁州总管府。唐代建置求州，隶属南宁州都督府；后南诏国建置温富州，隶属河阳郡。宋代时为大理国所属，建置温富州休制部，隶属河阳郡。元代建置温富千户所，辖部傍千户所、普舍千户所、研和千户所，隶属云南中路罗伽万户府；后设新兴州，辖休纳县、普舍县、研和县，隶属云南行中书省澄江路。明代分属昆阳州、澄江府、临安府、宁州、元江府。清承明制，分属云南府、澄江府、临安州、新兴州、元江直隶州等。

（四）曲靖

曲靖市内民族众多，有彝族、回族、布依族、苗族、水族、哈尼族、傈僳族、白族和壮族等，但所占总人口比例较少，仅占总人口数的7.1%，主要还是以汉族为主。

多民族地区有着和民族息息相关的各种节日。云南省内唯曲靖独有的水族姑娘小伙的"赶表"、"走寨"，师宗五龙河畔壮家儿女的"浪哨"高腔，罗平八大河畔布依男女的"三月三"歌会，马龙、沾益等地苗族同胞的笙望舞，宣威群众的"采花山"，寻甸彝族的"立秋节"和陆良彝族撒尼人的大三弦及各地民间胡龙灯、狮舞、踩高跷。

曲靖是云南开发较早的地区，也是云南建制最早的地区之一。市境内的南盘江流域是人类活动较早的地区之一，留有旧石器时代人类活动的足迹。1983年，宣威尖角洞文化遗址的发现，丰富了对曲靖远古人类活动的了解。

公元前4世纪中叶，"蜀身毒道"开通，曲靖成为自四川、贵州、云南进入缅甸的"西南丝绸之路"古道上的重要枢纽。

历经两汉王朝的更迭、兴衰，云南变为地狭民寡的蜀汉政权的后院，曲靖成为蜀汉政权控制云南的要津。左右云南政治数百年的南中大姓集团在滇东大地上悄然崛起。清朝年间，东川府（会泽）的铜矿开采业成为当时全国之最，培养了不少文人志士，也在那时基本形成了现曲靖行政区域，民国时期和新中国成立后进行过微调和名称上的变化，直至现在。

（五）昭通

昭通最具特色的就是悬棺崖葬文化。所谓"崖葬"，就是将死人棺木放置到高出于水面几十米甚至百余米的崖壁上或崖洞中进行安葬，是我国古代一种奇异的葬俗。

昭通境内主要以汉人为主，少数民族人口数占总人口数的10.17%，主要栖居有回族、苗族和彝族等。彝族居于昭通少数民族人口数量的首位，是昭通的世居民族，主要分布在山区和半山区，在音乐、舞蹈、诗歌、建筑艺术等方面都拥有着丰富的文化遗产。如舞蹈大体可以分为三类：婚嫁舞蹈"阿说客"类，丧葬舞蹈"喀红呗"类和生产性舞蹈类。

苗族为昭通地区另一个人口数量较多的少数民族，区内操苗语川黔滇方言的苗民，自称"蒙豆"，他称"白苗"；操滇东北次方言的苗民，自称"阿卯"，他称"花苗"或"大花苗"。昭通苗族先民多数为元明清时期由川南和黔西北迁入，少数由蒙自迁入。苗族同样在民间文学、音乐、舞蹈、服饰和建筑艺术等方面拥有着丰富的文化遗产。如舞蹈主要是芦笙舞。

昭通是历史上云南省通向四川、贵州两省的重要门户，是中原文化进入云南的重要通道，是云南最早接受中原文化洗礼的地区，是云南文化三大发源地之一，享有"小昆明"的美誉，为中国著名"南丝绸之路"的要冲，素有"锁钥南滇，咽喉西蜀"之称。

1982年，昭阳区北闸镇过山洞发掘了一枚古人类牙齿化石，被鉴定属于"早期智人化石"，距今约10万年，称作"昭通人"，填补了云南省猿人阶段到晚期智人阶段之间的空白，同时也充分说明昭通市是人类起源和发展的重要地区之一。大约距今一万年左右至距今四千年的约六千年时间里，居住在这里的先民们已广泛使用磨制石器，并懂得了制陶、纺织、农业和放牧等技术，开始了邑居和定居生活。

从秦始皇的"五尺道"到汉武帝时期的"西南夷"，昭通都是中原进入西南地区的主要驿站，今昭通仍然地处交通枢纽，得风气之先，是云南最早、最充分接受中原文化影响的地区。

清朝初期昭通被划归四川省管辖，直至民国后期才划为云南省管辖地区。民国时期的昭通，是云贵川三省边区的经济文化中心，唐继尧、龙云、卢汉三位"云南王"皆出自昭通。昭通也是中国工农红军长征所经过的地方，党中央在此召开了著名的"扎西会议"。同时，昭通作为彝族分祖圣地，在彝族人民心中占据着重要的位置。

二、社会文化

滇中地区、滇东北地区、滇西保山和腾冲地区和滇南红河州的沅江以内的地区，是云南省受汉文化影响最早和最深远的区域，同时也具有丰富的少数民族文化的影响，最主要的少数民族包括彝族、回族、哈尼族、傣族等。因而，文化资源丰富，各种不同的文化彼此兼容、相互激励，共同构成丰富多彩的多民族文化体系。

滇中总面积占全省土地面积的24%，2008年该区域人口1698.7万人，占全省总人口的37.4%。其中昆明人口约占42%，曲靖约33%，楚雄约13%，玉溪约12%。滇中汉族比例较高，平均在80%以上，其中昆明、曲靖汉族人口约占90%，玉溪约68%，楚雄约63%。彝族为滇中地区人口占比最大的少数民族，其中楚雄彝族人口比例为28%，玉溪为19%，昆明8%，曲靖为4%；其他人口相对较多的少数民族为回族、哈尼族、傈僳族、白族、苗族、傣族等。因此滇中地区以汉文化为主导的汉彝文化区，在特定区域也体现了彝族及其他少数民族文化的特征。滇东北昭通人口约530万，亦是汉文化主导的区域，其中汉族人口占约90%，回族约占3.5%，苗族占3.3%，彝族占3%，体现了这里是川、滇、黔三个文化区交互影响的区域，汉族文化受川西汉族影响较大，一些区域也具有显著的回族和苗族文化的特征。

三、聚落建筑

城市是一种复杂的聚落形式，或者是聚落发展的高级阶段。人们所感受的地方特色，首先是来源于对城市总体印象的感知。昆明是云南省唯一的特大城市，也是建城最悠久的城市之一，尽管明清古城整体风貌已经完全丧失，但其格局还基本存在。一方面，对传统城建思想和城市设计的分析，对当今城市及建筑的设计具有很大的启发意义；另一方面，城市在不同时期积淀下来的一些文化地景和传统遗产、历史遗迹和场所、历史建筑和传统建筑，是一个城市集体记忆和历史事件的物质载体，以及城市特色的最集中体现。因此，历史蕴含于城市既有格局和场所中的历史文化意义，有助于新的建设仍能尊重、保护、延续和强化传统城市的历史文化和空间特色。

在滇中地区有众多历史城市和传统乡镇，前者以昆明为代表，后者以曲靖会泽县和楚雄西关村来说明。对乡村聚落形态则从结合民族文化和自然状况来进行分析。滇中地区传统民居建筑则涵盖了城市传统民居和各区域少数民族的传统民居类型。而对于像昆明这样的历史文化名城，也对近代受西方影响的建筑类型进行了说明。

（一）历史城市

公元8世纪，南诏崛起，统一了洱海地区，其势力向东发展。南诏国王阁罗凤命长子凤伽异正式建立城市，命名为拓东城，寓南诏将"开拓东境"。它的大致位置在今昆明市区南部，地跨盘龙江两岸，北迄长春路，南至金碧路一带，东起五里多、拓东路，西到得胜桥一带。拓东城是南诏历代统治者极为重视的"都城"，其地位仅次于南诏都城，故又称"东京"（太和城称"西京"）。拓东城周长约六华里，是一个狭长形的土城，东、南、北三面，河上有木桥，可通滇池西岸，类似南诏太和城，城内有王官、官署、寺庙、都阐台。唐文宗大和三年（829年）请中原内地工匠尉迟恭韬在拓东城西一里外滇池水滨建觉照、慧光二寺和东西寺塔，即今昆明书林街，双塔均为典型的唐代风格方形十三级密檐式砖塔。

元代正式设立云南行中书省，并把云南省的行政中心从大理迁到昆明。忽必烈命赛典赤为云南行省平章政事，至元十三年（1276年），昆明正式成为全省政治、经济、文化的中心，云南成为全国的十一个行省之一。治理滇池水患之后，滇池北岸和东岸增加了大量良田，为昆明后来的繁盛打下了基础。赛典赤在拓东城的基础上建立了中庆城，它在大理国都阐城的基础上，向西北发展到现城区的中部。又因中庆路治所设于此，所以又称中庆城，从此昆明城初具规模。中庆城是一座南北长而东西窄的土城。南端为土桥，北端为五华山，东在盘龙江西约100步，西在今沿福照街至鸡鸣桥一带。中庆城内有梁上府。城内有大德桥、至正桥、白塔；西南两面有护城河——玉带河；北城墙内外行悯忠寺和圆通寺。中庆城的中心是三市街，即今威远街口正义路中段至金碧路一带。

元代诗人官员王升《滇池赋》中所云："碧鸡峭拔而岌嶪，金马逶迤而玲珑；玉案峨峨而耸翠，商山（今云南大学，民族学院一带）隐隐而攒穹；五华钟造化之秀，三市当闾阎之冲；双塔挺擎天之势，一桥（今得胜桥）横贯日之虹；千艘蚁聚于云津，万舶蜂屯于城垠；致川陆之百物，富昆明之众民。"在某种程度上这可以说是当时对城市的集体意象，也基本说明了当时昆明的主要城市结构以及与人们生活较为密切的自然和城市场所。此时昆明的城市结构与城市特征首先体现在自然场所的特征：碧鸡山、金马山、玉案山、商山、五华山（图3-2-8）。

明洪武十四年（1381年）12月24日明军击败梁王的军队占领昆明，翌年将城墙改为砖城。1382年汪湛海依照风

图3-2-8　昆明地势图（来源：《春城昆明》）

水规划昆明城，是以城在蛇山之麓，与蛇山之气脉相接，形成龟蛇相交（蛇山的一麓——五华山延伸进昆明城）的状态产生"帝王之气"的城池，而城门则象征龟的四足和头（图3-2-9、图3-2-10）。虽对城市进行了一些改造，但城市格局基本未作大的变动。南门近日楼外金碧路这一带仍旧是经济最繁荣的区域，在金碧路横跨路中央修建了金马、碧鸡两座牌坊。

清代昆明城市规模，基本延续了明代以来的状况，城市周围为明洪武年间修筑的城墙所环绕。城门有六，南北各一，东西各二，名称上有所变化①。城墙外为护城河，河可通航，呈贡、晋宁等地的粮食常常是由船载过滇池经护城河运至小西门，然后再用人力搬到城内。

这样，昆明城经历代修建，尤其明代汪湛海规划，形成了容纳自然山水特点的基本的城市格局。在宏观格局上，昆明城三面环山（碧鸡山、玉案山、蛇山、金马山），北枕商山，南面滇池。城东有盘龙江（古为云津河）蜿蜒南下，汪湛海将元代的昆明城往西北方向稍稍迁移，把原来在城外蛇山的"⊃"形余脉（螺峰山、五华山、祖遍山）以及翠湖都围入城内，形成"三山一水、背山面水、山环水绕"的格局，形成一个城内、城外都有山有水的更加山水化的园林城市，符合管子"高毋近旱而水用足，下毋近水而沟防省"的城建思想（图3-2-11）。

北城墙沿商山余脉而建，北门为"拱辰"门（明为保顺门），上建"眺京"楼，借助地形高差形成蔚为壮观的

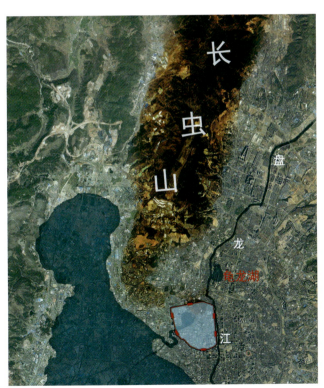

图3-2-9 昆明城山水格局图
（来源：《昆明历史文化名城保护规划（2014—2020）》）

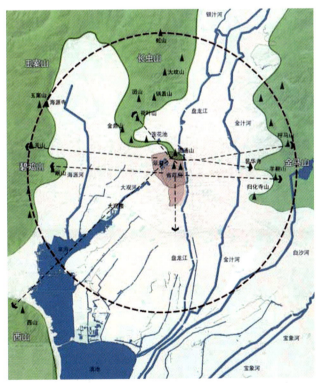

图3-2-10 昆明城龟蛇相交之势（来源：石文博 绘）

---

① 南门原名"崇政"门，清初改"丽正"门；原名"威化"的大东门，改"咸和"门；原为"永清"门的小东门，改"敷闰"门；原为"广威"的大西门，改"宝成"门；小西门原叫"洪闰"，清初改"威远"门，北门原叫"保顺"门，清初改名"拱辰"门。各城门上均有城楼，南门城楼叫"近日"楼，大东门城楼叫"殷春"楼，小东门城楼名"壁光"楼，大西门城楼名"拓边"楼，小西门城楼名"康阜楼"，北门城楼则曰"眺京"楼。

图3-2-11 古城格局与山水之呼应关系（来源：《昆明历史文化名城保护规划（2014-2020）》）

图3-2-12 古城主轴线（来源：《昆明历史文化名城保护规划（2014-2020）》）

气势。城楼东为螺峰山麓,西为商山贡院(今云南大学)。"つ"形余脉南段地势最高处为五华山,为地方行政首脑官署(今为省政府),位于城市的正中心;顺着山脉的走势,经五华山向南延伸,出南门"丽正"门(明为崇政门)今日楼,过商业繁华的三市街,正对城外东西寺双塔之间正中,形成昆明城南北纵向中轴线(图3-2-12、图3-2-13)。

城外金碧路则是城市东西横向的轴线。在1050年前后鄯阐城基于南诏拓东城而在其西面扩充起来。金碧路大概就在这时成为连接两城的重要通道(连接拓东城西城门、元大德桥、元利城坊、元通济桥、古渡口)。元代鄯阐府的城市规模进一步扩大,由水陆两条通道而来的粮食、货物和人都汇聚于此,因而此地也得以成为昆明经济最繁荣的区域。金碧路在东面与金马山、金马关相对,在西面则是面对着碧鸡山、碧鸡关(此二关扼守着昆明东西的门户),明代建金马、碧鸡两座牌坊,更强化了此轴线(图3-2-14)。

城内翠湖向西南至西山则是城市的景观轴线。翠湖为城市的景观中心,由此有河流向西南出小西门至篆塘,经大观河可登著名的大观楼,观巍峨的西山和茫茫滇池:"五百里滇池,奔来眼底。披襟岸帻,喜茫茫空阔无边!看东骧神骏(金马山),西翥灵仪(碧鸡山),北走蜿蜒(长虫山),南翔缟素(白鹤山)。"这种对于城市与山水关系的处置不愧"大观"也!

图3-2-13 昆明古城主要城门及城楼(来源:《春城昆明》)

图3-2-14 昆明古城主要牌坊（来源：《春城昆明》）

（二）传统乡镇

除了昆明古城外，作为全国第121座国家级历史文化名城的会泽县，其传统保持相对完好，也是传统城市的代表（图3-2-15、图3-2-16）。

清雍正四年（1726年），云贵总督鄂而泰由威宁赴东川视察田亩、厂地，认为东川乃膏腴之府，物产之区，应添设官员使紧要地方皆有职员分理，垦田开厂协理有人。雍正九年（1731年），鄂指示新上任的东川知府崔乃镛："东川土城高不满六尺，且倾圮大半"，要他上任后以恤民守土为要责，审时度势修建府城。崔到任后即进行勘查，拟订石城方案报督府批准，于四月十二日开工新建东川石城。新建的石城依西城墙旧址，东南北皆内缩而就，石城皆以五面条石砌筑，宽4.6米，高5米，中以土充填，东西长717.3米，南北宽470米，周长共2374.3米，在东西南北的中轴线上设城门四道，城门上建两层重檐式城楼，东名"绥宁"，西名"丰昌"，南名"藩甸"，北名"罗乌"；北城墙下依次排列了四个排水涵洞，排泄城区洪水。

以东西南北四门对应，形成十字形城内外主街道，称东、西内街，东、西外街，南、北内街，北外街；在两条主街道两旁布置了堂琅直街、米市街、中河街、福禄街、发儒街、盈仓直街共七条南北向街道；堂琅横街、义仓街、丰乐街、铜匠街、头道巷、二道巷、三道巷、盈仓横街共八条东西向街巷；东川知府衙门设于东内街南、南内街东侧（今县

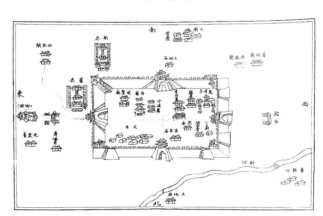

图3-2-15 会泽古城格局图（来源：《会泽县历史文化名城保护规划文本》）

公安局），府衙门前设米市街，亦称府门前；会泽县知县衙门设于西内街南，堂琅直街西侧（今县法院），县衙门前设堂琅街，亦称县门前；又于南内街西面临西内街设东川府参将衙门，衙门前设广场箭道（今县电影院、工人文化宫）；同时，在城内外错落有序地新建各类寺庙会馆，并于城外西南部金钟山脚下辟一教场（今水电局、运输公司），整个石城规划合理布局严谨得体。

特别值得称道的是：两个铸钱局布置在城外东南角，铸钱炉产生的烟尘在石城的下风向，避免了对城内的污染，这在两三百年前有这样的布局可谓十分科学难得！东川府石城，1956年后陆续拆除已无存，东川府衙门、会泽县衙门、参将衙门亦拆除，大部分寺庙会馆、民居民宅

图3-2-16 会泽古城（来源：《会泽县历史文化名城保护规划文本》）

都比较完整地保存下来。其中民居深宅大院比较集中分布在头道巷、二道巷、三道巷和丰乐街，现保存完好的共47院，分散在城区其他街巷保持完好的还有21院。这些院落多为前清文武进士举人和富绅宅院，还有民国年间基督教建造的基督教堂、学校、洋人宿舍为一体的中西建筑风格的耶稣堂、育婴堂、天主堂等。这些大院多为四合五天井二进院式住宅群，四周均以封火墙、猫弓墙隔离，大门坚实牢固，庭院内植树栽花，景致幽雅肃静。此外祠堂、公馆规模较民居宅院为大，风格各异，清代和民国年间的建筑群落都保存较好。

会泽县城是一座按风水理论而建的城市，它和其他城市不同的是：总体坐向不是坐北朝南，而是坐南朝北，与传统的风水格局不同。主持修建会泽县城的东川知府崔乃镛结合会泽山川形势的特点进行县城选址，会泽坝子南高北低，按形势派的堪舆观点，将县城的选址定于灵璧山麓。形成这座城市的风水格局是：其祖山为牯牛山，主山为灵璧山，两山高耸，雄视滇东，灵璧山右翼为翠屏山左翼为凤凰山，形成左青龙右白虎的风水格局。整个山势"层峦叠嶂，林木蓊郁"，到县城文庙时，山势左右分脉，把这一圣地护卫在绵延起伏的群山怀抱之中，形成了会泽人称为"九龙捧圣"的风水奇观。灵璧山的前面为青龙山，是主山对应的案山，它远远低于主山，案山两面，玄武低头，朱雀展翅，和案山一道，与主山遥相呼应。从水系上讲，以礼河水从县城西南方向进入，进水宽阔。知府义宁，引水环绕县城西北，有如这座城市的腰带，然后经海坝的左、中、右三河汇集于鱼洞河，由两山中的狭长地带出口，形成天门开阔，地门锁闭，聚财于县城及海坝，形成整个会泽海坝大明塘的风水格局，有"水绕青龙、富贵绵延"的寓意。

（三）乡村聚落

乡村聚落大致可以分为山地型和平坝型，按照其空间组织形态分为自由型和规整型。西部和北部多为高山，村镇多分布在2000～3000米海拔的山区。因此聚落形态多以山地聚落为主，通常顺等高线形成自由随机的形态；若坡度较陡的区域，地形则分为多个台地，建筑即随高就势分台叠落。较小的村落多形成一条或多条的带形空间。建筑布局紧凑，体量也相对坝区较小，多数呈"一"字形、"L"形，相对平缓、用地较大的区域，也有U字形的三合院和四合院。

中南部海拔约1500～2000米的地区多为平坝或缓坡，传统聚落则选择地势稍高的半坡地段，依据地形、水网、田坝走向自由布局。整体上形成周围田地和村旁树木环绕的簇状形态。很多在村中心、村口设有小庙、祠堂或其他公共空间及设施，是村民聚集交往的主要场所。较大的聚落或几个聚落连接成片，以一两条主要街道为主干，形成相对丰富的商业、集市、店铺、小广场等公共空间。

在滇中的传统乡村聚落中，极少有规则的布局，2014年由昆明市规划局组织的对昆明市域范围内传统风貌村落的调查[①]，在136个村落中只有两个（安宁八街老街、晋宁古城）是规则布局，而这二者其实更多属于城镇的范畴。位于楚雄地区的彝族村落遵循着大分散、小聚居，聚落内部没有明显的中心，适应地势，自然地向外发展，建筑设施无防御性。而汉族和回族村落常常背山面水，选址符合了中国传统风水学的城市规划哲学，布局体现了古代城池空间的理想模式（图3-2-17）。玉溪地区比较有特色的聚落是兴蒙乡的蒙古族聚落、回族聚落以及汉族与彝族混居的它克村。其基

图3-2-17 昆明近代滇池湖畔传统村落（来源：《街巷寻踪》）

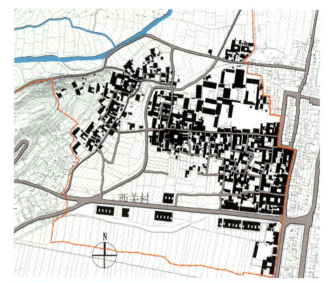

图3-2-18 半坡及平坝上的乡村聚落：楚雄姚安西关村（来源：云南省建设厅）

---

① 单彦名，等.昆明市域传统风貌村镇调查及保护策略研究[M].北京:中国建筑工业出版社，2015.

本上采用汉族制式，在空间布局上较为灵活，常顺应地势有所改变（图3-2-18～图3-2-20）。

（四）建筑

1.城市传统建筑

早期城市民居也大多为土木结构，基本未超过三层，临街的楼下为店，楼上住人。在风格形式上大多延续传统风貌，大挑檐、两层的木构架建筑。如若是临街建筑，前为商店铺面，后为居住内院，店铺一般占一个进深，内院则可纵横延伸数个。商品交易基本在街道与铺面的衔接点进行，即在二层出檐掩护下的中介空间内进行。铺面之上的二层空间则作贮藏货物及租借人临时休息居住之所。内院属于物主私人空间，是居者家庭生活起居的场所，基本不参与商业活动。有少数属于手工作坊性质，内作外销，则铺面与内院联系较为紧密（图3-2-21）。如若不临街，则前面这间房则作为家居使用，在外墙的一隅设门。

通商之后，近代产业、商业的发展极大地改变了城市的面貌，出现了一大批受法国影响的近代风格的建筑。典型区域主要是金碧路东段与盘龙江交汇的地带，即现在的塘双路一带，是当时进出口货物的重要集散中心。受法国后期文艺复兴风格和广东移民带来的南洋建筑风格，建筑多为黄色的墙和百叶窗，红色的屋顶，如教堂、面包店、法国医院、哥卢士洋行、咖啡馆。建筑立面是以西洋券柱式为母题构成的，一般是二、三层。建筑沿街立面由一个个的柱与券的组合单元依序排列而成。沿街连续的拱廊、避风遮雨的骑楼、梧桐树弥漫着某种旧巴黎的感觉。典型的建筑如1901年由法国人在升平坡创办的"大法施医院"（后改名"法国医院"）、云南陆军讲武堂（1909年）、东陆大学（今云南大学）会泽院（1921年）。一些达官显贵、洋人居住的西式或中西合璧式建筑相继出现。如梅源寺灵源别墅（龙公馆）、白鱼口庚晋侯别墅（庚园）、大观楼鲁家花园、翠湖南路陆崇仁府邸等。此外，金碧路、拓东路、巡津街等地

图3-2-19 顺河流的聚落布置　左图：黑井古镇（来源：《云南乡土建筑文化》）；
右图：顺山坡等高线的村落布置（来源：《昆明市域传统风貌村镇调查及保护策略研究》）

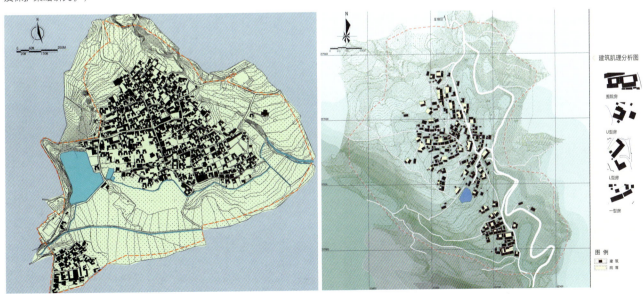

图3-2-20 平坝聚落与山地聚落左图：玉溪它克村（来源：张伟）；右图：昭通巧家县老店村（来源：云南省建设厅）

有许多私家小洋楼，主要供外国人居住。如唐继尧弟弟的公馆，采用的是钢筋混凝土结构，局部用了砖楼板。屋顶采用瓦屋面。建筑内增加了厕所、地下室。总体平面是以"三合院"为主的二进院，虽入口门楼采用了中西结合的方式，但仍是采用门堂分离的传统做法。建筑开始从竖向增大体量，而不是像传统建筑那样在横向增加了房间的数目的方式来满足居住的需求。正房是三层，但两厢较传统模式增加了房间数目，而且房间进深开间均较传统的大，所以体量较传统的要大许多。

抗日战争开始后，南京、上海一带的许多著名建筑事务所和营造厂，如基泰工程公司、华盖建筑师事务所、"陆根记"等相继来昆开业，许多知名建筑师和建筑专家如梁思成、刘敦桢、赵琛、陈植均先后来昆执教或从事建筑设计。如由当时著名建筑师赵琛设计的南屏电影院（南屏大戏院），和由梁思成设计的云南大学女生楼"映秋院"。昆明中心区域及商业街形成了许多具有典型20世纪30年代沪宁现代风格的建筑。如南屏街、正义路、宝善街、祥云街一带成为各种银行、商号、高级商店、餐厅、高级服装店、高档商品店、酒吧、新式理发店的集中地，如飞虎队的办公楼国庆大楼（图3-2-22～图3-2-31）。受到宁沪一带经

图3-2-21 传统城市民居（来源：《春城昆明》）

图3-2-22 昆明原同仁街（来源：《春城昆明》）

图3-2-23 昆明原南屏街（来源：《春城昆明》）

图3-2-24 昆明甘美医院(来源:《春城昆明》)

图3-2-25 胜利堂(来源:《春城昆明》)

图3-2-26 原龙云别墅乾楼(来源:蒋高辰)

图3-2-27 原卢汉西山别墅(来源:蒋高辰)

图3-2-28 昆明百货商店(来源:《春城昆明》)

图3-2-29 原飞虎队办公楼(来源:吴志宏 摄)

图3-2-30 云大大学会泽院（来源：蒋高辰）

图3-2-31 原云南陆军讲武堂（来源：《春城昆明》）

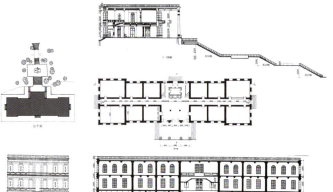

营房地产生意的影响，昆明城区周围即出现了集中修建的居民区，称之为"新村"。最早建设的是篆塘新村，位置在沿环城西路以东地区。在篆塘新村建成后，又相继开发了"靖国新村"，在金碧路西端靖国桥一带。这个新村住宅标准较高，一般都是两层砖混结构别墅式住宅，大部分由当时的富户购买。

2."一颗印"民居

"一颗印"大概是滇中地区民居中最典型的建筑风格。在昆明称为"三间四耳倒八尺"：即正房有三间，两侧厢房（耳房）各有两间，共计四间；与正房相对的倒座其进深限定为八尺。由于其空间紧凑，外形方正如印，故得名"一颗印"。

然而"一颗印"也并非土生土长的昆明地方建筑（这里真正"原生"的地方建筑大概是类似滇南的干阑建筑），它的形成实际上是随着彝族迁徙到昆明一带才渐渐形成的。从历史及考古可推测"一颗印"的雏形很可能正是彝族的土掌房。土掌房一开始形成于气候干热的地区，如楚雄峨山一带，由于防热的需求，建筑依据特定的环境做出了几方面应答：方形平面和体量具有较小的体形系数；封闭的外形，厚实的土墙，较少的开窗，狭小的天井，有利于减少热辐射和隔热，但保持较好通风换气。

但"一颗印"民居引入气候温和的昆明，使得建筑形式的某些做法失去了原有实用的意义；另一方面，由于新的生活需求的产生，尤其受到汉族生活方式的影响，建筑做出了以下新的调整：

①建筑体量被扩大以满足更多的人口和生活需求，同样，建筑用于通风的天井也随之被扩大形成了用于生活起居的庭院。②受汉族文化[1]的影响，民居形成三间五架的正房、两厢及倒座。③生活和使用的需求，再进一步促使"游春"或"走马转角楼"的形成。④源于"一颗印"基本模式的转化形态：依据实际的人口构成和家庭经济能力的不同又有"一颗印"的并联和"半颗印"等形式的转化；依据具体的地点状况（过去也经常表现在地点风水的不同）空间也存在具体的各种处理方式；位于市井中的"一颗印"由于受到商业因素的影响自然发展出了"前店后屋"或"前店后坊"的形式。因此我们可以了解，"一颗印"产生的原因是"当地传统与中原文化的结合，并在昆明这个新环境中进一步改进的结果。"[2]因此"一颗印"既类似中原的四合院，传达了封建礼制和家庭观念的影响，另一方面它又必然反映云南"汉夷参半"、"山高皇帝远"的中国文化上的蛮夷边地这种实际状况（图3-2-32）。

清末民国初年，云南为法国殖民势力范围，建筑受后期法国文艺复兴式风格的影响。"一颗印"民居也出现了在外部包裹一层洋皮（洋式门楼、窗户、装饰），内部仍旧是传统木构架承力系统及合院空间构成的新类型。这反映出殖民文化虽对昆明产生了一定程度的影响，但中国传统文化的根基也并未产生本质性变化，建筑并未形成一种成熟的新风格（图3-2-33）。

法国人短暂的文化影响，虽然给昆明带来了新的建筑样式，但这并未改变原有住宅的居住模式和空间构成，这表明两种文化并未深层地结合因而也没有产生本质上新的建筑类型。尽管这样，这种文化在形式层面的结合的影响仍旧是深刻的。无论从乡村民居拱窗和木百叶、城市中"一颗印"的洋门楼、独特的线脚和构件，以及内院的柱廊都形成了许多新的地方特有的形式特征，并且使许多场所呈现出一种新的"气氛"……同样的处理原则和方法亦可

图3-2-32 昆明"一颗印"民居的各种变化模式（来源：杨大禹）

图3-2-33 乡村的"一颗印"与近代城市"一颗印"（来源：杨大禹）

---

① 这种文化并不一定是同时代中原的汉族文化，由于云南特殊的自然地理条件，虽受到中原文化影响但表现了很大的滞后性。刘致平先生对"一颗印"的分析之后发现它与中国古制（汉代）有很多相似的地方。云南历史上楚庄蹻入滇初次把汉文化带入云南。因此云南民居仍保留某些中国建筑的古制是有可能的。
② 基于这样的解释："当地传统形式与中原技术相结合的产物。"蒋高宸.云南民族住屋文化[M].昆明：云南大学出版社，1997.同时也基于刘致平先生对"一颗印"的分析，即它也受到汉族更早的建筑传统的影响。刘致平.中国居住建筑简史——城市、住宅、园林[M].第2版.北京：中国建筑工业出版社，2000.

在其他类型的建筑之中看到,诸如唐继尧公馆门楼西洋券柱式与中国八字衙门形式的结合,陆军讲武堂山墙与传统中国歇山顶独特结合方式,甚至在汉族的寺庙和穆斯林的清真寺之中亦有明显的表现。虽然这些结合方式也许并不完美,但它们确实已经成为"昆明建筑"建筑原型的一个重要组成部分,它们已经成为一种"集体记忆",昆明的历史是可以从中得以体现的。

3.其他民居

(1)楚雄地区

楚雄地区汉族人口比例最大,其次是彝族。人口过万的少数民族有傈僳族、苗族、傣族、回族和白族,建筑形式丰富多样,由于一些特殊民族建筑形式在其他章节已有详细介绍,所以这里着重介绍楚雄地区相对独特的汉族、回族及彝族的建筑形式。

汉族与回族的建筑以在禄丰黑井的建筑和在大姚西关的建筑特色最为鲜明,建筑形式以汉式建筑为主,但又在特殊地域形成自己特有的形式。黑井地区建筑的主要类型有:四合院、"一颗印"、三坊一照壁、四合五天井、前店后宅、重堂式等。而在西关,因为地势比较平缓的原因,建筑以较为开敞的合院式建筑为主,有三坊一照壁、四合五天井、走马转角楼等典型的建筑平面形制,平面形式相对规整,房屋多为硬山顶,高两层且院落空间较大。

彝族建筑随着地势、海拔、当地材料选择的不同,分为土掌房、木垛房、合院式,但主要的活动中心都是以火塘为中心布置的。土掌房的出现主要与当地的泥土的黏性有关,建筑高差较大,甚至有的三层的楼面齐平于二层的屋顶。建筑功能比较齐全,分为有内院和无内院的形式。木垛房的建筑形式都比较自由,有单栋也有合院式(三合院、四合院等)。合院建筑形式有一坊房、二坊房、三坊一照壁、多重院落、曲尺型等。但是建筑布置形式较为自由,特别是三坊一照壁和大理地区有很大的区别,一坊房的建筑形式比较多,和彝族的生产生活方式有直接的联系。

(2)玉溪地区

玉溪地区内民族较多,除汉族外,还生活着彝族、哈尼族、傣族、回族、白族、苗族、蒙古族、拉祜族等。建筑形式更是多样,但因其中许多民族建筑形式在其他章节已有所阐述,所以这里着重介绍本地区相对独特的蒙古族、回族以及汉族的传统建筑形式。

聚居在云南通海县兴蒙乡的蒙古族,生产生活方式与之前发生了很多变化,建筑上逐渐汉化,形成了四合院形制,其结构方式、开间、举架、装修等均与滇中地区常见的"一颗印"形式相仿。其聚居区主要以独立式的"三坊一照壁"及"四合五天井"形制为主,也有少数采用两个独立院落拼联组合,较大的院落还有一段临街建筑相毗连。加上因经济条件与建造时间上产生的差异,从而使建

图3-2-34 昭通威信扎西会议会址(来源:《云南艺术特色建筑物集锦》上册)

筑空间尺度上变化丰富[1]。

云南回族民居建筑与汉族建筑十分相似，院落布局封闭内向，只是手法较为灵活。其去除了包括穹顶、邦克楼在内的宗教色彩建筑形式，但内部空间仍然蕴涵着回族文化中的禁忌和礼仪，体现着"以西为贵"的生活理念。

位于玉溪市元江县盆地地区的它克村，主要居民为汉族与彝族，传统建筑主要为汉式合院。其有着相对独特的合院建筑形式。民居平面组合上相对自由、灵活，通过简单的建筑围合形成丰富多变的院落空间与街巷空间。而又注重与地形结合，从而形成了多变、自由的村落肌理。

（3）曲靖昭通地区

曲靖昭通地区在地理上是滇中、滇东北、滇东南交汇地带，是川、黔、桂三省和云南滇中文化汇集的区域，其中昭通、会泽从古至今，均是中原入滇的重要通道上的重要节点，因此这里有和滇中相类似的传统汉式民居，汉彝融合的"一颗印"民居，不同的是汉式民居具有川西建筑风格的特

图3-2-35　曲靖罗平县腊者村传统民居（来源：曹易 摄）

图3-2-36　迟家大院法式建筑（来源：刘伶俐 摄）

---

[1] 杨大禹，朱良文.云南民居[M].北京：中国建筑工业出版社，2009.

点。另外在昭通由于聚居了较多的回族，因此这里的清真寺建筑也是比较具有代表性的。

昭通地区代表性的传统建筑主要包括民居、寺庙、祠堂、清真寺和亭台楼阁。其"一颗印"民居尺度较滇中地区大很多，空间也更为复杂。在形式风格上受到川西建筑的显著影响（图3-2-34）。

而靠近滇东南的罗平县，与广西、贵州二省交界，属于喀斯特河谷低山地带，气候温暖多雨，南亚热带湿热河谷气候，境内居住着彝族、壮族、苗族、回族、瑶族、布依族、水族等民族。这里的民居多为类似壮族民居的"吊脚楼"式的建筑风格（图3-2-35）。

清末民初，随着法国殖民者的入侵，法式建筑风格开始影响昭通地区民居的形式，出现了大量结合当地民居特点、适应当地环境的法式民居。这一类型的民居特点为：法式外皮，中式木结构；法式装修风格；运用具有法式建筑代表性的符号元素；保留合院形式等（图3-2-36）。

第三节　风格·元素

一、空间模式

（一）昆明地区

昆明地区的民居以合院式为主，其中最为典型的建筑形式便是"一颗印"。传统意义上的"一颗印"合院民居形式如今还在昆明近郊有所遗存。而在昆明市区内，由于文化交流频繁，在吸纳了省内各地有特色的民居形式，如大理著名的"三坊一照壁"、"四合五天井"等以及这些民居中的丰富空间组合和文化内涵之后，"一颗印"合院式民居逐渐发展为适合城市生活的近代合院式民居[1]。

1. 传统"一颗印"民居

"三间四耳倒八尺"是"一颗印"中最为经典的空间模式。所谓"三间四耳倒八尺"意指正房为三开间，左右各为两开间的耳房，正对正房的倒座进深为八尺。院墙正中设置正门一樘，无后门或侧门。在乡村的"一颗印"，大门多数位于纵向中轴线上，而在城市中，更多则是位于东南角。依据实际需求或者地形原因，"一颗印"也可灵活衍生出各种空间模式："三间两耳"、"五间六耳"、"半刻印"、"两户并联式""一颗印"、"多户联排式""一颗印"（图3-3-1～图3-3-5）。而在一些坡度较大地区，民居建筑为顺应地势，放弃了严整的院落格局，甚至是没有院落。[2]

"一颗印"外表封闭，内部空间丰富，强调轴线对称，中心围合。正房、倒座、大门依次布置于中轴线上，耳房对称位于两侧，从而形成以天井为中心的方形围合空间。而正房，耳房，倒座沿中轴线依次降低。高差的设计一方面显示了正房在总体中的统领地位，主次分明[3]。另一方面是减轻了倒座对正房的采光、日照的遮挡。以下对其空间构成要素进行说明：

正房：作为全院中的主体建筑，其尺度最大，位置最高，朝向最好。一般为三开间（特例中也有五开间），高两层。一楼层高较高，采光充足，常做居民起居空间。中明间为堂屋，左右两间为长辈所居主卧。二层檐口相对较低，采光不好，中明间常作为"祖堂"、"佛堂"等祭祀空间，其他房间作为储物空间。

耳房：位于中轴线两侧的耳房等级稍次于正房，面阔、进深尺寸、高度均要小于正房。一般为两开间，高两层。一层中靠近正房一侧的左耳或右耳房中的一间常作为厨房，而靠近倒座的两间耳房则作为晚辈卧房。二层空间常作储物空间，而当有需要时，也可变为卧房。

倒座：位于中轴线上，面对正房，尺度更小，进深常为

---

① 杨大禹，朱良文.云南民居[M].北京:中国建筑工业出版社，2009.
② 蒋高宸. 云南民族住屋文化[M].昆明:云南大学出版社，1997:372.
③ 蒋高宸. 云南民族住屋文化[M].昆明:云南大学出版社，1997.

八尺。正门常开在一层正中间，左右两间以及二层作为储物空间，其中一层左右两间也可用来饲养牲畜。也有些民居为了获得更宽敞的庭院空间而不设倒座。

天井：位于"一颗印"中心位置，由正房与耳房以及倒座围合而成，尺度狭小，多为横向长方形（在云南纵长方形被认为是棺材形天井，在家中出现是大不吉利），空间紧凑，尺度亲切形成内聚空间。在"一颗印"中天井承担着通风、采光、换气、排水等功能，同时也是家庭露天活动的重要场所。

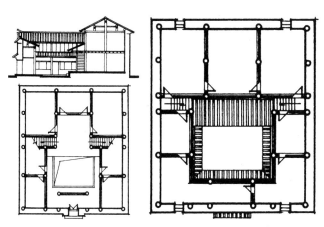

图3-3-1 "三间四耳倒八尺"示例（来源：杨大禹）

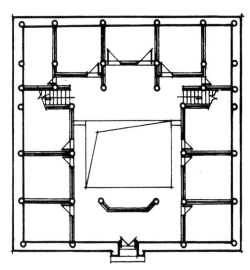

图3-3-3 "五间六耳"示例（来源：《云南住屋文化》）

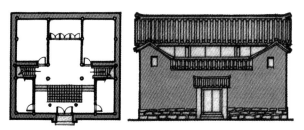

图3-3-2 "三间两耳"示例（来源：杨大禹）

图3-3-4 "半颗印"立面示例（来源：《云南住屋文化》）

图3-3-5 两户并联"一颗印"立面示例（来源：《云南住屋文化》）

檐廊：位于天井与房屋中间过渡地带，是室内室外空间连接的重要通道。其由周围房屋深远的出檐而形成。檐廊在"一颗印"中也被称为"游春"，有着遮阳、避雨、通风、采光等功能。因其相对舒适的环境，成为家庭活动的重要空间。

楼梯：位于正房檐廊的两端。一座"一颗印"中常只在正房与耳房夹缝中设两座楼梯，有时也会在耳房与倒座交界处再设两座。楼梯台阶数通常做成单数，耳房旁的楼梯常为9步左右，而正房旁的楼梯则为13步或15步。楼梯坡度较大，从而使楼梯下的空间也可以被利用。

2.近代合院式

传统"一颗印"民居是自然的馈赠与限定、社会的参与和调整，以及人为的选择和调试的结果，并且表现出与地域环境很强的适应性。城市中的"一颗印"因居民生产生活方式已与乡村产生了较大差异从而衍生和变异出了适应城市生活的新的形式。近代以来因城市与乡村生活方式的不同，从而逐渐改变了传统"一颗印"的空间模式，发展变化出了更适应城市生活状态的近代合院式民居。以下，从近代合院式与传统"一颗印"的不同点来说明近代合院式的空间变化：

1）内部空间和功能的改变

相对于传统"一颗印"的相对固定的格局，城市中"一颗印"合院式民居，由于地处文化交流的中心，吸纳了云南其他地区的民居形式，如文明街的大银柜巷、幸福巷中的几个院落。其中"懋庐"就是一座"三坊一照壁"的三合院，而"金兰茶苑"、"金碧春"、"得一居"等也是几座大型的"四合五天井"院落，其除去中心大天井外，在四个屋角又增添了四个独立的小天井（图3-3-6）[1]。

2）有无外院的设置

在乡村地区，居民以农耕生产生活为主，用地相对受限制较小，宅基地较大。所以居民根据生产生活需要在"一颗印"之外再加设一个院子，以满足其对储藏、饲养牲畜、小范围蔬菜种植以及举办婚丧嫁娶所需的场所。而近代合院式民居则不再加设外院。

3）过渡空间的改变

乡村地区"一颗印"多设腰檐，腰檐下面做厦柜，是重要的储物空间。而城市中的"一颗印"则将它们撤去，将二楼房间进深加大向天井方向拓展，腰檐也被封板代替，形成"闷楼"。此外，也有的会将二楼改成回廊，改善二楼各房间的交通，形成"走马串角楼"，从而使之成为重要的公共空间，方便了家人之间的交流。

（二）楚雄地区

1.彝族民居

彝族建筑常以火塘为中心组织生活空间秩序，一个火塘便代表一个小的家庭单位。而又以中柱来划分空间层次，在彝族祭祖大典中，垂直竖向的中柱位于祭祀场所的中心，它是祭祀仪式中的最高象征物。其作用起着划分祖先空间层次即神灵空间与人的现实空间层次的作用，同时又是沟通天地神人的途径和中介。因为彝族是山地民族，所以上面有天神层，下面有平坝形成的地府层，中间山坡是他们聚居层，于是在这一空间模式指导下产生了"上面宜牧，中间宜居，下面宜农"的生活模式。

1）彝族居住建筑空间分析

居住空间是彝族现实生活的生存环境，它包括三个组成部分：精神空间、现实空间、精神空间与现实空间的交汇空间。精神空间包括：祖灵空间、福禄神空间；现实空间包括：公共活动空间、居住空间、储物空间、生产性空间、室外院坝空间、牲畜空间；交汇空间包括：火塘空间和仪式空间。

2）各种空间的作用

精神空间包括祖灵空间和福禄神空间。祖灵空间位于堂屋

---

[1] 杨大禹，朱良文.云南民居[M].北京:中国建筑工业出版社，2009.

图3-3-6 滇中传统建筑空间（来源：左上《春城昆明》，其他《云南明清民居建筑》）

内空间中，是家庭中最神圣的空间，是维系家庭成员心理平衡和精神寄托的空间场所。象征物为祖灵玛都或葫芦，位于火塘正壁上方的空洞或屋顶瓦篷中，靠近汉区的地方则位于堂屋供桌上，占据着室内空间的最高层次。福禄神空间位置在正房大梁中央，福禄神的象征物为小竹篓或布袋，内装八卦、五谷、羊毛、银锭等物，目的是使上天赐福于家，以保粮食、牲畜和财产源源不断，满足物质财富的需求和愿望。

火塘空间是沟通精神空间与现实空间的媒介和交汇点。它具有强烈的向心趋势，是最原始的建筑空间形态，可以把火塘空间称之为建筑空间的基础，先民及现代彝族的一切活动空间都围绕火塘展开，火塘位于堂屋上方偏左的位置，待客、议事、举行成丁礼等仪式以及饮食、牲畜空间都在火塘边分布进行，它是彝族家庭空间的中心。火塘空间由地面三颗锅桩石及其上部的木格架来界定的柱状空间。火塘上决不允许人跨过，也禁止向里面吐痰。火塘空间特征：具有祭神又实际的双重空间角色，具有空间包容性与多样性，所以它是室内空间原形。其他各种空间都是从火塘空间原形中逐步分化出来，慢慢形成专门化的空间形式。

在现实空间中，居住空间早期与火塘空间结合一体，现在一部分高寒山区彝族仍然保留这种形式，其空间由竹篾来限定。大多数彝族地区专用的居住空间，多在正房的次间与堂屋用木板或竹篾隔开。空间特点：空间低矮、黑暗，具有私密性，只供睡觉使用，所以空间功能较单一。家中较值钱的财物也置于卧室之中。起居与仪式空间则是亲友聚会的场所，围火塘而置的篾有位置的规定，靠上方壁面一方为客座，客多时延至右侧，靠大门一侧为小孩座，左侧为主人座。空间特征：具有模糊性，无明显的界限。空间位置体现伦理秩序，空间处于祖灵空间注视之下，其活动与仪式可通过火塘空间、祖灵空间而得到神灵认可与庇护。储粮空间位于正房次间的楼层上，目的是保持粮食干燥以利长久保存，所处空间层次除低于精神空间层次外高于其他空间层次，暗示彝族对粮食的格外重视。空间特点：空间居于较高层面，通过楼梯与下层空间联系，在土掌房建筑中，整个二楼为粮仓，与二楼土顶连接，便于晒粮。厨房空间与生产空间发展经历了三个阶段，开始与火塘合二为一，然后分离出来在火塘空间旁边另建，最后阶段是单独独立出来另建一屋。生产空间包括碓、磨、织布空间，早期集中于火塘大空间中，后来空间逐步分化置于厦廊下或起屋。空间特点：厨房空间与生产空间同处于一个较低空间层次，灶台有专门的灶神。牲畜空间除养殖牲畜外，由于凉山彝族常常以牲畜的多少来表示其贫富，所以牲畜也被视为最重要的财产而受到格外关注。早期，三开间的正房专门有一次间作为牲畜栏，后来慢慢牲畜空间从正房中分离出来，牲畜空间为二层，下面关牲畜，上面住人。一开始对牲畜空间特别重视，后来单独分出建房后，牲畜空间处于空间层次的最底层。

3）居住空间层次划分

彝族居住空间划分为多个层次，按照"柱"观念模式分层布置，最上层是具有神灵作用的祖灵及福禄神空间，其下是粮食空间层次，中间层包括火塘空间、居住空间与起居仪式空间，集中了日常生活的主要活动，再下层是厨房空间与生产空间。牲畜空间和室外院坝空间处于最低层次。

依照"柱"观念模式，空间层次的位置与神灵作用的权威、地位和重要程度成正比。彝族居住空间层次的划分既满足了生活、生产要求，又迎合了精神的需要，使各空间层次按柱观念分层排列，又融为一体，彝族建筑中的中柱就起着把室内空间的不同层次连接起来的作用。[①]

4）彝族三种主要建筑类型：土掌房、木垛房、合院式

土掌房分为单体式土掌房和组合式土掌房。单体式土掌房：只建正楼一列三间，规模较小，是早期土掌房的存在形式。组合式土掌房：分为内院式和无内院式两种，内院式的规模比较大，一般为两层，建筑内部房间较多，这种形式功能完备，数量较多。内院式的平面形式为主楼、厢房围合成

---

① 郭东风，彝族建筑文化探源[M].昆明:云南人民出版社，1996.

的曲尺形，在二层主楼和厢房之间，以木梯沟通。正房为三开间布局，和单体式类似。土掌房正房中部为堂屋，这里是彝族待客、议事、举行成丁礼、婚礼等仪式的场所，在堂屋的中后部设置神龛，在正中重要的位置供奉有祖先和神明。住宅的功能以堂屋为核心，围绕堂屋展开。堂屋既为人用，也为神居，既是家庭婚丧嫁娶、宴请宾客的场所，又是人神相通，与祖宗神明对话的空间媒介。①

木垛房在平面的布局和组合形式上有一字形、曲尺形、三合院。正房是三开间两层平房，内部空间一般分堂屋、卧室、贮藏间。明间是堂屋，左右两间分别为卧室和厨房，一般在堂屋里边设置火塘，火塘内有三角铁以放置水壶和锅。火塘边设床铺，家人及来客围火塘席地而坐，围着火塘吃饭、聊天、饮酒，客人夜宿亦可在此处。堂屋的正中的墙壁前设有供桌，桌上置神龛来供奉祖先。住房二层设简易阁楼，一般都用来堆放粮食（图3-3-7）。②

合院民居的正房一般都是三间二层的合院民居带前廊的标准单元，正房大多是按照这个三开间的标准单元来进行建盖，民居平面布局的差别主要是在于厢房的设置和院落的围合形态的差别。标准单元的功能使用划分是楼下住人，明间为堂屋，次间靠里一侧是卧室，靠外是厨房或杂物间，也有将会客厅设于此间的；楼上一般用来存储粮食杂物。平面布局形式有：一坊房、两坊房、三坊房、曲尺状和多坊重院式（图3-3-8）③。

2.汉族民居

楚雄彝汉共处，相互交融，在建筑形式上也是十分类似。例如上文所述彝族合院式民居，实际上也是该区域汉族广泛采用的形式，总体上差别不大。在楚雄，也有一些区

图3-3-7 彝族木垛房（来源：《云南乡土建筑文化》）

---

① 杨庆光.楚雄彝族传统民居及其聚落研究[D].昆明:昆明理工大学，2008.
② 石克辉，胡雪松.云南乡土建筑文化[M].南京:东南大学出版社，2003.
③ 张伟.中国传统村落档案（西关村）

域相对较好保留了一些比较有特色的传统民居。

黑井以产盐并经商著称，经商富裕之后，商人们用建筑来标榜自己的财富，导致黑井建筑五花八门，民居风格各式各样。主要类型有：四合院、"一颗印"、三坊一照壁、四合五天井、前店后宅、重堂式（图3-3-9）[①]。

西关村分布着形式多样的传统民居。如：张家大院、杨家大院、邱家大院、丁家大院、班家大院等，它们大多是三坊一照壁、四合五天井、走马转角楼等典型的大户人家。古镇民居形成了自己的特点。平面布局形式多样，空间组合变化丰富，用材色调具有浓郁的地方特色，整体风貌协调有致（图3-3-10）。[②]

（三）玉溪地区

1.蒙古族民居

兴蒙乡蒙古族的"一颗印"合院民居与昆明地区"一颗印"的形制大体一致，为"三间两耳"式。而其建筑尺度上更加强调进深尺寸，故开间比昆明地区"一颗印"要小。一些面积比较大的蒙古"一颗印"做成二进院的形式，坐东朝西，里面一进院子为"三间四耳"式（图3-3-11）。其正房为面阔三间两层，两次间廊子各设一座楼梯。正房底层明间为待客吃饭处，次间则用来饲养家畜，堆放柴草。楼层明间堆放粮食，次间为卧室。厢房也为两层结构，各为1~2开间，底层为厨房，楼层为卧室。

2.回族民居

总体上讲，云南回族民居院落布局呈封闭式内向性，喜好坐北朝南，大门忌向西开（也有特殊情况采取变通处

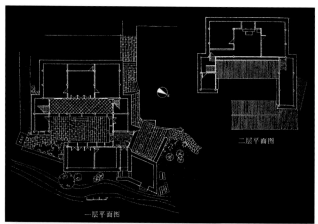

图3-3-8 合院民居（来源：《云南民居》）

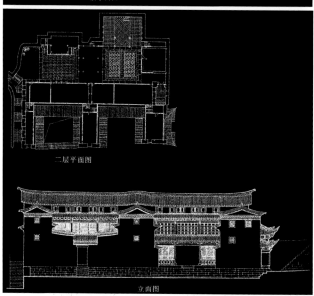

图3-3-9 黑井的各种类型的汉式民居（来源：《云南乡土建筑文化》）

---

① 石克辉，胡雪松.云南乡土建筑文化[M].南京:东南大学出版社，2003.
② 张伟.中国传统村落档案（西关村）

理方式)。善于利用高差、围墙、柱廊以及檐部搭接等手法组织空间。多为长方形平面,两层楼,设有天井、正厅与厢房,组成"三坊四合院"。聚居于玉溪通海地区的回族民居的平面形式变化较多,其中最多的是近似于昆明"一颗印"

图3-3-10 楚雄关禄镇西关村民居(来源:张伟)

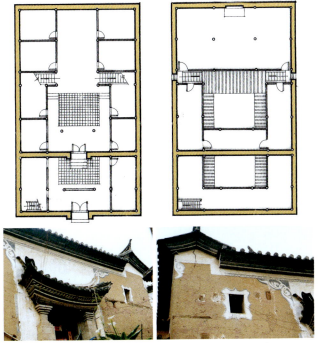

图3-3-11 玉溪通海蒙古族"一颗印"民居(来源:杨大禹)

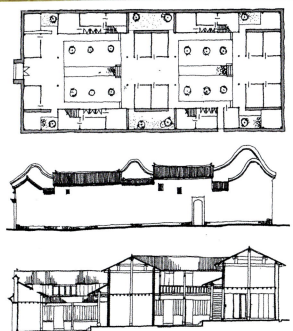

图3-3-12 玉溪通海回族"一颗印"民居(来源:杨大禹)

的"三间四耳倒八尺"形式,也有"三间两耳"和"前三后三中四耳"的形式,此外还有与建水、石屏地区相似的"四马推车"、"三间四耳下花厅"、"三间四耳带躲间"(图3-3-12)相类似的平面形式。

(四)昭通地区

昭通地区建筑种类主要有民居、寺庙、祠堂、清真寺和亭台楼阁。

1.祠堂

祠堂中最具代表性的属龙家祠堂。龙家祠堂建于1932年(民国21年),是仿照昆明吴三桂的金殿建成的,但其规模比金殿大得多。祠堂坐北朝南,由正殿、过厅、厢房、耳房、影壁等组成两进院落,中轴线上形成两个大天井,四角形成"漏角天井",是中西结合的合院形式,也是清末到民国期间昭通建筑文化的典型代表(图3-3-13)。

2.清真寺

清真寺最具代表性的是位于昭通市鲁甸县桃源回族乡拖姑村的拖姑清真寺。拖姑清真寺始建于1730年(雍正八年),寺周围良田环绕,是云南省的五大古寺之一,具有"祖寺"之称。全寺由正殿、唤醒楼、无偿堂、后亭、厢房、水房、照壁等构成四合院,共有殿阁楼亭30余间,该寺以其建筑工艺独特、历史悠久而闻名(图3-3-14)。

3.民居

昭通地区受川西地区和滇中地区的影响,民居风格主要为合院式,部分少数民族地区建筑则深受当地民族文化的影响。建筑结构主要以土木结构和砖混结构为主,昭通地区地势险恶,地震、泥石流等自然灾害较多,新建的民居多为砖混结构,少为土木结构。建房材料的选择比较多样化:砖石、混凝土、木构和土坯加砖石等,墙体材料有木、土坯和砖混。建筑风格多简洁大方,少有装饰,自然色彩,屋顶多为双坡瓦顶(图3-3-15)。

图3-3-13 昭通龙家祠堂(来源:刘伶俐 摄)

图3-3-14 昭通拖姑清真寺(来源:张伟 摄)

1）合院式民居

合院式民居根据建筑单体的组成数量，可分为四合院、三合院、两合院和一合院。合院式民居根据围护墙体材料的不同，可分为夯土墙体式合院、木板墙体式合院、石砌墙体式合院和砖混墙体式合院。木构架为承重结构。

因昭通地区特殊的地理位置以及受到滇中文化的影响，所以在昭通民居中出现了"一颗印"民居形式。但与昆明的"一颗印"不同，昭通的"一颗印"民居很少单独设置，通常是结合其他建筑空间而形成大型院落（图3-3-16~图3-3-18）。

2）苗族木构土墙式民居

苗族木构土墙式民居多为三开间独栋式，进深两至三开间，空间功能为堂屋、倒座、卧室厨房、储藏间等。二层用于储藏粮草和堆放杂物。局部设有三层空间，用于堆放木料。木构架为承重结构，夯土墙体或土坯墙为围护结构，设置有石砌墙基础（图3-3-19）。

图3-3-15　云南昭通鲁甸民居图（来源：张滨雨 摄）

（五）曲靖地区

1. 罗平县地区

曲靖市罗平县处于云南、广西、贵州三省交界处的喀斯特河谷低山地带，气候温暖多雨，属南亚热带湿热河谷气候，境内居住着彝族、壮族、苗族、回族、瑶族、布依族、

图3-3-16　云南昭通"一颗印"民居形式（来源：刘伶俐 摄）

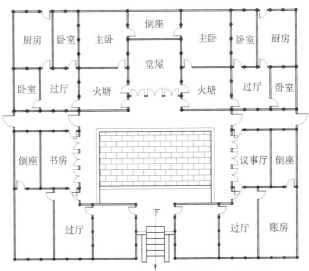

图3-3-17　云南昭通威信双河后房团首府宅一层平面图
（来源：刘伶俐）

水族等民族。建筑风格受到当地民族自身文化、环境和周边两省文化的影响，具有独特的民族风格。

罗平县腊者村为布依族传统村落，民居形式为传统的"吊脚楼"形式。建筑为独栋式，通常设置为三层，一层用于饲养牲畜和家禽，二层用于居住，三层为屋顶夹层空间，用于放置杂物。二层的堂屋是提供生火做饭、家庭聚会、接待宾客和举行部分宗教仪式的核心空间。堂屋一侧设置有晒台，是室外进入堂屋的缓冲空间。堂屋向背山面一侧设有卧室和杂物间（图3-3-20）。

2. 会泽

曲靖市会泽县是滇东北的历史文化名城，作为古城空间肌理的重要组成部分，会泽民居在细节和类型上都饱含丰富的地方特色。会泽是明清时期重要的铜币生产地，商贾云集，古城空间体现了中国封建时代的商业特征，建筑形式受汉文化影响较深，为典型的合院式民居。且在民居装饰上也颇有造诣（图3-3-21）。

图3-3-18 云南昭通文渊街李宅一层平面图（来源：刘伶俐）

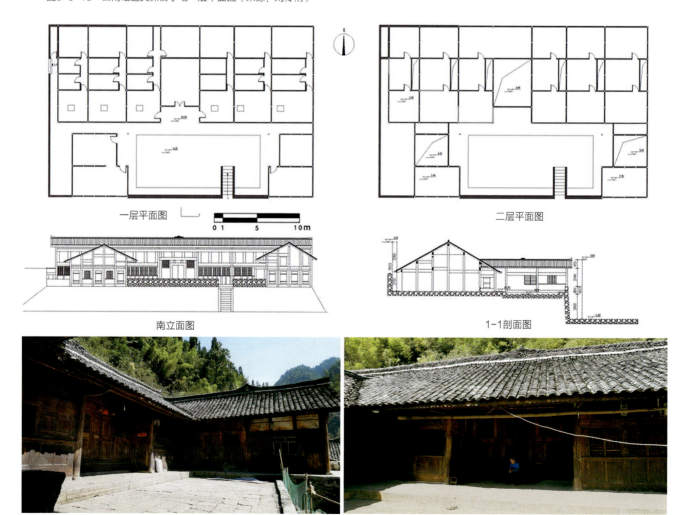

图3-3-19 昭通威信湾子苗寨传统民居图（来源：曹易）

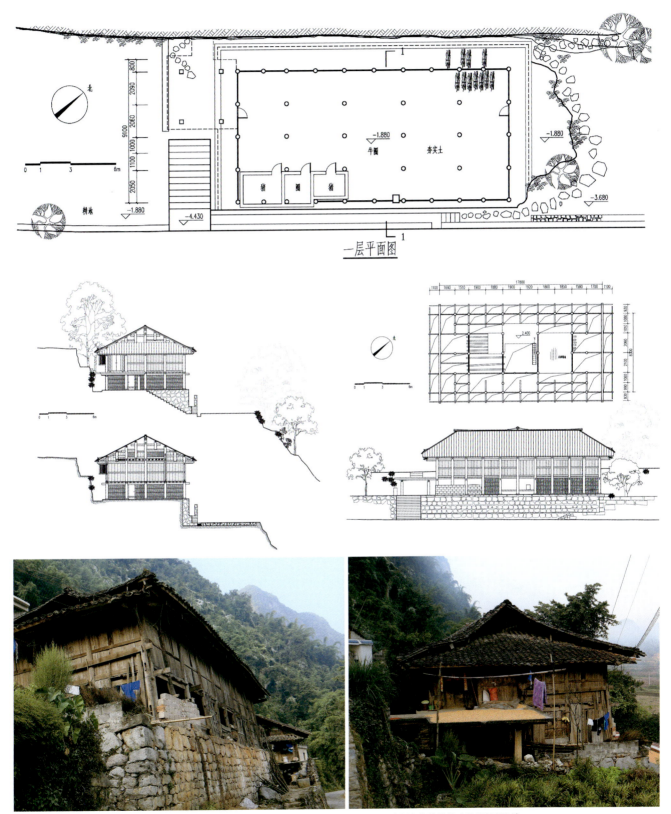

图3-3-20 曲靖罗平腊者村传统民居平面图、立面图、剖面图和外观（来源：罗平县腊者村布依族传统文化保护规划）

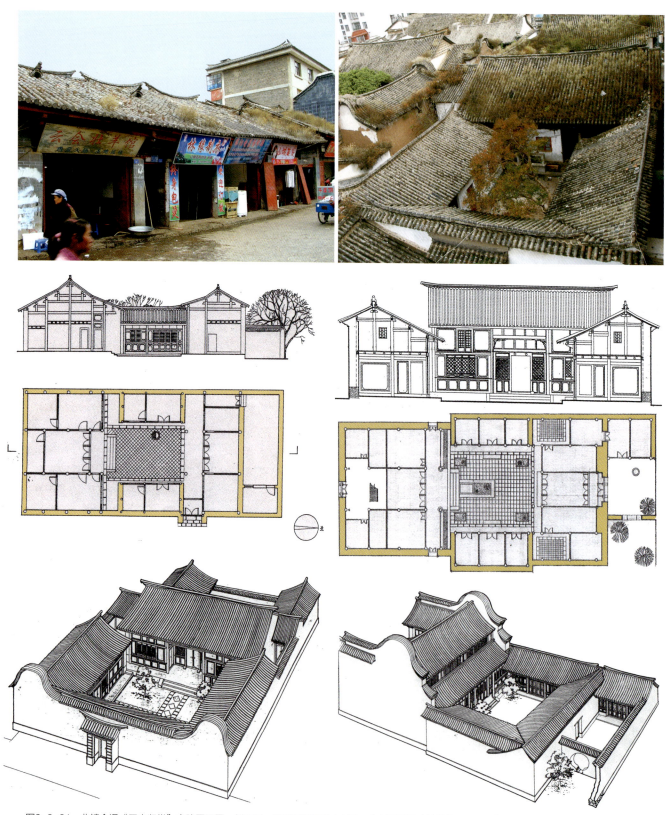

图3-3-21 曲靖会泽"四水归堂"合院平面图、剖面图、透视图和外观（来源：《中国民居建筑丛书云南民居》）

名人居，是现存会泽历史街区清末民国初期地方民居建筑中保存较为完整、特点较为明显的居民建筑群。建筑面积约1435.35平方米，建筑主体坐北朝南，东面筑有两层厢房。整个群体体量不大，但细部构筑较为丰富（图3-3-22）。

二、建筑造型

（一）昆明地区

传统"一颗印"外形总体上紧凑封闭，方方如印。屋顶曲线平缓，正房屋顶为双坡顶，耳房与倒座则为内向长坡、外向短坡屋顶。这样的做法可以增加外墙高度，以满足其对防盗、防风以及防火的需要（图3-3-23）。

传统"一颗印"山墙及后墙多用土坯墙砌筑，墙体自下往上逐渐收分，外皮很少包砖。外墙仅在二层开窗，整体相对封闭，大门设在正立面中间，使正立面形式对称。土墙砌筑方式可以是生土夯筑，土砖砌筑，也可以是下半部分夯土，上半部分土砖砌筑①。"一颗印"内部天井狭小，常为"一"字形，及横向长方形，有时也可做成正方形，但忌讳做成纵向长方形。狭小天井配以四周房屋屋檐深远出挑能够有效阻挡太阳辐射进入室内，十分适合低纬度高原地区的自然气候。而城市中的近代"一颗印"体量比传统"一颗印"稍大。外墙用砖石砌筑，内部常无腰檐，有的做成走马串角楼，正门也不再居中而是偏于一隅。

（二）楚雄地区

土掌房外墙和屋顶都用土夯实而成，分为有内院和无内院的，建筑敦实厚重，开窗较小，建于山地的土掌房村落聚合在一起形成壮观的台地景观。木垛房内墙和外墙都是用去皮圆木或砍成的方木叠加砌成，墙角处纵横交叉砍槽相扣，隔墙的木楞也交叉，并伸出外墙，屋顶为悬山式。檩上无椽，直接铺瓦，瓦是以薄木片充当。楚雄地区的合院民居简洁、质朴，民居的外观基本上是反映材料的本色，没有什么装饰构件和图案，一切都是那么直白、爽朗，而且彝族的合院民居一般比较开敞，没有白族那种三坊一照壁或四合五天井的规整形式。①

图3-3-23 昆明周边传统村落"一颗印"（来源：杨大禹）

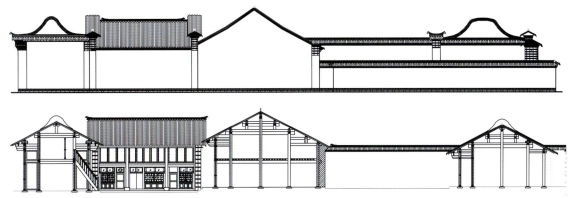

图3-3-22 会泽古城名人居立面图和剖面图（来源：会泽历史文化名城保护开发委员会）

---

① 杨安宁，钱俊."一颗印"：昆明地区民居建筑文化[M].昆明:云南人民出版社，2011.
① 杨庆光.楚雄彝族传统民居及其聚落研究[D].昆明:昆明理工大学，2008；云南省设计院.云南民居[M].北京:中国建筑工业出版社，1986.

汉族建筑总体建筑造型丰富，黑井民居同时具有汉族、彝族、白族民居的特点，民居入口的方向一般都会倾斜一个角度，面向较好的风水方向。门的样式有三叠式、西式石拱门。坝区建筑结构多数是抬梁式，规模比较大。层数一般在两层。在西关开窗方式多样，一般都用精美的木雕作为窗的装饰，现在在木雕的基础上也运用玻璃，使室内光线更加充足明亮。屋顶一般为单檐硬山式。

（三）玉溪地区

玉溪地区的蒙古族民居建筑通常采用土墙、瓦顶，外观总体上与昆明"一颗印"一致，只是立面相对要高一些，形象没有昆明"一颗印"显得舒展宽松。面积较大的民居正房为双坡瓦顶，采用硬山式（或悬山式），前设腰檐，从而组成上下重檐。回族民居特点则在于利用层高的差别、围墙的安排、柱廊的配置等手法产生空间变化，形制大体类似于汉族建筑，有些民居建有耳房。院落空间围而不死、闭而不僵。而它克村汉式民居依地而建，坐北朝南，背阴抱阳。青瓦屋面檐角高挑起翘，耳房屋面长坡内向、短坡外向，形象与昆明"一颗印"相似，但大门多在主体建筑一侧。

1. 蒙古族民居（图3-3-24）

兴蒙乡蒙古族的"一颗印"合院民居与昆明地区"一颗印"的形制大体一致，为"三间两耳"式。而其建筑尺度上更加强调进深尺寸，故开间比昆明地区"一颗印"要小。一些面积比较大的蒙古"一颗印"做成二进院的形式，坐东朝西，里面一进院子为"三间四耳"式。其正房为面阔三间两层，两次间廊子各设一座楼梯。正房底层明间为待客吃饭处，次间则用来饲养家畜，堆放柴草。楼层明间堆放粮食，次间为卧室。厢房也为两层结构，各为1～2开间，底层为厨房，楼层为卧室。

2. 回族民居（图3-3-25）

总体上讲，云南回族民居院落布局呈封闭式内向性，喜好坐北朝南，大门忌向西开（也有特殊情况采取变通处理方式）。善于利用高差、围墙、柱廊以及檐部搭接等手法组织空间。多为长方形平面，两层楼，设有天井、正厅与厢房，组成"三坊四合院"。聚居于玉溪通海地区的回族民居的平面形式变化较多，其中最多的是近似于昆明"一颗印"的"三间四耳倒八尺"形式，也有"三间两耳"和"前三后三中四耳"的形式，此外还有与建水、石屏地区相似的"四马推车"、"三间四耳下花厅"、"三间四耳带躲间"相类似的平面形式。

3. 汉式合院

它克村民居空间布局院落化：平面方整，正房三间，

图3-3-24 蒙古族"一颗印"民居（来源：杨大禹 摄）

两层，两侧为耳房，与大门围合出一个天井。以天井为中心组成了对称布局，有着明确的构成单元和轴线主从关系。总的来说建筑形式属合院式"一颗印"，只是平面组合较为灵活，注重与地形的结合。

（四）曲靖、昭通地区

曲靖的会泽汉式民居具有显著的特点，造型一方面体现了其院落空间的特点，另一方面主要体现在屋顶造型上。民居屋顶多为双坡瓦顶，街面屋顶有的连成一体，有的错落有致，形成起伏活泼的界面。山墙面造型丰富，灵活多变（图3-3-26～图3-3-28）。瓦屋面以屋脊分水形成前后两厦斜坡面，前厦进深略比后厦短，前厦檐口比后厦檐口高，前厦扬后厦拖；屋面坡水按脊檩至檐檩的檩段数分设不同的水法，水法一般四至六分，上部陡下部缓，垂向要求直、顺、畅。山墙多采用圆拱形硬山，俗称"猫儿弓"，墙高高出屋面，如猫伸腰疏松关节形成的"弓状"，墙前后与房前后檐同高，由外向内起拱至屋脊交会形状如"弓"，猫弓墙一般用于矮房、厢房、对厅山墙。另外，民居也会在瓦屋面预留"猫洞"，用板瓦篷盖，上加筒板瓦翘脊。既是传统房屋室内采光通风孔，又是居家饲养宠物猫室内外捕鼠活动进出的自由通道。

昭通的普通民居主要为就地取材，采用夯土，墙体开窗较少，窗较小，不设置木柱，为墙体承载屋顶，屋顶为两坡屋面，有瓦顶和草顶；开间较常见为3间，呈凹字形。而合院式建筑群系中国传统建筑中木构架为承重结构，以砖、石、土坯和木装修为围护结构。柱根均有各种形式的石柱础，大多数木构架为穿斗式或者抬梁式和穿斗式结合。屋顶多为悬山，也有部分硬山屋顶，局部地方有山墙高出屋面形成防火墙，多为弓形。屋顶周边多采用筒瓦，而当心的部分则采用阴阳板瓦屋面。

三、材料建造

（一）昆明地区

"一颗印"屋顶形式一般为悬山式，筒瓦屋面举折平缓，前后出挑和两侧出际适中，在出际的檩枋端头悬挂板瓦进行防护。腰厦与挑厦屋面空间，铺设木板。整座房屋以穿斗式木架构承重，正房进深五檩，厢房及大门内侧倒座进深三檩，房屋基础以石材砌筑。墙体自下而上有收分，多为内部木框架外部土砖或者夯土材料。而在近代合院式的民居中则改为内部木框架外部砖石的结构。院落内部为木结构檐墙，木作装修。木结构上多用黑色土漆涂饰，有些民居也用土红色来油漆门窗[①]（图3-3-29）。

图3-3-25 回族"一颗印"民居（来源：杨大禹 摄）

---

① 云南省设计院.云南民居[M].北京:中国建筑工业出版社，1986.

(二)楚雄地区

楚雄地区彝族土掌房多采用内部木构框架体系,外部采用土坯墙和夯土墙围护结构。以石料作为墙基和勒脚,顶部有少量的木楞。面向内院有部分的木隔扇和土坯或夯土墙体。室内采用黏土地面,木隔墙,梁柱构架自然外露。屋顶在密勒楼面上夯筑黏土,屋顶周边用瓦砌的屋檐。开窗较小或外墙不开窗,室内光线灰暗,但内部较为凉快。土墙主要采用当地的泥土、石块、木料、柴草、松针等材料夯筑。土墙有时与木框架混合承重,内部的隔墙为木板或土坯。其外墙一般厚在350~550毫米之间,内墙厚约200毫米左右。

彝族的井干房不用木构架承重,在毛石基础上直接用长约4米以上的木材垒筑而成。木垛经过略微的修整后并在两端开槽,然后这些木材在房屋的四个角纵横咬合交接而成。木垛顶端立有短木,上立屋架形成屋顶。屋顶多为双坡,盖以茅草或筒板瓦。坡顶坡度较缓,多小于30°,但出檐较深,一般达1米左右,通常利用叠积外露的原木搭建一简易的挑台,放置杂物、农具、狩措用具或堆柴草。外墙一般不开窗,室内光线昏暗。

黑井民居是楚雄地区的汉族民居典型代表。民居外墙一般选用当地的红砂石,建筑色彩统一,内墙用木材,迎街立面的商铺,大多数都有用红砂石砌筑的约600毫米到900毫米的台面,用来摆放商品。而在西关一般外墙是土坯或砖砌,内墙是木材(图3-3-30)。

(三)玉溪地区

玉溪地区的各地区和民族的民居使用的材料和建造方

图3-3-26 曲靖会泽传统民居(来源:曹易 摄)

图3-3-27 曲靖会泽传统民居屋顶图(来源:张伟 摄)

图3-3-28 曲靖会泽传统民居（来源：曹易 摄）

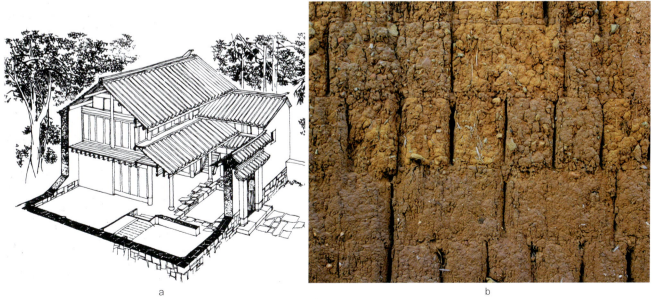

a   b

图3-3-29 昆明"一颗印"民居的材料及建构（来源：a《云南民居》，b 吴志宏 摄）

式都很相似，其结构方式、开间、举架、装修等皆与汉族无较大差别，在乡村大多采用土坯或者夯土作为主要建材。通海坝区通常选择潮湿的稻田保养土坯，而且还会在生土中加入由当地现有的草段、树枝、小石子或者螺壳骨料，增加生土内部的拉结力和墙体的刚度，形成原生态的"混凝土"材料（图3-3-31）。其在结构上，采用穿斗式木骨架，用穿枋把柱子串联起来，形成一榀房架；檩条直接搁置在柱头上；在沿檩条方向，再用斗枋把柱子串联起来。这样的做法可以使大梁以上的梁减少很多，其荷载也相应减轻很多，从而在用材尺寸上也减少了。但是因为受到天然木材的长度限制，其建筑空间尺度尤其是竖向尺度延伸和拓展的范围受到限制。房屋开间维持在3.4米到4.5米之间，很少有超过5米的，而每层层高限制在2.1米到2.7米之间。

（四）曲靖与昭通地区

曲靖与昭通地区民居建构方式和材料与滇中并无本质差别。坝区建房材料的选择比较多样化，砖石、混凝土、木构和土坯加砖石等，墙体材料有木、土坯和砖混。

在高寒山区大多采用较厚的夯土墙来建造民居，因而住屋较为低矮、敦实和厚重，如昭通大山包民居屋顶采用茅草编制而成的厚实的屋顶，是其显著的特色（图3-3-32）。

图3-3-30 黑井红砂石建筑外墙（来源：阿桂莲 摄）

图3-3-31 蒙古族民居材质（来源：阿桂莲 摄）

四、细部装饰

（一）昆明地区

传统"一颗印"色调上由灰瓦、土黄色墙体、白灰粉饰构成，内部木构架也多用黑色土漆油饰，而门窗也有用土红色油漆装饰。而在装饰细部上，常常将大门作为装饰重点。大门常用砖柱包檐处理。房屋外檐口用砖瓦封檐，起到防风与牢固作用。屋脊端部用瓦重叠起翘。在一些较为富裕的人家，会对挑檐，尤其是正房厦廊的挑檐、梁头及檐口、檩、枋、雀替均做精美雕刻，如卷草、龙首、螭首、回纹等，有的用垂柱，亦颇富装饰性。而因楼房檐口较高，人在地面不易看见，所以做法也较为简单，仅是将梁头棱角修圆，或只是雕以简单的线口。

正房底层明间常做六扇格子门，其上木雕简朴大方。窗子多为实拼木推窗，既不影响室内空间，也便于窗台上晾晒农作物。外墙小木窗，双扇开启式，形式较为简单，隔断一般均为木板。木柱下有柱础，做法有精致和简单之别。天井地坪一般用块石砌筑，组织排水。①

而近代合院式，因为建筑材料多用砖石，所以色调为灰色调，而大门的装饰也多用西洋风格的石库门。建筑内部装饰也引入了许多西洋元素，如石券、柱式、西式栏杆等（图3-3-33）。

（二）楚雄地区

彝族建筑一般都比较古朴，没有过多的建筑细部装饰，汉族的建筑如西关的民居建筑的屋脊、屋架、墙壁、壁画以及建筑格调保持着明清时期的建筑风格。青石墙壁，雕龙刻凤的屋脊四角和各种图案，还有院内的石雕、砖雕、照壁、壁画等，反映出了西关各宗氏大院的古老历史与变迁，烙印着历史的沧桑（图3-3-34）。

（三）玉溪地区

汉族民居建筑常将门楼作为整个建筑的装修重点，门楼设在建筑主体一侧，上方做小坡檐；屋顶主要为青瓦屋面，屋脊平直简单，无任何附加装饰，且正房屋顶高于厢房；建筑细部构件常用民族图腾装饰；门窗制作精细，形式丰富多样，有雕花屏门、隔扇窗等，工艺奇巧，借形寓意，典雅优美，形成了它克村独特的建筑文化，例如它克民居门窗装饰（图3-3-35）。

兴蒙乡蒙古族民居与汉族一样将大门作为装饰重点，形

图3-3-32　昭通大山包民居（来源：吴志宏 摄）

---

① 杨大禹，朱良文.云南民居[M].北京:中国建筑工业出版社，2009:121.

图3-3-33 昆明民居装饰（来源：上左、中及上右：引自《云南明清民居建筑》，下左：杨大禹 摄，下中及下右：吴志宏 摄）

制也和汉族相似（图3-3-36）。屋面用青瓦，檐角高翘，白色外墙。勒脚、墙裙处以及山尖等位置都用青砖勾勒。常用土坯砖砌筑成门拱窗拱，这可能由蒙古包盔顶演化而来。房屋外表面采用具有显著蒙古族标志的云纹图案装饰（图3-3-37），这是最近十几年来当地政府和居民新增加的形式符号，居民通过这种装饰表达对祖先的怀念与思乡之情。其装饰色彩多为天蓝色，衬以白墙，暗合蓝天白云，反映了蒙古族文化中对天穹的向往。而滇中回族建筑则基本与汉族建筑一致，这里不再介绍。

（四）昭通、曲靖地区

民居正厅门窗均木质，为中间两扇内开门，左右两侧有不开启的花隔窗，近代也有在木窗扇中间镶嵌玻璃的情况。窗下面为木板封闭，并设有简洁的窗台板。建筑风格多简洁大方，少有装饰，自然色彩，铺地采用条石、瓦片、卵石等简易材料进行铺砌形成图案（图3-3-38、图3-3-39）。

图3-3-34　西关村建筑元素（来源：云南省建设厅）

图3-3-35 它克村建筑元素（来源：张伟 摄）

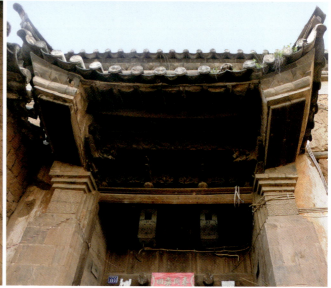

图3-3-36 蒙古族民居门头装饰（来源：阿桂莲 摄）

图3-3-37 蒙古族"一颗印"民居云彩图案装饰（来源：吴志宏 摄）

图3-3-38 曲靖会泽传统民居（来源：曹易 摄）

图3-3-39 曲靖会泽传统民居屋顶猫拱墙和猫眼窗（来源：杨大禹）

第四节 特征·特色

一、风格意象与成因分析

滇中地区的建筑意象大致可概括为：方整如印，空间对称，外实内虚，布局紧凑，质朴端庄，丰富多元，兼容并蓄。其成因一方面是对自然气候不断适应、对材料建造技术不断优化的结果，另一方面则是受到多元民族文化和技术相互影响和交融的，以边疆汉族为主体的社会文化为特征。在近代，城市建筑受到来自东南亚、法国殖民样式以及内地中心城市近现代建筑风格的影响，形成更加丰富多样的建筑类型和空间形式（表3-4-1）。

而滇东北民居则带有明显的川、黔民居风格的影响，像会泽这样的古城，其民居特点带有显著的中原民居特征，这是历史上民族迁徙的结果。而且由于这里气候相对严寒，也形成相对封闭、敦实的建筑特点，建筑院落则是比滇中尺寸较大的长向院落。另外在滇中及滇东北，除了主导性的类似"一颗印"民居之外，在一些特定的区域或者偏远山区，由于聚居着特定的少数民族或者气候与其他地方的巨大差异，形成一些独特的民居类型"飞地"，反映了云南及滇中多样化的自然和生活环境特点。

在地理条件和方向上昆明是倾向于东南亚的，而且，它一打开封闭的大门，就是朝南方的湄公河平原打开的。但另一方面，历史受中原"正统文化"的心态影响，决定了在文化上昆明的方向是向东的，因此它的城市建筑是接近中国标准的传统样式风格的。这种空间区位与文化朝向的矛盾在历史线索中不断隐现。然而，汉文化对昆明的"殖民"的过程中也是这种"新"文化与这个地区不断结合的过程，在它改变原有的文化的同时也改变了自身。尽管区别不是非常明显，然而地理空间的独特性决定了滇中相对于中原而言一直是一个边缘的地区，一个缓慢、不羁法度、不求出人头地但怡然自得的地区；然而相对于云南其他区域，这里又是一个受汉文化影响最深的地区。这种边疆汉文化与汉夷共处的区域，恰恰正是滇中和滇东北地区最显著的特征。

滇中地区风格意象及成因分析表　　　　表3-4-1

州市	气候地理特征	民族文化		民居类型	空间模式	风格要素					风格意象
		主体民族	文化特征			屋顶	墙体	材料	色彩	装饰	
滇中地区	昆明 温暖平坝	汉族	中原文化近代殖民建筑样式	合院式	"一颗印"：建筑方正如印，三间四耳倒八尺，正房基底抬高，主门居于正中央	硬山屋顶曲线不显著、屋檐相互交错、耳房长短坡且长坡朝内院、抱厦出檐深远	外墙封闭、仅二层开窗，正立面居中开门、形式对称	内部木框架外部夯土、土坯墙	灰白土黄	吞口装饰木雕图案	外实内虚空间对称布局紧凑丰富多元质朴端庄兼容并蓄
					近代合院式：体量比传统"一颗印"较大，走马转角楼，正门偏于一隅	硬山屋顶曲线不显著、屋檐相贯	外墙封闭、主要在二层开窗；临街部分较为开敞，一层屋檐上部设封火墙	内部木框架外部砖石	灰	西洋风格石库门	

续表

州市	气候地理特征	民族文化		民居类型	空间模式	风格要素					风格意象
		主体民族	文化特征			屋顶	墙体	材料	色彩	装饰	
滇中地区	曲靖 温暖平坝	汉族	中原文化	合院式	同昆明"一颗印"	同昆明"一颗印"	夯土墙土坯墙	同昆明传统"一颗印"	灰白土黄	同上	同上
	玉溪 温暖平坝	回族蒙古族汉族	中原文化	合院式	类似昆明"一颗印"民居，但进深有所加大，庭院缩小	屋檐相互交错，耳房双坡均等；	夯土墙、土坯墙	同昆明传统"一颗印"	绿白	星月回文	同上
	楚雄 温暖平坝	彝族汉族	中原文化	合院式	类似昆明"一颗印"，院落较宽敞	屋檐相互交错，屋顶曲线较柔和，耳房双坡均等	内木框外土墙	同昆明传统"一颗印"	红黑黄	门楼装饰、山墙	随山就势
	楚雄 干热河谷	彝族汉族	彝族文化	土掌房	重铺屋、厚筑墙、大进深、开小窗、小天井	密肋木梁上部夯土、屋顶退台，各家屋顶相互连接，建筑布置密集	夯土墙、小开窗，体量敦实，虚实对比强烈，屋檐水平线条显著，石勒脚较高	木框架、夯土、土坯墙体、石材勒脚、基础	红黑黄	牛角	建筑封闭密集布置人工台地立体交通
	山区			井干式	单开间、独栋式、两层楼、上人下畜	坡屋顶木板瓦、麻秆黏土	下部石基础、木楞夯土，上部木楞墙、木楞山墙承檩	木楞墙体、石基础			材料质朴风格粗犷

二、滇中滇东北传统建筑特征的流变

（一）建筑地域特色的形成与流变

地域建筑特色是一个地域内稳定的社会文化传统在建成环境上的物化，是人类在特定自然环境气候、社会经济文化条件下，在一定的技术和建造手段下，为了满足自身的生存和更好的生活，不断权衡各方面利弊和适宜性，形成一个地域内普遍适用的空间营造智慧和经验，以及各时期内各地的建筑传统和形式特色。

在空间上，地域建筑特色既来自于对地域内独特性的反映，也是不同地域、不同社会文化交融互动的结果，不存在专属一个地区或民族的、纯粹的建筑本质。在时间上，地域建筑传统是流动的，它可比拟于生命体，会随着地域内的社会文化的演变而演变：产生、成熟、衰落、变化。

（二）地域建筑特色作为文化认同的符号象征

一定时期内成熟的地域文化必然形成与其相对应的建筑特色，而地域建筑形式也成为其地域文化特征的一个组成部分，代表着一个民族、种族、群体与其他民族、种族、群体的差异，及所谓文化认同或文化身份。这样，地域建筑就类似于语言，显著地反映了地域内特定的群体的特征，这种特征可以用来进一步加强对群体的控制。无论何时何地，只要有建立、巩固、联合和融合地区文化的需要，地域建筑都会是一种有效的工具。

因而，地域建筑形式本身也具有形式的独立性和惰性，当地域条件、技术条件和需求改变之后，它也会作为一个群体的文化象征而继续被使用、改进和变异，即地域建筑的形式传统在其他地域或时代的沿用。然而这种脱离地域性的地域特色，其代表的智慧和经验或既有的知识和技术不能再适应新的条件和需求时，将会变成僵死的形式，只会在某些与文化象征密切的建筑类型上沿用。基于既有传统的一些方面，新的时代和地域条件将会发展出更适宜的空间智慧——即新的地域传统。这便是地域建筑演化过程中"传统"与"现代"、"传承"与"创新"的辩证关系。

（三）地域建筑文化的传承

"文"可理解为一种装饰形式[①]，文的载体或被装饰的事物原状叫作质，这里则是指建筑本体。"化"则是改变原状态。因此"文化"就理解为：对形式进行调整、改变以达成某种认同。"文化"是一个动名词，"文化"后的"基本形式"便成为"认同形式"，也就是建筑的形态。所以，建筑必须通过"文化"才能满足人的需要，然而又不能过分掩饰建筑本体，如孔子所说："质胜文则野，文胜质则史（浮夸之意）。文质彬彬然看君子。"（《论语·雍也》）因此"化"是演变、变成什么、怎样变，必须加以判断：即对传统的传承与发展。

因此，好的地域建筑应该是"文质彬彬"的建筑，即"真、善、美"的建筑，它认真地回应来自于地理、气候、社会历史、人文生活和既有环境空间的条件和特点，针对一个地域、一个时期、一定文化或人群的特定性的需求和问题，结合来自于传统和当代的智慧和经验，形成一种各方面合宜的空间营造智慧和相应的地域建筑特色。

---

① 据许慎《说文解字》"文，错画也"，错画就是色彩相间；又据《考工记》："青与赤谓之文"。可见"文"是一种装饰形式。所以身上刺花叫"文身"；掩饰错误叫"文过"。王世仁.形式的哲学[J].建筑学报，1998(3).

第四章 滇西、滇南地区传统建筑特色分析

  滇西、滇南地区是云南社会经济文化较发达的区域，也是云南大城市和人口较集中的区域。滇西、滇南地区主要是指滇中高原以西以南，在地理位置上包括普洱、西双版纳、临沧。滇西主要包括保山、德宏。滇南则主要包括文山和红河。滇西南地区和东南亚接壤，境外贸易发达，受东南亚小乘佛教影响较深。该地区又是云南的主要产茶地区，茶马古道的源头始于此。滇南地区，特别是文山地区和广西接壤，受广西壮族文化影响较多。和其他地区相比，滇西、滇南地区处在干热亚热带和湿热热带地区，虽然居住着十几个少数民族，但是大多民居都呈现出和"热"环境相适应的特征。本章将对这些民居的传统建筑特色进行较深入的分析。

第一节 天·地

一、气候条件

（一）普洱、临沧、西双版纳

滇西南地区总体气候特征为从北部的亚热带低纬度山地季风气候向南部的热带湿润区逐渐过渡。全年气候长夏无冬，干湿两季分明，垂直变化突出，海拔800米以下为热性气候（热带），800～1500米为暖热性气候（南亚热带），1500米以上为暖温性气候（中亚热带）。

（二）保山

保山地区属于低纬山地亚热带季风气候，地处低纬高原，地形地貌复杂，形成"一山分四季，十里不同天"的立体气候。保山城依山骑坝，日照充足，年平均气温15.5℃，最冷月平均气温8.2℃，最热月平均气温21℃，夏无酷暑，冬无严寒。可以说保山气候条件比昆明更好，是当之无愧的"春城"。

（三）德宏

德宏的气候类型为南亚热带季风气候，东北面的高黎贡山挡住西伯利亚南下的干冷气流入境，入夏有印度洋暖湿气流沿西南倾斜的山地迎风坡上升，形成丰沛的自然降水，加之低纬度高原地带太阳入射角度大，空气透明度好，是全国的光照高质区之一，全年太阳辐射在137～143卡/平方厘米，年降雨量1400～1700毫米之间。冬无严寒，夏无酷暑，雨量充沛，雨热同期，干冷同季，年温差小，日温差大，霜期短、霜日少，为多种作物提供了良好的生长和越冬条件。

（四）红河

红河哈尼族彝族自治州地处低纬度亚热带高原型湿润季风气候区，在大气环流与错综复杂的地形条件下，气候类型多样，具有独特的高原型立体气候特征（图4-1-1）。

图4-1-1　元江河谷（来源：王冬 摄）

图4-1-2　元阳河谷（来源：王冬 摄）

高低海拔并存，多元立体气候形成了生物资源的多样性，成为主要粮食和经济作物的最佳种植适宜区和主产区（图4-1-2）。

（五）文山

文山地处云贵高原东南部，属亚热带湿润季风气候。境内地形复杂多样，有北热带、南亚热带、中亚热带、北亚热带、南温带、中温带等各种气候类型。文山州大部分地区冬无严寒，夏无酷暑。干凉和雨热同季，年温差小，日温差大，春温高于秋温，无霜期长，霜雪少。全州雨量充沛，但分布不均。其特征为西南部多，东北和中西部较少；山地多，谷地少；夜雨多，白天少；局部性大雨、暴雨多。

二、地理环境

（一）普洱、临沧、西双版纳

滇西南地区位于云南省最南部，主要包括普洱、临沧、西双版纳三个地区，主要泛指我国云南省西南部北回归线以南的澜沧江两岸和横断山脉怒山山系南段地区的一片山地与平原交错地带。这一区域与老挝、缅甸山水相连，与越南、泰国近邻，发源于青藏高原的澜沧江纵贯南北，出境后称湄公河，流经缅、老、泰、柬、越5国后汇入太平洋。滇西南地区整体地势由东北向西南逐渐倾斜，北部区域属滇西纵谷区南延部分，地形地势复杂，海拔差异悬殊，由北往南，地势逐渐变缓，多为中低山和丘陵地带。

（二）保山

保山市河流分别属于澜沧江、怒江、伊洛瓦底江三大国际河流流域。其中伊洛瓦底江流域的大盈江和瑞丽江两大水系干流发源于保山市西北部，澜沧江和怒江干流为过境河流。保山市地处横断山脉滇西纵谷南端，境内地形复杂多样。整个地势自西北向东南延伸倾斜，最高点为腾冲县境内的高黎贡山大脑子峰，最低点为龙陵县西南与潞西市交界处的万马河口。保山以地热群和火山地貌而出名，全市有各种热泉170余处，圈定热田10处，腾冲地热受到国内外专家的极大关注。

（三）德宏

德宏地处云贵高原西部横断山脉的南延部分，高黎贡山的西部山脉延伸入德宏境内，形成东北高而陡峻、西南低而宽缓的切割山原地貌，全州海拔最高点在盈江北部大娘山，为3 44.6米，海拔最低点也在盈江的西部那邦坝的羯羊河谷，海拔仅有210米。地表景观由"三山"（大娘山、打鹰山、高黎贡山尾部山脉）、"三江"（怒江、大盈江、瑞丽江）、"四河"（芒市河、南畹河、户撒河、芒东河）和大小不等的28个河谷盆地（坝子）构成。其独特的地理环境形成了风格各异的自然景观。

（四）红河

红河哈尼族彝族自治州位于云南省东南部，北连昆明，东接文山，西邻玉溪，南与越南社会主义共和国接壤，北回归线横贯东西；因国际河流——红河流经全境而得名。区域面积3.293万平方公里，下辖2市11县，总人口437万人。红河州境内有红河、南盘江、李仙江、藤条江4大水系，其河流水能理论蕴藏量达500万千瓦以上，可开发水电装机达450万千瓦以上（图4-1-3）。[①] 红河是云南近代工业的发祥地，也是中国走向东盟的陆路通道和桥头堡。

（五）文山

文山壮族苗族自治州地处我国西南边陲的云南省东南部，东与广西百色市接壤，南与越南社会主义共和国接界，西与红河哈尼族彝族自治州毗邻，北与曲靖市相连。辖文山市和砚山、麻栗坡、西畴、广南、马关、富宁、丘北7个县，州府所在地文山市，总面积32239平方公里（图4-1-4）。文山州是典型的农业地州，除产玉米、稻谷和豆类等粮食作物外，还盛产三七、八角、草果、油桐、辣椒、烟叶、茶叶、花生等农业特产品和经济作物，尤其是享誉国内外的名贵药材三七，产量和质量均为全国之冠（图4-1-5）。[②]

[①] http://www.114huoche.com/zhengfu_HongHe 红河政府网 进入时间2015-5-16
[②] http://www.114huoche.com/zhengfu/WenShan 文山政府网 进入时间2015-5-16

图4-1-3 元江哈尼梯田（来源：刘肇宁 摄）

图4-1-4 文山地形地貌（来源：刘肇宁 摄）

图4-1-5 文山经济作物（来源：刘肇宁 摄）

第二节 人·居

一、人文历史

（一）普洱、临沧、西双版纳

滇西南地区是云南最为神奇的地区之一，自古就是一个独特的地理单元。这里的大山大河与中原相异，呈南北向走势，一方面成为一道天然屏障，减缓了从东面而来的中原文化向西、向南的扩散；另一方面自南向北，由滇西纵谷区北上沿横断山系直达青藏高原，形成了一条天然的廊道。这样独特的地理格局自然造就了迥异于中原的人居环境。

滇西南地区最重要的特征之一就是茶马古道。该地区是茶树最早的原产地，早在公元6世纪后期，西双版纳地区的茶叶就经过今天的大理、丽江、香格里拉进入西藏，直达拉萨，进行贩茶换马的贸易活动。有的还从西藏转出口印度、尼泊尔。国内路线全长3800公里。这就是茶马互市。这一条贸易通道就是著名的汉藏茶马古道。在这条通道沿途，密布着无数大大小小的支线，将滇、藏、川"大三角"地区紧密联结在一起，形成了世界上地势最高、山路最险、距离最遥远的茶马文明古道。从公元6世纪开始，直到20世纪50~60年代滇藏、川藏公路的修通，历尽岁月沧桑一千余年。茶马古道不仅是一条贸易走廊，它同时还是一条文明传播的通道、民族迁徙的通道。通过这样一条纽带，从南到北，把不同民族、不同语言和不同文化的地区相互串联起来，加速了各民族文化之间的互动、融合与同化。

（二）保山

保山是古人类发源地之一，拥有悠久的历史文化。保山现有少数民族共36个，其中世居少数民族有13个，民族构成以汉族为主，同时也有傣族、傈僳族、回族、白族、佤族、阿昌族等世居少数民族。同时，保山也是云南省第一大侨乡，是中国著名的侨乡。保山籍在国外的华侨、华人有28.9万多人，分布于29个国家和地区，其中有90%居住在缅甸和泰国，有归侨、侨眷102760人，旅居海外的华侨、华人168000人，港澳台同胞及眷属19200人。

保山古称永昌，是滇西交通要冲，这里拥有比北方丝绸之路还早的古西南丝绸之路，是我国沟通南亚次大陆最便捷的"桥梁"。抗日战争时期相继开通的滇缅公路、中印公路和中印输油管道，为世界反法西斯战争特别是抗日战争的胜利做出了卓越贡献。在这块古老的土地上，孕育了许多历史上有名的先贤圣哲，其中有蜀汉时期云南郡太守吕凯、清末回民起义领袖杜文秀、北洋政府代总理李根源、哲学家艾思奇、云南地下党创始人李鑫等。

（三）德宏

德宏州主要居住民族为傣族、景颇族、汉族、傈僳族、阿昌族、德昂族等民族。少数民族文化丰富，民族特色突出，居住形态不一。傣族是我国少有的拥有自己民族语言和文字的少数民族。德宏傣族学者普遍认为，德宏傣文字母来源于印度巴利文字母，德宏傣文是由缅甸文字变化而来的。傣锦，图案丰富，多以反映生活场景为主，常见的有动物和花卉图案，有的带有某种政治的色彩、宗教的意念和含义。色彩变化上，多以黑色为底，色彩绚丽，构图严整规范，显得富丽堂皇。傣剧发源于今德宏州盈江县。在傣族民间说唱及民间歌舞的基础上，吸收了汉族皮影戏的表演形式，形成傣剧的雏形。大量吸收借鉴滇剧、川剧的表演形式，使傣剧在打击乐、道白、服装、化妆等方面日趋完善。

孔雀舞是代表傣族民间舞蹈艺术最高水平的舞蹈，逐步形成一种独立于宗教之外的、具有较高艺术价值的表演性舞蹈，孔雀具有高贵优雅、温和从容的性情，与傣家人的民族性格相吻合，又是佛祖的使者，所以孔雀成为傣族心目中神圣吉祥、幸福美好的象征，凡节日喜庆都要跳孔雀舞。嘎光，是以象脚鼓为伴奏的集体舞，在傣族民间最为盛行，男女老少都会跳。人数少则几十，多则成百上千。舞呈"三道弯"形，节奏舒缓，舞姿轻盈优美。"三道弯"是傣族及南亚、东南亚许多民族特有的舞蹈造型。这是原始人类采摘树上果实的再现，同时还表现出古代百越部族对鸟、蛇图腾崇拜的痕迹。

目瑙纵歌节是景颇族最盛大、最隆重的民族节日。景颇语叫"目瑙"，载佤语叫"纵歌"，"目瑙纵歌"就是大家一齐来唱歌跳舞的意思。它是为祭祀景颇的太阳神"木代"而举行的最隆重的祭祀活动，同时也是景颇族传统的节日。到时三山五岭的景颇族群众都相聚在一起纵情歌舞，跳目瑙纵歌舞时，人少则上千，多时过万，故又称为万人之舞。它包括多种异彩纷呈的舞蹈形式，舞队排列成阵，舞步豪放有序，节奏激昂明快，表现出景颇群舞的高度水平。各种名目繁多的"目瑙纵歌"不仅具有悠久的历史传统和广泛的群众性，而且集中表现了景颇族的宗教信仰、道德观念和文化艺术特点，它是祖国文化艺术园地里一朵艳丽的奇苑。

德昂族浇花节（又称泼水节），于每年清明节后第七天举行，是把佛陀诞生、成道、涅槃三个日期合并在一起举行的纪念活动，为期3~5天，是德昂族一年中最重要的节日，

图4-2-1 哈尼族购物（来源：《哈尼梯田文化》）

图4-2-2 哈尼族稻作（来源：《哈尼梯田文化》）

图4-2-3 哈尼族赶集（来源：《哈尼梯田文化》）

图4-2-4 壮族劳作（来源：徐颖 摄）

图4-2-5 壮族凉亭（来源：徐颖 摄）

也是最能集中体现德昂族传统文化的一项活动。云南潞西市三台山德昂族乡处东瓜村的浇花节，则是目前较完整的保持着本色的一个节日。浇花节与傣族"泼水节"内涵相同，但活动内容差异较大。既是德昂族人民欢度新年的典礼，又是男女青年谈情说爱，寻找心上人的好时机。

（四）红河

红河哈尼族彝族自治州山区面积占全州面积的85%；除汉族外，境内还居住有哈尼族、彝族、苗族、傣族、壮族、瑶族、回族、布依族、拉祜族、布朗（莽人）族等10个民族，少数民族人口占58%；区域内以红河为界，南北发展不平衡。（图4-2-1）

红河州历史悠久，距今1500万年前的腊玛古猿化石就出土于州内的开远小龙潭。蜀汉时红河州属兴古、建宁两郡；晋、南朝时属梁水、建宁两郡；唐初属南宁州都督；南诏时属通海都督；宋朝大理国时属秀山郡；元朝设云南行中书省，州域多数地区属临安府。民国初，置蒙自道，后改为行政督察专员公署。1949年中华人民共和国成立后，于1950年成立滇南行署，后改为蒙自专员公署；1954年，红河南部地区成立红河哈尼族自治区；1957年红河哈尼族自治区与蒙自专员公署合并，建立红河哈尼族彝族自治州至今。红河有著名的红河烟草公司、弥勒温泉、葡萄园种植基地、红河葡萄酒厂以及哈尼元阳梯田景区，是云南省经济发展较快地区之一[①]（图4-2-2、图4-2-3）。

---

① http://www.114huoche.com/zhengfu_HongHe 红河政府网 进入时间2015-7-12

图4-2-6 万物有灵的宗教信仰（来源：《云南民族住屋文化》）

图4-2-7 傣族的佛寺与佛塔（来源：唐黎洲 摄）

（五）文山

文山壮族苗族自治州居住着汉族、壮族、苗族、彝族、瑶族、回族、傣族、布依族、蒙古族、白族等20多个民族，2010年末总人口为370万人。其中汉族约140万人，壮族97万人，苗族41万人，彝族31万人，瑶族8万人。汉族占全州总人口的43.5%，少数民族占56.5%（图4-2-4）。文山历史悠久，民风淳朴。早在5万年前，文山就生活着旧时器时代的晚期智人，公元前111年，汉武帝便将文山纳入中国版图。1927年中国共产党就在文山建立了党组织，富宁、广南等地还是邓小平领导的百色起义、红七军活动的革命根据地之一，是中央确定的滇、桂、黔边区革命根据地的中心地区。云南和平解放后，定名为文山专区，1958年4月1日成立文山壮族苗族自治州（图4-2-5）。

二、社会文化

（一）普洱、临沧、西双版纳

滇西南地区是我国重要的少数民族分布地，少数民族主要以傣族为主，其中还分布着佤族、拉祜族、哈尼族、基诺族、布朗族、德昂族、景颇族等其他少数民族。这一区域的众多少数民族普遍信奉原始宗教。这种原始宗教主要包括自然崇拜、图腾崇拜、灵魂崇拜、祖先崇拜、生殖崇拜等五个方面（图4-2-6）。这些原始宗教信仰以及承载这些信仰的宗教建筑共同体现了云南少数民族文化的丰富与多样。南传佛教大约在公元7世纪经由缅甸传入我国云南傣族地区，再由西双版纳向北传播至思茅、临沧、保山、德宏，并且对除傣族外的布朗族、阿昌族、德昂族等少数民族都产生了重要影响，最终成为滇西南地区最为主要的一种宗教信仰形式（图4-2-7）。

（二）保山

独特的自然资源孕育了神奇秀丽的保山，当地的旅游业得到了快速的发展。高黎贡山自然保护区因被誉为"世界动植物南北交汇走廊"、"物种基因库"而名扬世界，2000年已被联合国教科文组织批准为"世界生物圈保护区"。有龙陵邦纳掌的神汤奇水，有腾冲蔚然壮观的火山、热海、北海湿地，有气壮山河的松山抗战遗址和国殇墓园，更有在"2005年CCTV中国十大魅力名镇"评选中荣登榜首的和顺古镇。

保山拥有多个少数民族，具有丰厚多彩的文化底蕴与民族风情。与此同时，保山的民族文化又与中原的汉族文化有着密不可分的关系。据史书记载，从春秋战国到明清历代，保山与中原各王朝均有密切往来，特别是明清时期，大量的军队与外来汉族移民，不断地给保山注入中原汉文化。中原汉文化与本地多民族文化的不断碰撞、融合，使得如今的保山呈现出多元化的文化风采。其中受到外来文化影响较深的是和顺侨乡，形成了独具特色的侨乡文化。在20世纪40年代前期，在中国西南边地保山、德宏和怒江、临沧等地，爆发了闻名于世的滇西抗战。滇西抗战是中国八年抗战中最早向日寇发起的战略性反攻，同时也是第二次世界大战亚洲抗日战场从失败走向胜利转折性战役之一。

（三）德宏

全州5个县、市，共有家庭户315547户，汉族人口为629147人，占总人口的51.93%；各少数民族人口为582293人，占总人口的48.07%。其中，傣族人口为349840人，占总人口的28.88%；景颇族人口为134373人，占总人口的11.09%；傈僳族人口为31530人，占总人口的2.60%；阿昌族人口为30389人，占总人口的2.51%；德昂族人口为14436人，占总人口的1.19%。居住在城镇的人口为414070人，占34.18%；居住在乡村的人口为797370人，占65.82%。

佛教在傣族人民心中不仅仅是宗教信仰的问题，而且对人的生活起着不可缺少的作用。婴儿降生，得请佛爷取名；男孩长到七八岁要进奘房学习。结婚、建房、疾病、丧葬等，都得请佛爷诵经。傣族在每年诸多的宗教节日里，得停止生产参加宗教活动。泼水节是傣历新年，也是佛教节日，即浴佛节或佛诞节，是从印度的"洒红节"和到圣河沐浴的习俗衍变而来（图4-2-8）。泼水节有浴佛、过年、祈雨、迎春耕、祝愿人畜兴旺和五谷丰登之意，在巴利语系佛教文化圈内，它是一年中最盛大的节日（图4-2-9）。目瑙纵歌节是景颇族传统的盛大节日，源于创世英雄宁贯娃的传说。目瑙纵歌由两位德高望重的"瑙双"领头。"瑙双"头戴犀鸟嘴和孔雀帽，手中挥舞长刀，边歌边舞。参舞者少至数百人，多至上万人，故有"万人舞"之称（图4-2-10、图4-2-11）。傈僳族的阔时节，亦称"拉歌"节，意即新年歌舞节。每年正月初九举行，节期2天。各地选定场址，搭起台棚，附近村寨的

图4-2-8 德宏傣族舞（来源：《傣族简史》）

图4-2-9 傣族泼水节（来源：《傣族简史》）

图4-2-10 景颇族祭祀舞（来源：《景颇族简史》）

图4-2-11　景颇族绿叶宴（来源：《景颇族简史》）

人们聚集在一起跳三弦、芦笙或"木瓜瓜切"舞，举行火枪、弩箭射击比赛及对歌等活动。

（四）红河

红河州是滇南历史文化的发祥地之一。千百年来，各族人民在生产、生活的实践中创造了璀璨夺目的历史文化。红河州境内旅游文化资源富集独特，拥有底蕴丰厚的历史文化、绚丽多姿的民族风情和神奇壮观的自然风光，哈尼梯田、天然溶洞群、建水历史文化名城、弥勒湖泉公园等众多旅游景区景点，具有打造云南康体休闲旅游胜地的自然环境和资源条件。红河州境内煤炭远景储量达到50亿吨以上，潜在价值超过4800亿元。[1] 哈尼族大多居住在海拔800～2500米的山区，主要从事农业，梯田稻作文化尤为发达。墨江的紫胶，产量居全国之冠。僾尼人居住的南糯山，是饮誉中外的普洱茶主产地之一。逶迤连绵的哀牢山，有茫茫的原始森林和许多受国家保护的珍禽异兽。红河自治州个旧市，是闻名我国的"锡都"。彝族人民有自己的传统节日，如火把节、密枝节、彝族年等，但各地节俗又多有一些差异。彝民认为火炬可以驱鬼除邪，故点燃火把后要挨家挨户走，边走边往火把上撒松香，人们谓此为"送祟"。火把节不但具有宗教活动的性质，同时也具有社会活动的性质。节日期间，不少彝区有普遍的商业交易，还有唱歌、跳舞、赛马、斗牛、摔跤、射箭、拔河、荡秋千等文体活动。

（五）文山

文山是云南省的东南大门，素有"滇桂走廊"之称，是云南进入沿海地区的重要通道。州府文山距省会昆明340公里，至越南河江省163公里，下龙湾460公里，海防690公里。境内有1个国家级边境口岸，3个省级边境口岸，24个边民互市点，40多个过境贸易通道。随着文山普者黑机场、富宁港口、过境铁路等交通设施的建成，文山将成为云南省通往东部沿海和东南亚国家流畅便利的重要通道。[2] 文山经济作物产品有甘蔗、花生、棕片、茶叶、棉花、麻类、油菜、草果等。壮族妇女不仅善于种棉纺织，还擅长于织"壮锦"，"壮锦"上绣有精美的花草、人物、鸟兽等图案，十分精致。文山县的旅游景点有三元洞、白沙坡温泉、白云洞、寿星洞等。广南县的旅游景点有莲湖、莲峰古塔、丰年洞、三腊瀑布（响泉瀑布）等，富宁县有清华洞和普阳瀑布等。文山人民热情好客、能歌善舞，民族文化多姿多彩，独具民族特色的"铜鼓舞"、"手巾舞"、"芦笙舞"、"弦子舞"等已走出文山，走出国门，为文山社会经济发展增添了靓丽的色彩，为来自远方的客人留下了美好的回忆。[3]

三、聚落建筑

（一）普洱、临沧、西双版纳

干阑式建筑是滇西南地区最为主要的传统住屋形式，历史悠久、分布广泛。从距今已有3000多年历史的沧源崖画上，我们依然可以清晰地辨认出很多图案是典型的干阑式建筑形式。我们通过考古资料可以认识到，干阑建筑最迟出现于新石器晚期，除了河姆渡文化遗址外，整个长江中下游地

---

[1] http://history.kunming.cn/index/content/2009-04/08/content_1851826.htm 进入时间2015-7-12
[2] http://www.114huoche.com/zhengfu/WenShan文山政府网 进入时间2015-7-12
[3] http://www.114huoche.com/zhengfu/WenShan文山政府网 进入时间2015-7-12

区，一直到云南剑川海门口遗址都有广泛分布，并且在今天中国西南部乃至整个东南亚地区仍然具有很强的生命力，甚至有学者提出包括东太平洋岛屿、南美洲的北海岸，以及非洲的马达加斯加都属于干阑式建筑分布圈。滇西南地区正是我国境内干阑式建筑分布最为集中的区域。

在云南地区，干阑式民居主要分布于西双版纳州、德宏州、怒江州、思茅地区、临沧地区以及红河部分地区，属于热带、亚热带湿热河谷地区。干阑式建筑是一种底层架空，人居楼上的建筑空间形式。它的基本特征是：屋分上下两层，上层根据各民族自身的实际生活需求，家庭成

图4-2-12 干阑式建筑聚落（来源：唐黎洲 摄）

图4-2-13 腾冲合院民居（来源：《滇西腾冲合院式民居》）

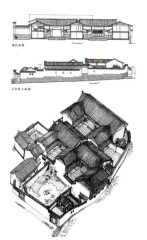

图4-2-14 弯子楼民居（来源：右图源自《保山上报》）

员构成，围合分隔出不同的居住使用空间；下层架空，堆放杂物或圈养牲畜，并置楼梯以达上层，满足在湿热地区防水、防雨、通风、散热的需求，并适应不同坡度的建盖和居住要求；在建筑主体外部总要设置一个室外的平台，作为日常生活活动的辅助平台；建盖房屋的所用建材常以竹、木、草、缅瓦为主，因地制宜、经济适用、结构简单（图4-2-12）。

（二）保山

保山各族文化丰富，最主要的是具有当地特色的汉文化，我们重点分析腾冲地区的传统村庄聚落形态（图4-2-13）。由于汉族移民的进入，大量中原文化的移入，使腾冲当地的聚落形态和分布被"汉化"。在建筑方面，腾冲地区保留着大量的合院式住宅，这些住宅也深受汉文化的影响，但是它们也有自己的特色，最具代表性的就是弯子楼民居（图4-2-14），外墙采用大量的弧线形式，这种墙面的处理使巷道肌理变得丰富多彩，增添了空间律动感，更好地传递了多元文化融合下的建筑风采。由于这种特色单体建筑的出现，村落构成也随之发生变化，与以往汉族村庄聚落相比，腾冲的村庄构架上加入了弧线等形式。

（三）德宏

1.聚落

聚落是人类各种形式的聚居地的总称。聚落既是人们居住、生活、休息和进行各种社会活动的场所，也是人们进行生产的场所。聚落的平面形式和空间形态受经济、社会、历史、地理等条件制约。而聚落中的民居建筑，是当地居民为适应当地的自然环境和便于从当地取得建筑材料而创造出来的，其不仅有明显的时代特征，也有显著的地方色彩。德宏州村寨选址自然环境条件优越，因地制宜不断演变而形成聚落，民居建筑因地就势而建造，聚落紧密结合自然环境，有天人合一的境界。

2.建筑

德宏州的建筑主要有傣家佛教建筑、受汉文化影响的佛教建筑、傣族民居、德昂族民居以及景颇族民居等。建筑形式与建造不仅受当地气候条件和地理环境所制约，还跟当地建筑材料与建构技艺有关，不仅具有独有的地方特色，还富有建构文化意味。

（四）红河

1.聚落

彝族的村寨一般选择向阳山麓，顺山修建，以山腰、山梁处居多，山脚、河谷地带较少（图4-2-15）。四周梯田层层，村后有山可供放牧，村前有田可供耕种（图4-2-16）。哈尼族村落坐落在山腰上，山顶为苍翠的原始森林，山腰到山脚是人们开垦的梯田；因此，有学者将这种聚落形态

图4-2-15 土掌房（来源：哈尼梯田文化）

图4-2-16 哈尼族蘑菇房（来源：哈尼梯田文化）

称为人居环境的"三段式结构"模式。这构成了当地聚落与自然要素的关系（图4-2-17）。

哈尼族的蘑菇房和彝族的土掌房，底层关牛马堆放农具等；中层用木板铺设；顶层则用泥土覆盖，既能防火，又可堆放物品。因地形陡斜，缺少平地，平顶房较为普遍，既可防火，又便于用屋顶晒粮，空间得到充分利用（图4-2-18）。这是当地聚落与生产方式的对应关系。建水和石屏的民居多为汉族聚落和部分受汉文化影响较大的彝族聚落。在家族、宗法、礼制等观念的影响下，这些村落往往追求较为有序的、空间等级明确的院落式房屋布局，呈现出明显的街、巷、院的空间格局（图4-2-19）。这构成了当地聚落与社会文化的对应关系。

此外，一般村寨内街巷空间蜿蜒曲折、变化丰富，寨中心常有公共的小广场。其布局与自然景观浑然一体，不受任何格局限制。村寨不仅为人们家庭生活的空间，同时还为人们提供非家庭生活的空间，包括带有社会性和宗教性的公共建筑和各种活动场所。由街道放大空间构成的小广场，虽貌不惊人，却是构成村落文化的重要因素。其聚落结构、形态

图4-2-17 哈尼族蘑菇房（来源：王冬 摄）

图4-2-18 城子村（来源：戴翔 摄）

图4-2-19 建水聚落（来源：卢维前 摄）

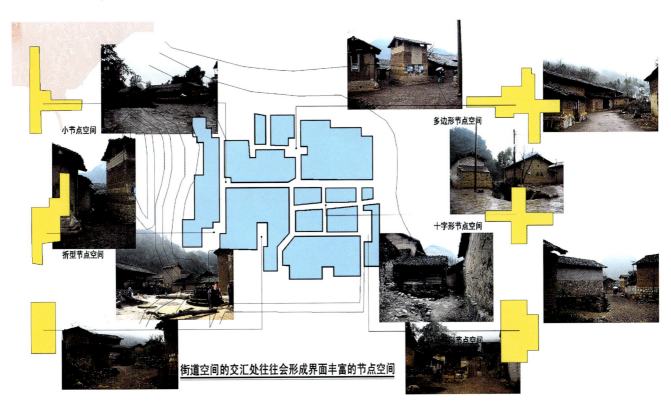
图4-2-20 民居聚落空间分析（来源：刘肇宁 绘）

特征为：村寨的建筑基本上沿等高线呈台阶状分布，疏密相间，高低错落，巧妙地利用踏步、楼梯、空廊、平台组织空间(图4-2-20)。20世纪60~70年代前，住宅多为土木结构的草房，80年代后，多改建成土木结构的瓦房，如今，不少村寨已出现了砖木结构的瓦楼房或砖混"洋房"。

2.建筑

建筑对自然及气候的应答表现在：土掌房和蘑菇房用的夯土墙与土坯砖是人们长期积累而得来的一种适宜性极强的手工技术和工艺，它简单易行、操作方便。土墙热稳定性好，可使室内冬暖夏凉，非常适宜于红河干热河谷地带的气

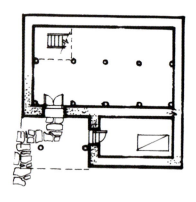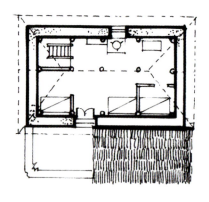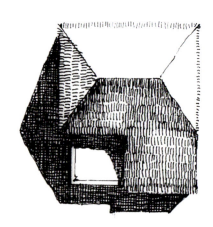

图4-2-21 蘑菇房平面（来源：杨大禹 绘）

图4-2-22 土掌房屋顶利用（来源：哈尼梯田文化）　　图4-2-23 土掌房屋顶利用（来源：哈尼梯田文化）

候特征(图4-2-21)。

建筑对社会文化的应答表现在：彝家土掌房的屋顶宽敞且每家每户首尾相连，形成一个很大的高低错落的屋顶平台。不仅为各种生产活动提供晾晒和储藏空间，而且为聚落活动提供公共空间。尤其是在置办红白喜事时，可以广纳宾客，甚是热闹(图4-2-22、图4-2-23)。建房并不是靠一家一户就能独立完成的。村子里哪家要建房，强壮的年轻人、工匠、户主都会共同参与建造。在施工过程中，工匠要亲自上阵，付出很多体力。其他帮工基本上都是和房子主人相熟的人，不是亲戚，就是朋友。立屋架就像村子里的一个节庆日一样热闹(图4-2-24、图4-2-25)。

建筑对生产生活的应答表现在：哈尼族民居的蘑菇房和寨神林、水渠、分水木刻、水碾房、水磨房、水碓房等生产生活设施是一套统一的机构。一般房屋的背后会有水碾房、水磨房、水碓房。这是森林—村庄—梯田—水系"四度同构"的生态系统的具体体现，是一套极具可持续发展的生活生态系统(图4-2-26)。另外，哈尼族、彝族和壮族家里都有一个长年不息的火塘，但随着生活的现代化，火塘渐渐被厨房所取代。

蘑菇房前廊与耳房顶既可休憩纳凉又可晾晒收割的农作物；二（三）层至屋顶的空间称"封火楼"，通常以木板间

图4-2-24 壮族民居立屋架（来源：刘肇宁 摄）

图4-2-25 弥勒彝族建夯土墙（来源：刘肇宁 摄）

图4-2-26 哈尼蘑菇房后的水碾（来源：王冬 摄）

图4-2-27 平屋顶的利用（来源：王冬 摄）

图4-2-28 平屋顶的利用（来源：哈尼梯田文化）

隔，用以贮藏粮食、瓜豆，供适龄儿女谈情说爱和住宿(图4-2-27)。最底层用来关牲畜，堆放农具。中层用木板隔成左、中、右三间，中间设一常年生火的方形火塘。客人来了，主人就围坐在火塘边，让你吸上长长的水烟筒，饮上一杯热腾腾的"糯米香茶"，喝上一碗香喷喷的"闷锅酒"(图4-2-28)。土掌房和蘑菇房村落家家都利用夯土的平屋面作为自家的晒台，晒台上有晾晒的稻米谷物，有存放的瓜果蔬菜，有家庭的生活与劳动工具，大人、孩子在上面吃饭、做活、玩耍、休闲。

（五）文山

1. 聚落

当地聚落与自然要素的关系表现在：壮族地区村寨的选址，一般都有便于耕作、靠山、面向开阔的特点，取得与地形环境自然协调的效果。既不存在纵横轴线，也没有规整的村寨边缘，形成独特的村寨风貌（图4-2-29）。

与生产方式的关系表现在：壮族喜欢依山傍水而居，在青山绿水之间，点缀着一栋栋干阑式木楼。壮寨多建于山脚缓坡，不仅近耕地而不占农田，而且近水而不受水淹。壮族民居分"干阑式"和"院落式"两种。山区和半山区常用"干阑式"，平原地区以"院落式"为主（图4-2-30）。

2. 建筑

当地建筑对自然及气候的应答表现在：壮族为什么在屋宇建造中大都以干阑结构为主，就其原因：一是壮族多聚居于崎岖山区和山间河谷地带，地势陡峭，水资源丰富，村寨大都落建于半山腰，节省或少占耕地；二是大部分村寨均位于山间或河谷地带，气候炎热，多雨潮湿，干阑可以通风排热，避免潮气(图4-2-31、图4-2-32)。

第三节 风格·元素

一、空间模式

（一）西双版纳

西双版纳地区的傣族干阑式竹楼，平面接近于方形。自楼梯拾级而上先至前廊。前廊有顶无墙，是一个多功能的前导空间，可作为处理家务、憩息、交往、交通、瞭望之用，具有良好的采光、通风与视野。与前廊纵向连接的平台是供居民日常冲洗、晾晒的露天架空平台。与前廊横向连接的正房沿纵向中轴分隔为并列的两间，左为堂屋，右为卧室。堂屋中设火塘，并有固定的方位和相应的位

图4-2-29 壮族民居聚落（来源：刘肇宁 摄）

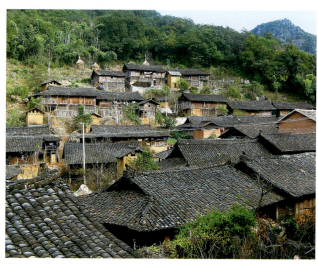

图4-2-30 壮族民居（来源：刘肇宁 摄）

图4-2-31 壮族民居（来源：杨湘君 摄）

图4-2-32 壮族民居底层架空（来源：杨湘君 摄）

图4-3-1 版纳型干阑式建筑（来源：杨大禹 绘）

置，是起居、会客和举行重要仪式的活动空间。版纳型竹楼的歇山式屋顶坡度一般较陡，重檐居多，屋面呈主次交错组合，外形轮廓变化丰富。屋面主要采用预制茅草排和方形的缅瓦，铺设在网格型的竹挂瓦条上，不易滑落（图4-3-1）。

1. 哈尼族的"拥戈"民居

西双版纳哈尼族的干阑式竹楼称为"拥戈"，即大房子，在外部形式上与傣族竹楼无大区别，但在内部空间划分上显示了自己的特色。最显著区别于其他民族民居的一个特点——就是男女分室。所谓的"男女分室"，是指在房屋内部，用木板或篾笆把室内一分为二，一方为男子间，由男性家长居住，另一方为女子间，由女性家长居住。男室女室各用各的火塘，各设其门，分开出入。一般而言，男室一边的门为正门，客人也由此门进出，男主人也在男室招待客人，男室更多地承担了客厅的作用，是一种外向性的空间，而女室则更多承担了照料日常生活起居的作用，是一种内向性的空间。在这种空间二元结构中，由于信仰和仪式的存在，空间并不是匀质的，而是呈现出一种复杂的等级关系：位于中心的两个火塘及其上方的天梯是整个住屋中最为重要的核心，紧挨着两个火塘对称布置的男女床铺则体现了家庭内部的等级秩序，而保存珍贵

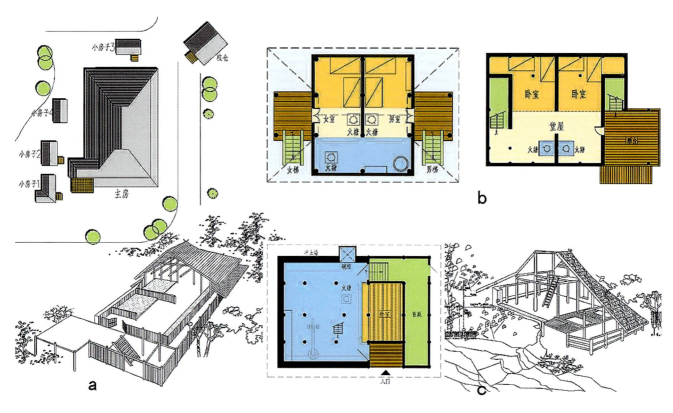

图4-3-2 "拥戈"式干阑式建筑(来源:杨大禹 绘)

谷种的家神龛以及家中贵重的物品由女室来守护则体现了女性家长在家庭中的重要地位。这些空间中的重要节点具有神圣的意义,在空间中的位置不容改变,而住屋也正因为拥有了这样的"神性空间"才真正具有神秘力量,成为族人的庇护所(图4-3-2)。

2. 干阑式长屋

云南众多的干阑式建筑都经历过一个由"长屋"演变而来的漫长历史。干阑式长屋所对应的是一种原始氏族公社的生产生活方式。如西双版纳基诺族的"大房子"。基诺族保留了原始社会向奴隶制社会过渡的痕迹,过着相对独立的集体生活。基诺族"大房子"高不过7~8米,长度却有30~60米,犹如一道长廊。其平面布置为双排房、双走道、中间火塘式。一条通道居中,两侧是各个小家庭的住房,各家面积相等。同一氏族的数代人全部居于其间,少则几十人,多则一百多人。

"大房子"内按小家庭多少,用木板隔成若干格。这是基诺族最典型的传统民居住所(图4-3-3)。

(二)普洱

普洱地区的干阑式建筑,尽管外形与版纳地区相似,但无前廊,上下楼梯直接与正房相连。正房一般作横向分隔为三间,第一间为前室,常作家务杂用,并设两段可供转向的楼梯来联系上下,第二间堂屋为家庭活动的中心,第三间为家人居住的卧室。各间的室内地板有一定的高差区别。孟连地区的干阑竹楼屋顶坡度比较平缓,四面近乎相等,两端三角形山面较小,屋面出檐深远,檐口较低。从室内看,整个屋面与围护墙壁交接处距地板面高不过1米。这种低矮的室内空间处理,与其日常席地而坐、铺地而卧的生活习惯相适应。孟连竹楼屋顶还有一个最为明显的特征,就是室内到室外展台通道上的檐口处理。常见有两种形式:一种是檐口屋

图4-3-3 干阑式长屋（来源：杨大禹 绘）

顶截断一块，单独向上多撑起一些；另一种是做成老虎窗的三角形出入口，其目的是都是为了适当增加室内进出口处的净空高度（图4-3-4）。[①]

（三）临沧

临沧地区的干阑式建筑主要以佤族和拉祜族民居为主。佤族的"木掌楼"干阑民居为一端或两端椭圆形平面，在椭圆的一端退后作为平台，设门并从架空层上的平台进屋，平台较大，超出屋檐的滴水线。有的还错落成两层，以提供更大的活动空间。从外形看，屋顶是由两坡面再加上位于入口一端的圆弧形屋面组成。屋面檐口差不多和架空地板面平齐。房屋空间的大小多少，可根据各家经济条件和人口构成而定，大的可分主间、客间和外间，一般普通人家只分主间和客间。拉祜族的"木掌楼"形式和佤族相似，一般分为前后两间，前间较小，后间为火塘间，是全家做饭、起居、睡眠的地方（图4-3-5）。

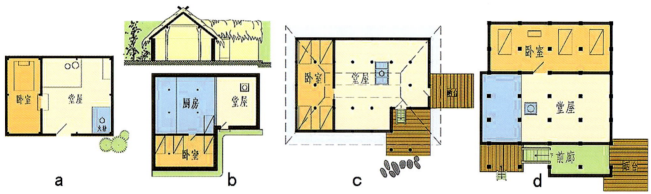

图4-3-4 孟连型干阑式建筑（来源：杨大禹 绘）

图4-3-5 木掌楼（来源：杨大禹 绘）

---

① 根据杨大禹朱良文《云南民居》整理

（四）保山

腾冲地区现存民居大多都是合院式民居。这些合院式民居在平面空间格局的基本组合上主要有3种组合模式："一正两厢式"、"四合院式"与"一正两厢带花厅式"。

第一，一正两厢式即由正房（有时一侧带耳房）、左右厢房和照壁、围墙以天井为中心组合而成。厢房对称布置，有明显的中轴线空间关系。厢房进深比正房次间宽度稍小，前面带吊脚楼浅廊。入口一般设在正房的左边或右边厢房处，于厢房山墙面做随墙嵌贴式大门。靠入口处的一间又常做为厨房，另一侧厢房常做成书房或子女卧室。堂屋前的半室内空间一般用于待客，堂屋中供有天地、祖宗、灶君牌位，为表崇敬之心，不致喧闹干扰，日常仅开中间两扇门，当地俗称为"廊荫客"（图4-3-6）。

第二，四合院式由正房、左右厢房和倒厅组成，中央是天井，有明确的中轴线，倒厅实际上是正房的反向应用，只是进深尺寸略小于正房，以保持正房的主体地位。入口大门常设在倒厅的左侧或右侧，有些人家用地宽敞，则在此基础上再增设正房、倒厅、耳房，形成大型的"四合院"平面格局的拓展形式（图4-3-7）。

第三，一正两厢带花厅式由正房、左右厢房、花厅（花厅前左右也带一至二间厢房）、照壁、围墙组合而成，中央为主天井，花厅与照壁之间设花厅天井，花厅与花厅天井实际上是一个隐蔽的微型花园，最受书香人家欢迎，是和顺乡合院民居中的精华和主流形式。入口常设在花厅与厢房相接的一侧（图4-3-8）。

（五）德宏

德宏州民居形式主要为干阑式民居，它采用的是一种底层架空、人居楼上的建筑空间形式。由于地区地理环境、自然环境和民族文化不同，形成各自具有民族特色与地方特色的竹楼形式，主要形制有：瑞丽型傣族竹楼，德昂族干阑竹楼，景颇族干阑竹楼和傈僳族竹楼等四种。瑞丽型傣族竹楼，一般为两层落地式民居。其楼层做横向隔断，分为前后2个空间，前室为堂屋，堂屋外面是一段开敞的走廊，有顶无墙，并与从山面上下的室外楼梯连接。走廊之外再接露天平台；后面则作卧室（图4-3-9）。

德昂族干阑竹楼有2种形式：一种是全体家庭成员同居共处的"大房子"，是父系大家庭生活遗留表现；另外是个体小家庭的住房，由"大房子"发展而来（图4-3-10）。景颇族干阑竹楼平面呈长方形，室内以屋脊为界分为两半，

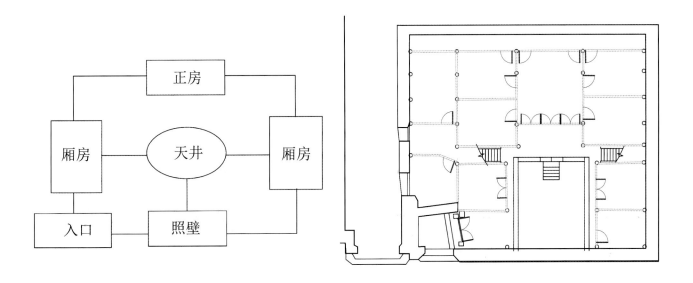

图4-3-6　一正两厢式合院（来源：《云南民居》）

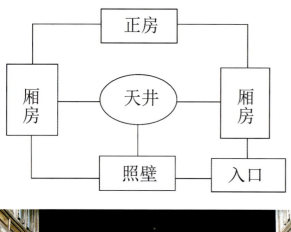
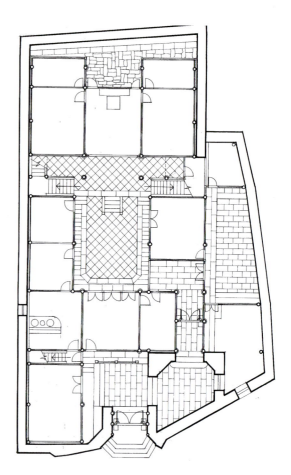

图4-3-7 四合院式（来源：《云南民居》）

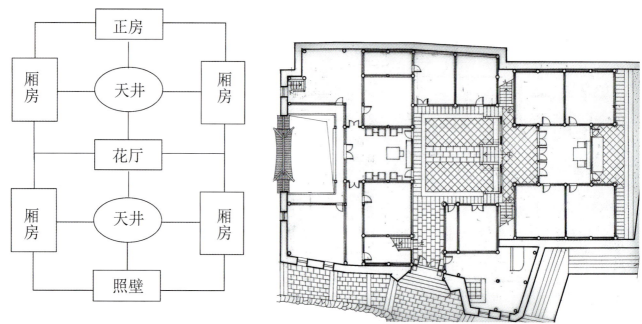

图4-3-8 一正两厢带花厅式合院（来源：《云南民居》）

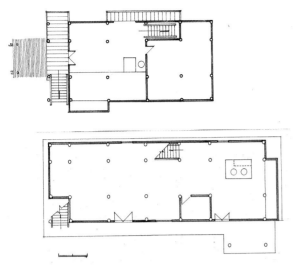

图4-3-9 瑞丽型傣族竹楼平面图（来源：杨大禹 绘）

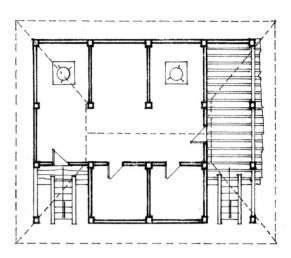

图4-3-10 德昂族干阑竹楼（来源：杨大禹 绘）

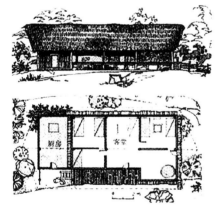
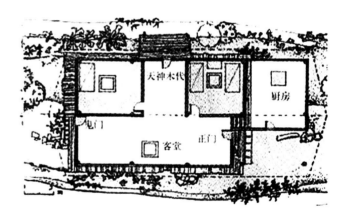

图4-3-11 德宏景颇族矮脚竹楼平面图（左图为第一种形式、右图为第二种形式）（来源：杨大禹 绘）

一半通敞大空间作为起居生活与会客交往空间，一半依据家庭成员多少隔成若干小间，每小间均设火塘并有严格顺序等级之别；纵向承重结构与室内空间分割协调，柱与柱之间无横向联系，承重柱与架空居住层相互独立，自成一体（图4-3-11）。

（六）红河

"土掌房"分层：底层关牛马堆放农具等；中层用木板铺设，隔成左、中、右3间，中间设有一个常年烟火不断的方形火塘；顶层则用泥土覆盖，既能防火，又可堆放物品（图4-3-12）。哈尼茅草房的基本构造和土掌房类似（图4-3-13）。建水合院民居的特色之一，即是根据功能及地形要求，利用一定基本单元，按照相应的方法，组合成各种形式的院落空间。从建筑布局看，一般坐西朝东，背阴向阳。不论规模大小，一律建成一个组合体，由"间"组成"坊"，由"坊"组成"院落"，由"院落"组成"院落群"，周边空缺处以围墙围合，形成一个封闭的整体。每个整体都由正房、耳房、花厅、照壁、独立式门等几个部分组成，在民居的平面布局上有反映纵向横向结合的"蔓生"形式，也有简单的组合体形式。是一种标准化单元的多样化组合设计方式，形成一个有限增殖的有机平面系统，显出极大的灵活性和广泛的适应性。在具体的条件下，院落平面组合可收可

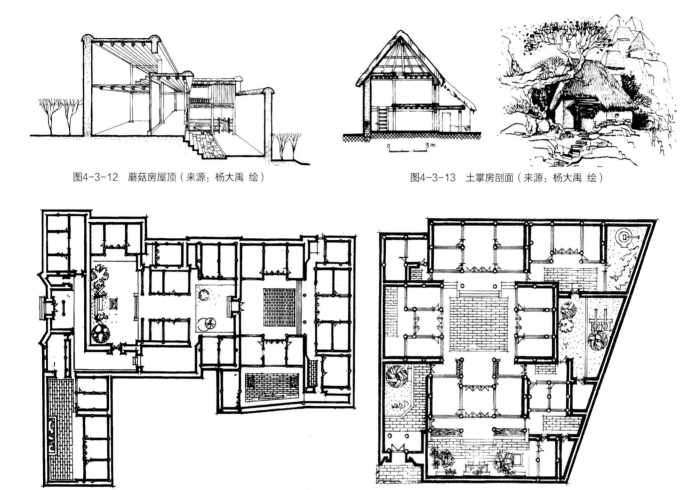

图4-3-12 蘑菇房屋顶（来源：杨大禹 绘）

图4-3-13 土掌房剖面（来源：杨大禹 绘）

图4-3-14 建水合院民居平面（来源：杨大禹 绘）

放，绝无教条的呆板和拘谨（图4-3-14）。

（七）文山

1. 传统的纯木结构干阑建筑

当代云南壮族之民居，因地域不同，主要存在3种建筑形式。即传统的纯木结构干阑建筑，又称麻栏或吊脚楼；土木结构的干阑建筑；土木结构的汉式二层楼房。传统的干阑式建筑分布在广南县的八宝等地。土木结构的干阑式建筑分布在广南县的八宝等地。土木结构的汉式二层楼房分布在文山、砚山、西畴、马关、麻栗坡、师宗、邱北及金沙江流域的壮族地区。传统的壮族村寨有一个专供村民或行人休息用的寨头亭和风雨桥。寨头亭的建筑式样多为土木结构的凉亭。风雨桥是在桥面上加盖"人"字形亭子，两侧设有木椅，供过客休息。传统纯木结构的干阑式建筑四周常以竹篱围隔，自成院落，不设院门，寨子设寨门。广南干阑式建筑这种楼房一般面阔12米，进深8米，高6米左右，一般为三柱落脚、七柱落脚或九柱落脚，多数为纯木料结构吊脚楼房，并用青瓦或茅草覆盖。

传统干阑式建筑的内部结构一般由上层的堂屋、卧室、前廊及下面的架空层组成。堂屋是家人聚会和待客处。右边设火塘，上架轩元气三脚架，有的在火塘边建一炉或灶，供煮饭烧水用。堂屋正面设置供桌祭台。主卧室设在堂层正面，祭台的后面，与堂屋同宽，用木板与堂屋隔开，门开

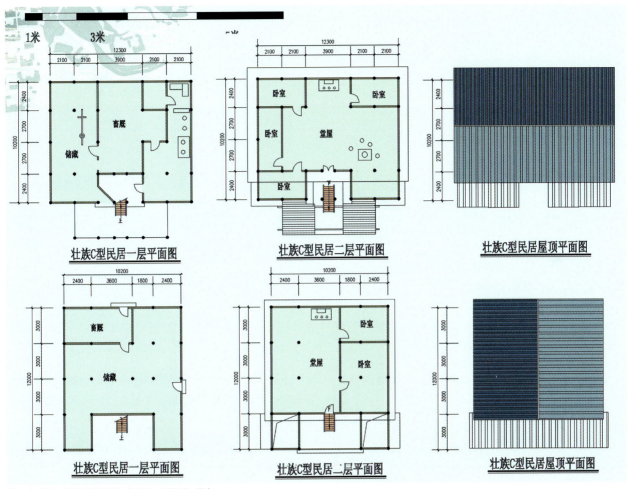

图4-3-15 壮族民居平面（来源：刘肇宁 摄）

在靠近火塘的右边，其他卧室则设在进屋门的左右两侧。主卧室一般由家内最长者住。人口多的家庭，在伸出的厢房内设卧室，供未出阁的女孩住。前廊是从楼梯至堂屋通道的两侧，光线明亮，通风好，是乘凉、进餐、纺织及家人活动的又一场地。楼梯为木质，安在与门正对处，一般为7级。底层由数十根木柱支撑，四周用木板围成墙体与外界隔离，开一门，用于存放杂物、木柴，关养牲畜。仓房设在二层顶与层顶之间的层面空间里，位置一般设在屋顶左侧，用木板制成箱状，以防鼠害(图4-3-15)。

2. 土木结构干阑建筑

土木结构的壮族民居木板墙后为卧室，不设火塘。堂屋左侧临窗处通常设一织机。卧室，在楼上，除祭台后的主卧室外，正房左右也设卧房。主卧室为家中祖辈老人住，右边卧房为父辈主人住。前廊，在楼上正对堂屋左右两侧。堂屋及卧室下部是架空房，围墙用石头和土基砌成，层高2米左右。在通往堂屋的楼梯两侧各开设一门，门旁开窗，增加光线和空气流通(图4-3-16)。架空层空间多用作厨房，成为家人活动的主要场所。楼梯位于主房的中部，用石头凿成条石垒砌而成。厢房主要用于连接主房与另建楼房的内部空间通道，楼上空间主要用于粮食储备，人口多的家庭也用作卧室，楼下空间用于存放杂物或作畜厩。另外，在主房周围还建有平房专作畜厩(图4-3-17)。

图4-3-16 壮族民居（来源：杨湘君 摄）

图4-3-17 壮族民居（来源：杨湘君 摄）

图4-3-18 干阑式民居墙体（来源：《云南民居》）

二、建筑造型

（一）西双版纳地区

1. 屋顶

屋顶是干阑式建筑最为重要的造型要素。西双版纳地区干阑式建筑的屋顶形式主要属于歇山建筑体系。早期的屋顶在建筑中占有十分重要的作用，底层架空的居住面周围往往不设置独立墙体，而是由"人"字形的屋顶架于其上，一直延伸到地面。这种屋顶形式多采用茅草铺就，为了排水顺畅，屋顶坡度大多比较陡峭，室内空间狭小（图4-3-18）。随着时代发展及技术进步，当代干阑式建筑的屋顶多采用瓦片或彩钢瓦等现代材料来建造，坡度有逐渐变缓的趋势，为了获得更加宽敞明亮的室内活动空间，屋顶的组合方式也由单一型发展为多个屋顶组合的形式（图4-3-19）。

2. 墙体

在早期的干阑式建筑中，并不存在单独的墙体，然而随着对居住质量的要求不断提高，墙体成为一种独立的要素出现在干阑式建筑之中。为了适应当地炎热的气候，墙体多采用竹木结构，有利于通风换气。

3. 门窗

干阑式建筑的门窗主要以竹木结构为主（图4-3-20）。

（二）普洱地区

普洱地区的民居主要以干阑式建筑为主，和西双版纳地区的干阑式民居一脉相承（图4-3-21）。

图4-3-19 干阑式民居形式（来源：唐黎洲 摄）

图4-3-20 干阑式民居门窗（来源：《云南民居》）

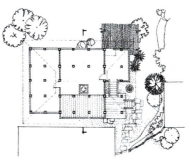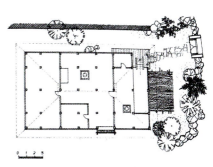
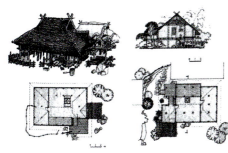
图4-3-21 普洱地区干阑式民居（来源：杨大禹 绘）

（三）临沧地区

临沧地区传统民居主要以干阑式建筑为主，体现了一种更为古老的干阑式建筑类型。如翁丁大寨的佤族民居，体现了干阑式建筑较为早期的一些特征：整个屋面用茅草铺就，坡度较陡，架空的一层较为低矮，屋顶在整个建筑中起到了至关重要的作用，既是遮风避雨的屋面，同时又是整个建筑的围护结构，建筑的门窗、入口都隐匿于屋顶之下或附属于屋顶体系之内。在屋顶的组合方式上，也基本是以1个屋顶为主（图4-3-22）。

（四）保山

1. 屋顶

屋顶是房屋立面构成中的一个重要元素，尽管腾冲合院民居的屋顶绝大部分是直坡形式，但是"响瓦"屋面与筒板瓦的混合使用，让屋面的纹理有了变化，用筒板瓦在檐口和两山处走边的做法更为独特。

图4-3-22 临沧地区干阑式民居（来源：唐黎洲 摄）

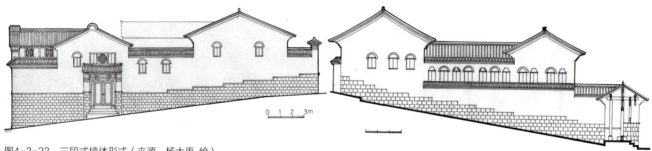

图4-3-23 三段式墙体形式（来源：杨大禹 绘）

2. 墙体

腾冲合院民居的墙体无论规模大小，也不论是正立面还是侧立面，在横向上均做3段处理（图4-3-23）：下段为清水的条石、块石勒脚，中段为有粉刷面或不粉刷的土坯墙，上段为灰瓦屋面和沿屋顶轮廓线走边的装饰带，以及有规律开设的圆拱小窗。

3. 门窗

腾冲民居多数以传统的木质门窗为主，不施彩绘，朴实无华。但由于外来"洋文化"入侵，一些民居才采用了圆拱、三角、梯形退台、倒边的多种窗形、窗边处理，以及镶铁花窗、彩色玻璃与传统木格花窗巧妙结合。在腾冲地区有种特色的门窗组合形式——"天地笆"。它的形成是因为地面高差较大，加上正房檐廊又是联系两侧厢房来往的交通要道，需要有一定的安全防护措施。匠师就在正房檐下高台边缘加了一块挡板来满足安全要求。挡板设立之后，把原来处于屋檐底下昏暗模糊不清的木构门窗装饰推移向前，用明快的挡板来替代，使正房的门窗"面目"更加醒目，主导地位得到加强，并由此发展演化出多种形式（图4-3-24）。

（五）德宏

1. 屋顶

瑞丽型傣族干阑式竹楼屋顶为单脊四坡屋顶，一般采用茅草为屋顶覆盖物，编织后用木条或者竹条固定在木梁和檩条上。景颇族干阑式民居屋顶为双坡屋顶，脊长檐短，由木檩条或木板（竹板）完成下层屋面的铺设，屋顶覆盖物为茅草，以竹条和木条固定在木板（竹板）上。德昂族竹楼屋顶形式为山墙面一端的屋顶和檐口处理为向上拱的弧形茅草屋顶与双坡茅草屋顶，檐口深远，屋脊上还经常成排扎成多个葫芦状的草结作标志(图4-3-25)。

2. 墙体

干阑民居墙体的选择往往与经济状况、气候条件与个人喜好选择有很大关系，也与当地可使用的建筑材料（竹、木）密切相关。因为当地可采用的墙体形式分为竹笆墙、木板墙、竹帛墙、竹板墙等。瑞丽型傣族干阑民居墙体形式主要有竹编织成的竹笆墙、木板拼接成的木板墙以及竹笆墙与木板墙混合型墙体。景颇族干阑民居墙体主要以木板墙和竹片墙为主，德昂族民居主要以竹墙和木板隔墙为主(图4-3-26、图4-3-27)。

3. 门窗

干阑民居中门的形式、形制与所用材质一般与家庭地位和经济条件密不可分，当然也受建筑结构和材料的力学性能所限制。窗户的设置也与建筑的采光通风要求直接相关，同时也受建筑形制和建筑材料的结构特性所限制。

图4-3-24 一正两厢带花厅式合院（来源：杨健 摄）

图4-3-25 德昂族竹楼屋顶形式（来源：杨大禹 提供）

图4-3-26 景颇族民居门窗（来源：杨大禹 绘）

图4-3-27 德昂族民居门窗（来源：《云南民居》）

（六）红河

蘑菇房，它的墙基用石料或砖块砌成，地上地下各有半米，在其上用夹板将土舂实一段，上移垒成墙，正房两层全部用泥土封实，然后在三四米高处再铺盖茅草顶（图4-3-28）。蘑菇房屋顶用多重茅草遮盖成四斜面，呈马鞍状，草顶斜度为40°～50°（图4-3-29）。土掌房墙体以泥土为料，修建时用夹板固定，填土夯实逐层加高后形成土墙（即所谓"干打垒"）。等到土墙风干晒干以后，再把加工好的圆木头架放到墙顶上，作为主梁，承载屋顶。屋顶用泥土夯实呈平顶。大多数房屋屋顶相连，整个聚落可以形成长达数十米甚至上百米的平台群（图4-3-30、图4-3-31）。在建水合院式民居中，处于不同位置的外墙在立面的艺术处理上有各自的做法。后檐墙和山墙面的立面都分为3段式。自下而上分别是底部用白色条石砌筑的勒脚；中段是土基砌筑的墙体，外面粉刷有当地土黄色面浆；在上段的处理上，山墙常采用本地产的大青砖饰面（为"金包玉"做法）。后檐墙则多以挑砖的线脚完成与屋檐的连接。

石屏民居的屋顶状如簸箕，俗称簸箕顶（图4-3-32）。山墙饰面形式由于屋面单坡或双坡形式的不同以及房屋进深大小的不同而有各种具体的做法。屋顶为"人"字形双坡硬山顶，弧线形的屋面所形成的反宇向阳的状态，加上青灰色的屋面与土黄色的外墙所形成的两大基本

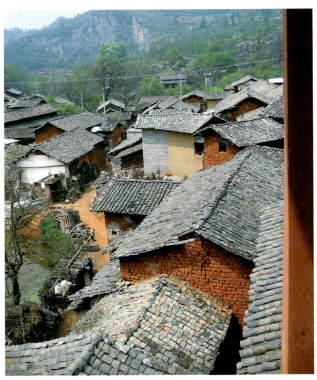

图4-3-28 彝族民居屋顶（来源：刘肇宁 摄）

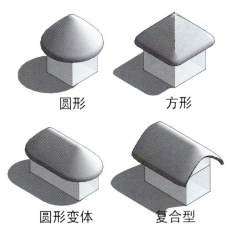

图4-3-29 蘑菇房屋顶类型（来源：华峰 绘）

图4-3-30 土掌房（来源：华峰 绘）

图4-3-31 土掌房屋顶（来源：《哈尼梯田》）

图4-3-32 石屏民居簸箕顶（来源：杨大禹 摄）

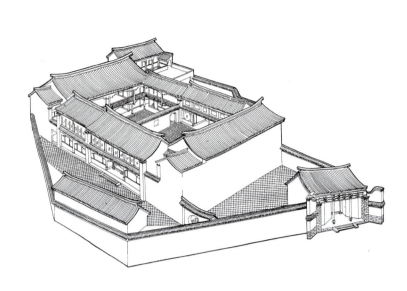

图4-3-33 石屏"四马推车"(来源:杨大禹 摄)

图4-3-34 建水民居屋顶(来源:刘肇宁 摄)

色调,共同构成鲜明而凝重的外在表征记忆(图4-3-33、图4-3-34)。

（七）文山

当代云南壮族之民居,因地域不同,主要是传统的纯木结构干阑建筑(图4-3-35),又称麻栏或吊脚楼(图4-3-36)。

主要存在3种建筑形式。第一种为传统的纯木结构干阑建筑,又称麻栏或吊脚楼;第二种为土木结构的干阑建筑;第三种为土木结构的汉式二层楼房。传统的纯木结构干阑建筑其外观近似楼房,底层架空,并设围板,呈封闭状。二层设堂屋和檐下望楼。土木结构干阑建筑与传统的干阑有较大差异。其大量使用土石代替木材建造墙基和四面墙体,梁柱结构用木质材料来承担。总的说来,民居风格意象的形成并不是刻意为之,而是对自然环境不断适应,对生产生活不断调试的结果。建房在户主眼中其目的和结果都非常生活化。基本上,建筑上的每个细节都能找到与之对应的生活细节。这种朴素的建筑观值得建筑师学习。

三、材料建造

（一）普洱、临沧、西双版纳

1. 材料

滇西南地区盛产竹材,如久负盛名的"濮竹"就产于这一区域。"濮竹"高大粗直,直径一般在15~30厘米之间,一般两三年即可成材。它不但是当地众多少数民族的主要建材,而且也是诸多生产、生活用具主要用材(图4-3-37)。

2. 建造

干阑式建筑是一种底层架空的建筑形式,主要通过梁柱的相互搭接来形成稳定的结构体系。基本的建造逻辑是:先立柱,通过横向的梁与纵向的穿枋与柱子连接形成稳定的屋架,然后再在屋架上面铺设茅草或瓦片。一般一栋房屋只要材料备好,所有的建筑构件加工完成,全寨的青壮年都会过来帮忙,在一天之内把房屋盖好(图4-3-38)。

（二）保山

1. 材料

腾冲合院民居主要运用石材、土坯、木材等当地十分常见的材料，给人一种质朴端庄、自然舒展、高耸刚健之美。在腾冲县城附近，由于火山喷发后形成大量的火山熔岩，当地居民就利用火山石来砌筑高大的墙体。特别值得一提的是那些清水砌筑的石墙脚，无论是打磨精细的方条石（甚至有的还雕琢出一些图案花纹），还是取得自然相互咬合之形的"石榴米"清水石墙，皆无矫揉造作与拘泥之感。它是用敲凿得极为严整的大石块直接镶拼起来的，不用一点石灰垫层，石与石之间相叠扣合得严丝合缝，有的甚至连一张纸片、一根头发丝都塞不进去（图4-3-39）。

2. 建造

腾冲地区多采用木构架的做法，木构架是穿斗式和抬梁式的灵活运用。两山架的大插梁穿过山柱，中间架通常无

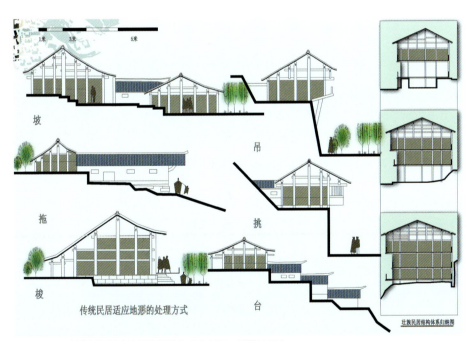

图4-3-35 壮族民居适应地形的处理方式（来源：刘肇宁 绘）

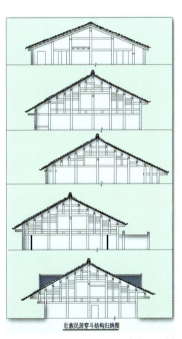

图4-3-36 壮族民居屋顶（来源：刘肇宁 绘）

图4-3-37 干阑式民居门窗（来源：《云南民居》）

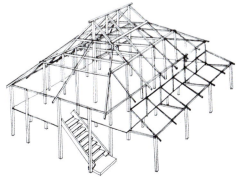

图4-3-38 干阑式建筑结构（来源：《云南居民》）

图4-3-39 独特的"石榴米"石墙（来源：杨健 摄）

柱，为常见的抬梁式，大过梁常采用曲梁的形式，梁上支驼峰垫木。再铺一根二梁，梁两端支承叉条，中间又置驼峰垫木或矮人，支撑脊叉。对于山架，因金柱常省去，在中柱与前檐柱间设梁，梁上立瓜柱以承金檩，这是腾冲地区的重要特点。前檐柱到后檐柱层层穿枋沿进深方向串联形成一个统一、稳定的结构系统，并善用软挑的挑头方式，挑梁不贯穿前后檐柱，厦承也直接用曲梁，形成具有曲线张力的廊厦空间。

（三）德宏

1. 材料

竹、木、土、石、草等天然材料随处可见，各地方、各民族的传统民居在建造时，均对不同地方乡土材料的选择运用有着相同或不同的独特建造方式。德宏州民居建筑中以傣族、景颇族、德昂族的干阑式竹楼为代表，其中竹、木、土、石、草等5种材料发挥各自不同的功用。其中竹被用作竹笆墙、竹板墙、竹竿墙或承重的梁柱、竹楼屋顶，木用来做木板墙和木板顶或是用作梁柱，土用作基础，石作为柱础，草（稻草、麦秸、麻秸）捆成束固定在屋顶基层，用茅草作为屋顶覆盖材料。

2. 建造

材料是建筑结构的基础，而结构则是对材料物理性能的忠实体现，是对可能构成的空间形式的表达和塑造。德宏州民居多以干阑式竹楼为主，结构形式为竹木结构（梁柱式），干阑式竹楼多为横向承重。竹楼以竹为主要建材建构而成，不管平面格局和外观造型如何，总是采用一定数量和不同粗细规格的竹子，通过相应的构造联系措施，组合搭建而成。同时也与各民族对竹的不同理解和施工建筑技术的掌握程度相关。竹在结构、耐久性及可塑性方面有很大差距，干阑竹楼的房屋由承重结构体系的梁柱和围护结构体系的墙体、地板共同组合而成，由于主梁和主体结构的重要性，干阑竹楼多采用木材为柱。在建造上，趋利避害，主要表现在对朝向的选择、空间布局（平面布局与空间分隔）、隔热布局和防潮举措（底层架空）上。

（四）红河

1. 材料

红河地区夜晚风大，白天太阳辐射强，且多雨，昼夜温差大。该地区的房屋需要一种热容较大的材料来修建，黏土和红土都是理想的建筑材料（图4-3-40）。建筑的墙基用石料，墙体用土基、土坯砖、夯土墙，建筑颜色多为土黄、土红、青灰，和大地融为一体。营造这些建筑的"土"和"木"就取自于当地，当建筑弃之不用时，这些材料也归之于大地（图4-3-41）。哈尼族的蘑菇房状如蘑菇，建筑材料以土、木和茅草等天然材料为主，由土基墙、竹木架和茅草组成。

2. 建造

土掌房和蘑菇房的墙体是先用黏土筑成墙，墙高达2~3

图4-3-40 红土坯砖（来源：刘肇宁 绘）

图4-3-41 黄土坯砖（来源：刘肇宁 绘）

图4-3-42 哈尼蘑菇房（来源：杨大禹 摄）

图4-3-43 泸西城子村（来源：戴翔 摄）

米时，用木椽封顶，顶上再铺黏土，经洒水抿捶，形成平台屋顶（图4-3-42）。土掌房的最大特点是房顶的建造，先是搭放圆木梁，梁上铺一层松柏枝，然后再覆撒一层松茅，松茅上再摊一层细泥，最后压一层沙土（图4-3-43）。这样的房顶可做到防晒、防寒、防雨，并由于其铺建结实，其特点是冬暖夏凉。其实，土掌房和蘑菇房不仅仅是一种民居的类型，它更是一种生活方式，也是一种生活的逻辑和智慧。营造这些建筑的"土"和"木"就取自于当地，当建筑弃之不用时，这些材料也可降解。这里，居住与居住建筑紧密关联，没有虚假，没有矫揉造作，建造是为了真实的生活，建筑也体现了真实的生活。这就是乡土建筑，是居住者与建造者二位一体所形成的建筑。

（五）文山

1.材料

文山壮族的房屋建筑材料通常就地取材，因地制宜。多为黏土、木材、石材、瓦片、砖等相对原始的建筑材料。但就是这些相对简易的建筑材料一样造就了壮族独有的符合其自身居住环境的独特建筑。

2.建造

壮族民间流传着一首《盖瓦房歌》，委婉细致地唱出了壮族建房的过程和心态。建房的过程包括：上山砍树备料；到街上请来木匠师傅来加工木料；择吉日，立房架；盖瓦，托上基砌墙；解木板，装板壁，装楼板；最后"再做几扇画窗，把门扇装上"。

传统的纯木结构干阑建筑的建造——传统的纯木结构干阑建筑其外观近似楼房，底层架空，并设围板，呈封闭状。二层设堂屋和檐下望楼，因壮族宅基地多选在山坡上，为减轻建房平整地基的劳动量，节约建筑木料，适应复杂的山地，结合地形，利用坡面空间，建成半边楼型的屋架结构。这种半地半楼的建筑形式出现较晚。依山而建，劈山为平台，以平台为屋基的后半部，另一半则立柱悬空为楼，上铺楼板与平台齐，成为半边楼。

土木结构干阑建筑的建造——土木结构干阑建筑的建造与传统的干阑有较大差异。其特点是，大量使用土石代零星木材建造墙基及四面墙体，二层楼平面及房顶的承重山墙由石头和土基砌成，梁柱结构用木质材料来承担。正面、左右山墙体开窗以增加室内光线，也利于室内空气流通。与木结构干阑式建筑相比，主房左右两侧无增檐偏厦，而是增加一间平房或在堂屋正对面建筑土木结构干阑式二层楼房一幢。同时在两房之间，堂屋右侧建一架空木质厢房。把两幢楼房的二层空间联系在一起，使两座建筑空间形成一个整体。

四、细部装饰

（一）普洱、临沧、西双版纳

干阑式建筑最为重要细节在于屋顶的两端向上高起、交叉，形似日本的千木（图4-3-46、图4-3-47）。在很多民族中认为是鸟形的图腾，或是象征财富，驱魔镇邪的牛角。其他部位的细节装饰多采用竹篾编织（图4-3-44、图4-3-45）。

（二）保山

和顺民居很重视入口门楼的设置与装饰，其门头做工的规模气势，装饰的繁简程度，往往视住家经济实力和在乡中的声望地位而定。而且在一些门头上还悬挂有表明住户"心

图4-3-44 干阑式建筑竹编细部（来源：云南民居）

图4-3-45 脊饰（来源：唐黎洲 摄）

图4-3-46 象征牛角的脊饰（来源：唐黎洲 摄）

图4-3-47 象征飞鸟的脊饰（来源：唐黎洲 摄）

图4-3-48 民居大门样式（来源：杨健 摄）

声"的匾额，比如"道德家具"、"民国人瑞"、"书香世荫"之类（图4-3-48）。

墙面常采用不同材料组合，使其在质感和纹理上产生对比。檐下装饰丰富，常配以文化意味深远的传统水墨书画，增强了视觉效果，室内木构装饰纹样种类丰富，梁枋、吊柱木雕做工精细，形象别致。腾冲民居中的照壁墙，不但造型优美，曲线柔和，檐口飞挑，檐口层层退台，且檐下的装饰内容也相当丰富，山水诗画，人物典故，动物花草，素雅而有情趣，有的还做成透空砖雕，成为房屋正面的视觉和构成中心（图4-3-49）。

（三）德宏

各民族民居建筑的区别不仅在于主要结构和形式的选择上，也表现在建筑细部和建筑材料的选择上。其中瑞丽型竹楼入口和入口处的楼梯是其主要特点，景颇族竹楼的主要建筑细部有：1）"矮脚"（下层架空相对低矮），为适应其所居住的山地缓坡地段；2）"栋持柱"，位于山面入口处，柱子的粗细常常象征着家庭地位的高低和财富的多少。德昂族干阑竹楼的明显特点有2个：1）双楼梯和双入口的设置；2）竹楼的屋顶较平缓，檐口深远。山面两端的屋顶和檐口处理为向上的圆弧形状，屋顶上还经常成排扎成多个葫芦状的草结标志（图4-3-50）。

瑞丽民居会用傣族腰鼓来装饰建筑，悬挂竹编斗笠作为墙体装饰，亦有墙体彩绘装饰；景颇族民居入口的栋持柱多会用民族饰品、图案、牛角等来装饰；德昂族民居用草结装饰屋顶，用屋顶形状装饰入口，也有木格栅来装饰隔墙的做法（图4-3-51）。

（四）红河

哈尼族一般会用他们的生产生活工具作为装饰。例如很多民居以铜锣、牛头挂于墙面作为装饰，既反映农耕民族对牛的崇拜，也有驱邪保平安的作用（图4-3-52、图4-3-53）。土掌房的装饰较少，平屋顶下密密麻麻的小梁头可以看作是一种装饰。丰收时节，当地人还有用成串的玉米作为装饰。建水团山民居各户人家的宅院筑得紧凑舒适，建筑装饰以雕刻和彩绘为主，尤以梁枋窗棂间的精细木雕著称（图4-3-54）。而屋顶的搭接也显现出高超的木构工艺。

（五）文山

广南干阑式民居在建筑装饰上，富裕人家比较讲究，楼梯口看台两侧一般会有两根雕饰廊柱和花栏（图4-3-55），有的板壁雕饰花鸟虫鱼等图案。屋脊会用青瓦堆砌呈中高两低的屋脊线。中部中空呈花瓣状，两边翘起呈羽翼状（图4-3-56）。

图4-3-49 照壁样式（来源：杨大禹 摄）

图4-3-50 瑞丽型干阑民居细部（来源：《云南民居》）

图4-3-51 德昂族民居细部（来源：《云南民居》）

图4-3-52 哈尼族民居装饰（来源：王冬 摄）

图4-3-53 哈尼族民居装饰（来源：哈尼梯田文化）

图4-3-54 建水民居装饰（来源：王冬 摄）

图4-3-55 壮族民居装饰（来源：徐颖 摄）

图4-3-56 壮族民居屋顶装饰（来源：徐颖 摄）

第四节 特征·特色

一、风格意象

（一）普洱、临沧、西双版纳

滇西南地区干阑式建筑是一种独栋式的民居建筑，最主要的外观特色在于突出的屋顶以及底层架空的屋身。屋顶在整个建筑中起到了决定性的作用，屋顶巨大的重量感和轻灵通透、底层架空的屋身形成强烈的对比关系。同时，巨大的挑檐所形成的大面积阴影加强了建筑立面的层次感，使得由室外空间向室内空间的转换更加丰富。在平面形制上，通常都由建筑物的纵深方向，也就是山墙面进入室内空间，并且在入口处及建筑外围设置平台，其上也往往会有屋顶覆盖，这样的一种在主体建筑外围设置一系列附属物的配置关系丰富了屋顶的组合变化，又使得整个建筑更加的富有趣味性。

（二）保山

民居多以灰瓦白墙为主色调，素雅且富有情趣。空间布局强调核心对称，有明确的中轴线，虽然平面形制方整但是并不呆板，紧凑而不局促，虽格局统一而仍有许多变化。根据地形，适应功能变化的要求，运用"增量"和"替代"的方法，将平面组合做出相应的调整，形成丰富多样的变体。

（三）德宏

民居多以干阑式竹楼为主，结构轻盈，色彩素雅自然。空间布局因各民族生活习惯与文化特色以及气候环境的影响而各不相同且各具特色。竹楼因为民族建构技艺的不同等因素影响形成建筑形体和建筑装饰等丰富多样的变体，显示出干阑式民居极大的灵活性与广泛的适应性。

（四）红河

红河民居的色调多以灰、土黄、土红、青灰为主，空间模式属外向型，室内空间分层使用，围火而居；建筑体形立方，屋顶密梁平顶，前后有退台，建筑材料多用黏土、生土、石材、茅草等自然材料，以夯土墙、石墙和土坯墙为主要的承重体系，整个建筑群呈现出外实内聚，厚实凝重的建筑意象。建筑造型与建造方式和当地的地理气候关系紧密。

（五）文山

文山民居的色调多以灰、褐黄、土红为主，空间模式属外向型，室内空间分层使用，围火而居；建筑体形以吊脚楼、干阑式、麻栏式为主，建筑材料多用黏土、生土、石材等自然材料，以木构架为主要的承重体系，以木板墙、木格栅墙为主要的围护体系，整个建筑群呈现出开放通透，轻盈深远的建筑意象。建筑造型和建造方式适应当地湿热的地理气候环境。

二、成因分析

干阑式建筑的造型特色在很大程度上是由于当地炎热多雨的气候特征以及山地为主的地形特色所决定的。硕大陡峭的屋顶有利于雨水的快速排出，以及加强室内外冷暖气流的交换；巨大的挑檐有助于形成尽量多的阴影面，有利于人们在平台或檐廊上的活动；而底层架空的方式有利于通风透气，更重要的是能最大化地适应当地多山的地形条件。

（一）西双版纳地区（表4-4-1）

西双版纳地区风格意象　　表4-4-1

地区		滇西南地区		
州市		西双版纳		
气候特点		湿热河谷		
民族文化	主体民族	傣族	布朗族	基诺族
	文化特征	稻作文化	山地文化	山地文化
民居类型		干阑式建筑		
空间模式		纵向布置 围火而居 席地而卧 分层使用		

续表

风格要素	屋顶	歇山顶
	墙体	竹篾、木板
	材料	木材、竹材
	色彩	青灰、红、金
	装饰	牛角、飞鸟、白象
风格意象		歇山顶陡峻、出檐深远、外形端庄
成因总结	地理与气候	湿热河谷
	民族与文化	佛教文化与自然崇拜
	经济与社会	历史悠久、茶马古道
	建造技术	干阑式竹构木构技术传承

（二）普洱地区（表4-4-2）

普洱地区风格意象　　表4-4-2

地区	滇西南地区	
州市	普洱	
气候特点	湿热河谷	
民族文化	主体民族	傣族	哈尼族
	文化特征	稻作文化	山地文化
民居类型	干阑式建筑	
空间模式	纵向布置、围火而居、席地而卧、分层使用	
风格要素	屋顶	歇山顶
	墙体	竹篾、木板
	材料	木材、竹材
	色彩	青灰
	装饰	牛角、飞鸟、白象
风格意象	歇山顶平缓深远、双向平台设置 室内纵向空间、等位渐进、私密渐进	
成因总结	地理与气候	湿热河谷
	民族与文化	自然崇拜、原始崇拜
	经济与社会	历史悠久、茶文化
	建造技术	干阑式竹构木构技术传承

（三）临沧地区（表4-4-3）

临沧地区风格意象　　表4-4-3

地区	滇西南地区		
州市	临沧		
气候特点	湿热河谷		
民族文化	主体民族	佤族	傣族	拉祜族
	文化特征	山地文化	稻作文化	山地文化
民居类型	干阑式建筑		
空间模式	纵向布置 围火而居 席地而卧 分层使用 入口弧面处理		
风格要素	屋顶	歇山顶
	墙体	竹篾、木板
	材料	木材、竹材
	色彩	青灰
	装饰	牛角、飞鸟、葫芦
风格意象	双坡屋面陡峻、两端圆弧形态 外墙低矮、结构简易质朴		
成因总结	地理与气候	湿热河谷
	民族与文化	自然崇拜、原始崇拜
	经济与社会	历史悠久、茶文化
	建造技术	干阑式竹构木构技术传承

（四）保山地区（表4-4-4）

保山地区风格意象　　表4-4-4

地区	滇西地区
州市	保山
气候特点	四季如春
民族文化	主体民族	汉族
	文化特征	汉文化与侨乡文化
民居类型	合院式
空间模式	一正两厢、四合院、一正两厢带花厅、正厢有序

第一，气候原因。保山地区首先拥有得天独厚的气候条件，作为名副其实的春城，夏无酷暑，冬无严寒，使人们喜爱户外生活。因此住屋中的天井备受重视，不仅面积大，而且铺地考究，与周围的住屋联系便捷，没有高坎分隔。每遇寒冷和阴雨天气，人们就到檐廊活动。所以檐廊成了室内与室外、房屋与天井间的一个重要过渡。这样的檐廊，不仅是交通的枢纽，还兼有起居、休息、进餐、晾晒等多种功能，为住屋所不可缺少，形成云南"合院"式住屋的一个新特色。

第二，文化原因。腾冲院落式民居，尤其是和顺侨乡，受外来文化的影响较深，许多侨民在缅甸、东南亚各国经商办实业，从而带来了东南亚的文化和西方文化的精华，他们将之与中原文化和本土文化有机结合，形成独具特色的侨乡文化，所以其民居既有汉族民居的规整又有西方建筑的风格和符号。

续表

风格要素	屋顶	直坡屋顶
	墙体	三段式墙体
	材料	黏土、木材、石材（火山石）、铁
	色彩	灰、土黄、白、青灰
	装饰	匾额、照壁
风格意象		灰瓦白墙、方整紧凑、变化丰富、素雅庄重
成因总结	地理与气候	温暖平坝
	民族与文化	汉文化与侨乡文化的融合
	经济与社会	历史悠久、交通要塞、华侨之乡
	建造技术	夯土、土坯、石构、木构技术传承

（五）德宏地区（表4-4-5）

德宏地区风格意象　　　　表4-4-5

地区		滇西地区		
州市		德宏		
气候特点		南亚热带季风气候		
民族文化	主体民族	傣族	德昂族	景颇族
	文化特征	佛教文化	佛陀文化	目瑙纵歌节太阳神文化
民居类型		落地式干阑竹楼	干阑竹楼"大房子"或其演变形式	矮脚竹楼
空间模式		上下两层 横向隔断 前后空间使用	"大房子" 个体形式 分层使用	长方形平面 屋脊为界分两半 通敞大空间 多个小隔间
风格要素	屋顶	干阑式、茅草顶	干阑式、茅草顶	干阑式、茅草顶
	墙体	竹笆墙、木板墙	木板墙、竹板墙	木板墙、竹帛墙、竹板墙
	材料	竹、木、土 石材、茅草	竹、木、土 石材、茅草	竹、木、土 石材、茅草
	色彩	灰、黄、褐	灰、土黄、褐、黑	灰、黄、褐、黑
	装饰	腰鼓、斗笠	草结、木格栅	栋持柱、饰品图案、牛角

续表

风格意象		单脊四坡顶 结构轻盈 色彩素雅自然	单脊双坡屋顶 弧形坡顶 檐口深远	单脊双坡屋顶 前高后低 山墙开门 矮脚、栋持柱
成因总结	地理与气候	湿热河谷	湿热河谷	湿热河谷
	民族与文化	佛教文化与自然崇拜		
	经济与社会	历史悠久、竹构文化、原始崇拜、佛教文化		
	建造技术	竹构、木构技术传承		

（1）气候原因

德宏州气候类型为南亚热带季风气候，冬无严寒，夏无酷暑，雨量充沛，雨热同期，干冷同季，年温差小，日温差大，日照良好。由于雨热同期，当地民居选择干阑式竹楼，底层架空防潮隔热；又干冷同季，干阑民居又少开窗或不开窗以达保温目的。

（2）地形原因

德宏景颇族干阑竹楼采用"矮脚"形式（下层架空相对低矮），为适应其所居住的山地缓坡地段；德昂族民居的架空高度也会随地形变化而相应变化。

（3）文化原因

文化因素的影响主要表现在2个方面：1）本族传统风俗习惯与文化的影响；在本族文化的指导下，民居建筑的建造主要由本族传统技艺而指导完成，如瑞丽型傣族竹楼的竹梁柱的结构体系、景颇族的木柱竹梁结构体系和德昂族的竹梁柱结构体系；2）受其他民族文化影响而形成新的风格。比如，德昂族民居的汉化和傣化，傣族民居的汉化，景颇族民居的傣化与汉化等。

（六）红河地区

红河州土地面积约32931平方公里。穿境而过的元江以东属于滇东高原区，以西为横断山纵谷的哀牢山区。绵延数百里的哀牢山山脉给各民族兄弟提供了生命延续的养分和源泉，哀牢山已是他们生命中的一部分。在这里，河谷地区居住着傣族，他们以稻作文化著称；瑶族则居住在山区气候温和的沟箐里，这里林茂泉清，物产丰饶；而哈尼族、彝族则世代居住在山腰地带，这里气候清凉，山清水秀；在山顶上则居住着苗族，这里天高云淡，俨然就像是世外桃源。各民族不同的聚居方式构成了这里星罗棋布的大大小小的村落，有土掌房村落、有蘑菇房村落、有院落式民居村落……，它们宛如一串串明珠，洒落在红河的大地之上，也表现出独具特色的聚落文化与建筑文化（表4-4-6）。

红河地区风格意象　　　　表4-4-6

地区		滇南地区	
州市		红河	
气候特点		干热河谷	
民族文化	主体民族	彝族	哈尼族
	文化特征	山地文化	稻作文化
民居类型		土掌房	蘑菇房

续表

空间模式		外向型、围火而居、分层使用	外向型、围火而居、土炕床榻、分层使用
风格要素	屋顶	夯土顶	蘑菇顶
	墙体	夯土墙、石墙、土坯墙	夯土墙、石墙、土坯墙
	材料	黏土、生土、石材、茅草	黏土、生土、茅草、石材
	色彩	灰、土黄、土红、青灰	灰、土黄、青灰
	装饰	玉米、梁头	牛角、铜锣
风格意象		立方体外形、密梁平顶前后退台、外实内聚厚实凝重	蘑菇形四坡顶、立方体外形平顶退台、厚实凝重
成因总结	地理与气候	干热河谷	干热河谷
	民族与文化	自然崇拜	
	经济与社会	历史悠久、梯田文化、原始崇拜	
	建造技术	夯土、土坯、石构、木构技术传承	

（七）文山地区

文山地处亚热带地区，气候温和、雨水充沛、温差小、湿度大。这里的早期居民根据自然地理环境和气候特点，创造发明了最具有民族风格和特点的干阑式房屋建筑形式。壮族传统住房形式多系竹木结构的两层楼房，这是由于这里盛产竹木，且生长迅速、便于取用，更重要的是竹楼能极好地适应当地自然和气候条件（表4-4-7）。

文山地区风格意象　　表4-4-7

地区		滇南地区
州市		文山
气候特点		湿热平坝
民族文化	主体民族	壮族
	文化特征	稻作文化
民居类型		吊脚楼、干阑式、麻栏式

续表

空间模式		外向型、围火而居、分层使用
风格要素	屋顶	板瓦
	墙体	木板墙、木格栅墙
	材料	木材、生土、石材
	色彩	灰、褐黄、土红
	装饰	木格栅、木雕刻
风格意象		双顶与山面出厦、山面构架外露、房屋进深较大
成因总结	地理与气候	湿热平坝
	民族与文化	自然崇拜、原始崇拜
	经济与社会	历史悠久、药材种植
	建造技术	干阑式木构技术传承

三、滇西、滇南传统建筑特征

滇南、滇西南地区所处地域环境大多以山地为主,气候以干热和湿热作为主要特征。这一区域也是众多少数民族的聚居地,呈现出大杂居,小聚居的分布规律。这里同时也是多种文化、宗教的汇聚之地:儒家文化、多神崇拜、原始信仰、小乘佛教……在这里碰撞、交融,展现出一种复杂而又富有生气的文化形态。正是这样一种自然环境与人文地理的多样性,使得这一区域的传统建筑类型丰富多彩,归纳起来主要有以干阑式建筑、土掌房和汉式合院为主。其中干阑式建筑主要分布于西双版纳、普洱、临沧、德宏、文山地区,主要居住民族为傣族、布朗族、拉祜族、哈尼族(僾尼支系)、基诺族、佤族、景颇族、德昂族以及壮族、苗族和瑶族,这样的一种民居形态主要与湿热的地理环境相适应。土掌房主要分布于红河河谷地区的元阳、绿春、红河县一带,主要居住民族为哈尼族、彝族,这种民居形态主要与干热的地理环境相适应。汉式合院主要分布于保山腾冲等受汉文化影响较深的地区,主要居住民族为汉族。在这一区域,土与木是最为重要的建筑用材,不同建材的运用展现出不同的建筑外观特征。以木构榫卯为主的干阑式建筑轻灵通透,出檐深远,以夯土砌筑为主的土掌房敦实方正,雕塑感强,而以土木混合为主的汉式合院则显得端正大方,含蓄雅致。应该说,这一区域的传统建筑,很好地代表了云南民居的典型特征:丰富多样,交融共生,在很大程度上呈现出一种同源异流或同流异源的复杂关系。

下篇：传承与创新

第五章　云南建筑文化的传承与创新

　　正如格非在《马尔克斯传》序中所写："现实本身就是传统的变异和延伸，我们既不能复制一个传统，实际上也不可能回到它的母腹。回到种子，首先意味着创造，只有在不断的创造中，传统的精髓才能够在发展中得以存留，并被重新赋予生命"，"僵死的、一成不变的、纯粹的传统只是一个神话"[①]。"向外探寻"和"向种子回归"是地域性建筑探寻的必经过程，我们应该采取调和普世文明和地方文化的姿态，寻求"存在于普世文明和扎根文化的个性之间的张力"。

　　当传统在创造我们的同时，我们也要有信心去创造传统。

---

① 达索·萨尔迪瓦尔. 马尔克斯传, 卞双成, 胡真才译. 上海: 上海人民出版社, 2008.

第一节　寻根乡土

"传统"不只是处于时间的过去，并不是一种消失的状态，它应该是"在场"和"延续"的，它总是作为现在和过去的中介连接。无论我们在"传统"的概念上存在多么大的争议，但就个人来说，当他回头看过去的时候，自己显然会有一个相对清楚的认识，他只能是在"整体"的基础上进行取舍，并且由于"整体"是客观的，他又可以随时更正自己对于传统的认识。

艾略特在《传统与个人才能》中指出，历史的意识不但要理解过去的过去性，而且还要理解过去的现存性。传统不是墨守的继承，而是需要有历史的全局意识。"过去因现在而改变正如现在为过去所指引"我们所知道的就是过去且只是过去，或所谓的"过去的现在"。

云南是自然生态多样性和民族文化多样性都非常富集的地区，其复杂性、多样性、矛盾性在建筑发展中的体现也是非常突出的。乡土传统是地域性建筑创作之源，本书探讨的是云南建筑传统的特征解析及其承启实践现状，当然势必要相对抽象地论及云南乡土建筑和地区性建筑及其关系。

早在20世纪60年代，鲁道夫斯基在《没有建筑师的建筑》中，就试图辨明乡土建筑的价值和特质以及建筑风格多样性在现代社会中的意义，提醒人们乡土建筑有其内在的合理性及"难得的知识"，指出乡土建筑是建筑学可以扩展研究的领域并可以补充建筑史的不足。拉普卜特在1969年出版的《宅形与文化》中分析了乡土建筑的过程性和渐进性，强调乡土建筑的"文化决定"作用。1969年，格拉西在《中弗吉尼亚民居》中提出了一种关于民居（乡土建筑）的"建筑能力"的观念。奥立佛在1997年出版的《世界乡土建筑百科全书》一书中，不仅指出了乡土建筑的"本土性"、"匿名性"、"自发性"、"民间性"、"传统性"和"乡村性"等特征，而且强调了保证乡土建筑在文化和经济上的长期可持续性的必要性。奥立佛创建的国际乡土建筑小组（IVAU）于2005年召开过一个主题为"21世纪的乡土建筑"的国际研讨会，会上着重讨论的"乡土建筑传统在变化中应该扮演怎样的角色"、"乡土建筑传统的命运是被接受继承还是被迫消亡"、"生态、文化以及技术的改变会对乡土建筑传统造成怎样的影响"等诸多问题今天看来仍然是当前及今后乡土建筑研究所应该重点关注的。2006年，IVAU成员阿斯奎斯和维林加主编出版的《21世纪的乡土建筑》按"作为过程的乡土建筑"、向乡土学习和理解乡土3个部分收录了奥立佛和拉普卜特等学者诸多乡土建筑研究领域的重要学术论文，包括拉普卜特基于EBS（环境—行为研究）的"模型系统"；阿斯奎斯源自传统途径的"新方法"：从乡土到概念框架，从概念理论到方法设计，从定性开端到量化方式；以及维林加面向未来的"去具体化"。其中，对"中国建筑传统承启"研究有重大启示的有：对日益全球化的世界中的"真正"乡土建筑的未来的关注；整合乡土以及现代的知识，以便创造"一个建成环境的可持续未来"；着眼于环境行为关系的模型系统；乡土知识的分析、总结与传播；生态和文化多样性的保护与维持；提高建筑学教育以及建筑职业中的乡土意识；乡土建筑是未来的建筑知识之源。

面对进化中的乡土建筑及其承启创作中的林林总总，我们的疑问也还有很多，而对这些疑问的解释和回答将有助于我们对自己建筑传统的解析与承启：

乡土建筑是居民对环境和需求的直接反映还是通过一些逻辑关系表达着其象征意义、价值观和需求，抑或是兼而有之？

乡土建筑可被识别的特色空间形式可作如何的再分类，形式背后的"空间—社会结构模式"是怎样的，其内在逻辑是什么？

乡土建筑中哪些传统是民族和社会广泛认同的，是我们应该继承、延续并使之复活并发扬的？乡土知识和民居智慧体系是否可能以及怎样才能成为当今及未来的"建筑能力"和建筑学的专业知识？我们可以通过怎样的分析、设计路径在实践中来向乡土建筑学习？

传统乡土建筑过去的"建造智慧"在今天或者未来还会是"精明"的吗？其"智慧体系"中任何关键之处的改变是否都会使彼时的智慧成为当下的无理？

以今日之眼光看过去之乡土建筑，其中确有许多"建造智慧"值得我们学习、承启和思考；而以未来之眼光看现在的乡土建筑，我们现在的乡土建筑还能有那么多的"建造智慧"和"建筑传统"留给未来吗？当代和未来的地域性建筑会继承乡土建筑的哪些优良基因呢？

乡土建筑之传统不仅处在一种历时性的"过去"，而更处在一种共时性的"生境"之中。"时空连续统"的视野希望我们不把乡土建筑看作是一个一个封闭的单一的"点"，或者一条单向延续的"线"，而应把它看作是与过去的遗留、现实的存在和未来的可能相交叉的"网"；不但要理解"过去的过去性"和"过去的现存性"，还要理解"未来的现存性"。

随着时间的推移和环境的改变，新的生活方式、新的生产方式、新的建筑材料和新的价值取向等都应该带来新的建造智慧体系，传统乡土建筑的建造智慧已融入文化之中，成为"符号来获取并传递"，成为"进一步活动的条件因素"，而我们的重要任务之一正是去发掘形式后面的"文化特质"，发现那些隐匿的"秩序逻辑"和"建造智慧"以及引导它们存在的"本质"和"规律"，即所谓的"导存"，并使之成为地域性建筑持续发展的基础，而非简单地让它们在不同的时代中形式化、固化、僵死。

我们不能通过克隆获得乡土建筑的再生，而应该通过分析其"智慧体系"来向乡土建筑学习。此"智慧体系"不仅是"难得的知识"，更是一种本质化的"建筑能力"，不仅是"乡土意识"，更是一种"模型系统"，还是一种"模式语言"或者"模型化语言"，是关于乡土建筑的有效性和生命力的"去具体化"。

第二节　传统承启

传统不仅处在一种历时性的"过去"，而更处在一种共时性的"生境"之中，"发现"并恰当地"发扬"地方传统文化中可为现代地域性建筑创作所延续的精华部分是建筑地域性设计的重要方法之一。

地域是建筑的立身之地，地域性是建筑的本质属性之一。建筑的地域性是指"在一定的空间和时间范围内，建筑因其与所在地区的自然条件和社会条件的特定关联而表现出来的共同特征"。任何建筑都是"地域性建筑"，但不是所有建筑都具有"地域性"。

在特定地理空间中，由于共同的自然、社会、文化背景的影响，大多会表现出共同的建筑风格特征，因此，我们通常认为，建筑的"地域性"同"民族性"难以严格区分，似乎都建立在"传统"之上——地域性建筑就是能反映某特定地理空间传统文化特色的建筑。正是这样一种"共识"，使得我国的地域性建筑发展大多还停留在"再现民族风格"的"传统地域主义"阶段，并且其中的地理空间范围和民族文化传统往往难以具体而明确。

地域主义很难清晰分类，奥兹坎将其分为"乡土主义"（包括"保守式"乡土主义和"意译式"乡土主义）和"现代地域主义"（包括具象的地域主义和抽象的地域主义）；佐内斯将其分为"传统的地域主义"（包括浪漫地域主义、旅游地域主义和政治地域主义等）和"批判的地域主义"。

传统的地域主义采用"熟悉化"的手法，以布景式的形象操作为主，强调"怀旧"和"记忆"。批判的地域主义，既是对"国际的现代主义"的批判，也是对"传统的地域主义"的批判，对于"陌生化"手法的关注、对场地自然环境的注重，使得批判的地域主义更贴近现代生活。同时，批判的地域主义与传统的地域主义又具有相同的传统——强调地方性，使用地方设计要素作为对抗全球化和世界化的大同主义建筑秩序的手段。

肯尼斯·弗兰姆普敦把批判的地域主义建筑特征描述为地方对"世界文化"的折射。他提出了在建筑设计中可以被识别为"批判的地域主义"的"七要素"：进步和解放而非伤感怀旧；场所和"领域感"而非"目中无人"；"建构"现实而非"布景式"插曲；对地形和气候的表达反映而非万能普适；多种感觉体验而非视觉唯一；对地方和乡土要素的"再阐释"而非"煽情模仿"；普世文明下的文化繁荣而非封闭状态下的孤芳自赏。批判的地域主义主张"调和普世文明与地域文化"并以此作为重要的目标。

基于上述思考，我们认为在地域性建筑设计创作至少可以这样寻根问源：

（一）肌理协调

肌理，本是美学的概念，是指物体表面的组织纹理结构。引申到城乡空间语境，则是指城乡的特征，包含了城乡的空间形态，质感色彩，路网形态，街区尺度，建筑尺度，组合方式等方面。肌理，是一种"空间秩序"，也是一种"文脉线索"。

空间肌理是城乡物质空间形态中各种元素的组织关系和脉络，是城乡整体和具体空间形态的直观反映，城乡空间不同时代、地域、社区、聚落的差异，城乡功能关系、公共空间组织均会体现在空间肌理之上。表现为建筑的密度、高度、体量、布局的形态关系和城乡空间"图—底"关系等方面。空间结构则是城乡空间肌理的"骨骼"或"构架"，是城乡结构中最基本、最核心、最宏观的空间组织和脉络关系。前者可反映出城乡各个区域、地段、建筑布局的空间特征和差异，而后者则体现城乡或区域的整体风貌和总体特征。因此，优秀的地域性建筑创作，首先必须理解和尊重既有的城乡整体结构和物质空间肌理，需要具有"城市设计"的整体思维和开阔视野（图5-2-1）。

丽江束河"茶马驿栈"的地域性首先就是体现在与整体的肌理协调。

丽江束河依山傍水，环村绕宅的溪水清澈见底、透明晶莹，是有名的"清泉之乡"。束河的道路和水系紧密相融，因水成街、沿街绕流、依街巷筑院、依水系建房。束河民居依山就势布局，没有教条的规矩和千篇一律的准绳，而是根据地形、地貌可曲可直，富于变化，由此形成别致的村落景观，山、水、田、院、路、桥、房有机融为一体，构成了富有特色的村落布局形态，营建了一种可居、可游、可赏的田园居住环境。

传统村落强调的是整体和谐而非个体建筑的张扬，突出的是街道空间形态而非建筑单体，街道并非横平竖直、整齐

图5-2-1　因水成街（a为老村；b为新区）（来源：翟辉 摄）

图5-2-2　玉龙雪山下的村落（a为老村；b为新区）
（来源：翟辉 摄）

划一的，而是让人感觉是群体建筑"挤"出来的，村落公共空间能够成为"图形"。"茶马驿栈"的建筑布局正是由于这种自由布局和整体和谐的传统。

"茶马驿栈"的建筑大体做法是统一和谐的，但没有两幢建筑是完全一样的，这种统一中的变化也源于传统村落（图5-5-2~图5-2-4）。

（二）环境应答

环境可以说是围绕着某种物体，并对这物体的"行为"产生某些影响的外界事物。广义的环境包含了地理环境、行为环境和文脉环境。在建筑学中，我们所说的"环境应答"中的"环境"对应的英文应该是"Context"。

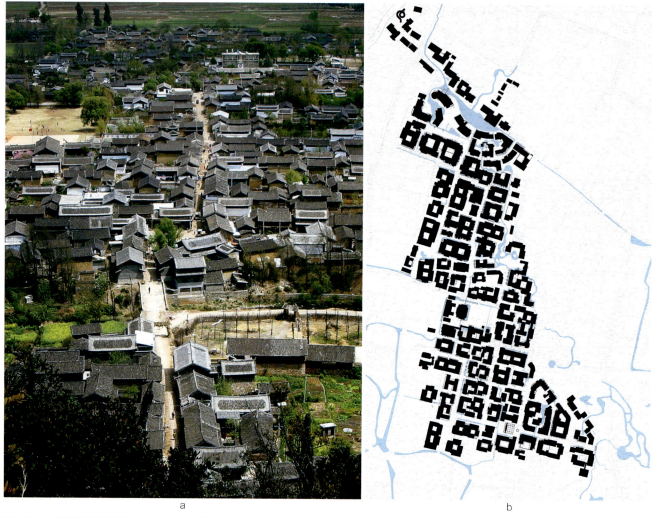

图5-2-3 街道是建筑"挤"出来的（a为老村俯瞰；b为新区空间肌理）（来源：见地工作室）

图5-2-4 整体的肌理协调（俯瞰建成后的新区与古镇）（来源：翟辉 摄）

图5-2-5 语境关系暗示图1
（来源：翟辉 绘）

图5-2-6 语境关系暗示图2
（来源：翟辉 绘）

"Context"，通常可汉译为"环境；情景；上下文；前后关系；来龙去脉"，曾经很长一段时间在建筑学领域所谓的"文脉"即对应于"context"，把"Context"译成"文脉"会导致字面理解的片面。在台湾译为"涵构"，强调对地域差异性和环境独特性的尊重，也未能完整表达"context"的含义。

只看"图5-2-5"，我们无法确认它是"B"还是"13"，但是在"图5-2-6"中我们就可以确定：和11、12在一起时它是"13"，而和C、D在一起时它是"B"，这就是Context。

Context，词构为"Con-text"，强调"文本"之间的关系和联系，而此"文本"应该包括"时间文本"和"空间文本"，强调时间空间文本的关联统一。因为，时间和空间是一切逻辑的基础，一切逻辑问题都是从时间和空间展开的，"地区性不仅是一个空间的变量，还是一个时间的函数"。因此，Context的逻辑问题也是从"时间Context"和"空间Context"展开的。

过去、现在和未来共同处于一个持续而整体的Context之中。Context需要一种干预，将过去、现在和未来共同考虑、交织在一起，"Contextus"这个词的原始拉丁语意即为这种类型的"调和"。

詹克斯（Charls Jencks）有过一个公式：Contextual=Adhocism+Urbanist，其中Adhocism字面翻译是"局部独立主义"，是指其"特定性"，抛弃了规定性和统一的目的性，避免了现代主义的理性决定论，重视"文本"的开放性与流动性，即重视设计者本人对设计诸多文本的理解和再解释的创造性，以及使用者、参与者的理解与创造性，他们互为"文本"，相互作用。

Context不仅仅是一个物质空间，而且还是一个打上自然和历史、记忆与设计烙印的、由传统和对变化的迫切渴望构成的场地（Site）。

任何建筑都处于一定的时空之中，是"四维空间"，其上面的点是"事件"，不同事件在时空坐标中的位置肯定不同，因此，在时空中我们不能要求两个事件是同一的，我们不能通过克隆、模仿来创作地域性建筑，而应该通过分析其时空的关系来联系、协调、延展，这就是"环境应答"。

在纳西族的传统民族服饰中，丽江一带的未婚女子的羊皮披肩上缀有丝线绣成的七个精美图案并垂穗七对，俗称"披星戴月"，以示勤劳。束河"丽水阳光"酒店的平面布局思路正源于此。围绕酒店大堂主园"月华苑"错落布置有七个院落空间，七个院子以北斗七星命名，暗示"七星伴月"的布局形态，也与"披星戴月"发生联系。

图5-2-7 "丽水阳光"酒店布局中的文化呼应（a为披星戴月与东巴文北斗七星；b为酒店总平面图）（来源：见地工作室）

a b

图5-2-8 源自东巴文字的束河寨门（a为村寨的东巴文字；b为束河寨门）（来源：见地工作室）

a

b

图5-2-9 普者黑游客中心（a为普者黑山水环境；b为游客中心鸟瞰图）（来源：见地工作室）

a

b

图5-2-10 屋顶的变异（a为丽江悦榕庄；b为束河十院）（来源：翟辉 摄）

东巴象形文字是一种比甲骨文还要原始的图画象形文字，属于文字起源的早期形态，是世界记忆遗产，被称为"唯一活着的象形文字"。束河的寨门是用东巴文字中的"村寨"变形而来的（图5-2-7、图5-2-8）。

普者黑在彝语里为"鱼虾多的池塘"（图5-2-9）。普者黑游客中心充分利用场地高差，应答环境，地景和建筑得以实现令人惊喜的结合，并且弱化建筑的体量感，使整个建筑与周边道路、绿化、水体自然相接、融为一体，呼应普者黑柔美的山形，柔和的空间曲线和平面曲线都在展示普者黑"山水鱼荷"的特色美景。

（三）变异适度

在全球化的背景下，即使是开放化程度最高的地区也不可能完全没有本民族、本地区的胎记；同时，最保守、最封闭的地区也不可能没有全球化的痕迹。现代性与传统性并不是相互对立和排斥的极端状态，在任何社会中都不存在纯粹的现代性和纯粹的传统性。相反，现代化过程是一个传统性不断削弱和现代性不断增强的过程。每个社会的传统性内部都有发展出现代性的可能。现代性不仅可能和传统性并存，而且它本身可以强化传统性，它可能使原来存在的文化获得新生（图5-2-10～图5-2-12）。

图5-2-11　材料色彩的变异（束河十院）（来源：翟辉 摄）

图5-2-12　尺度材料的变异（昆明老街）（来源：翟辉 摄）

地域性建筑创作的手法有"熟悉化"和"陌生化"之说,以"批判的地域主义"的"要素"来看,地域性建筑创作更应该采取的是"熟悉化"基础上的"陌生化"处理方式,因此,适度的变异是必然的。

建筑的变异包括了空间的变异、尺度的变异、材料的变异、色彩的变异、装饰的变异,等等。不管怎样的变异,其中最为关键和最难的都是"适度"(图5-2-13)。

(四)材料建构

建构是建筑本真形式形成的源泉。"意义和特性不能只以造型或美学的观点来说明,而是得像我们所指出的,紧紧的和创作过程发生关系。事实上,海德格尔定义艺术的'方法'乃付诸实施(in swerk-setzen)。此乃建筑具体化的意义。一件建筑作品的特性最主要由其所运用的构造方式所决定;框架式,开放的,透明的(潜在的或明显的)。其次才由营建方式所决定,例如:镶嵌、结合、矗立等。这些过程表达了作品成为'物'所代表的意义为何。因此密斯·凡·德·罗说:'建筑始于你将两块砖小心翼翼地堆砌在一起时'。"①

建筑学的英文architecture 起源于两个希腊词根:archè 和technè。其中archè(基础的、首要的、原初的)指代建筑学所秉承的某些根本性和指导性的"原则"——不管这些原则是宗教性的、伦理性的、技术性的还是审美性的;而technè(技术、方法、工艺等)所指代的是

图5-2-13 细部装饰的变异(大理港方案) (来源:见地工作室)

---

① (挪威)诺伯特·舒尔兹.场所精神:迈向建筑现象学[M].(台湾)施植明译.田园文化事业有限公司,1995.

建筑要实现archè中的原则所采用的物质手段。或者换句话说，在建筑学中，一切客观、具体的建筑手段、条件或状况（technè），实际上都为某种概念性的、抽象的"原则"（archè）所控制和体现。同样，"建构"tectonic一词也不能被缩减为纯客观的建筑实在，其古希腊词根tekton同时拥有着"技术工艺"与"诗性实践"的双重含义。①因此，"建构"可理解作：以材料、构件的建筑化组织方式来实现一种人对环境的改造和认同。

地方建筑设计，首先必须遵循由客观环境和材料属性所决定的建构逻辑。建构方式依赖于物质世界的几个非常基本的方面：第一个当然是重力和与之相伴的物理学，重力会影响我们的建造对象及其下部地面；另一个是我们所掌握或制造的材料和结构；第三是我们将这些材料放置在一起的方式。实际上，"营建方式是一种明晰性的观点。明晰性决定了一栋建筑物如何站立、耸起，以及如何吸收阳光。'站立'是表示与大地的关系，'耸起'则是与天空的关系。站立经由基座和墙的处理方式而具体化……天地在墙壁交会，而人类存于大地上的方法则以此交会的解决方式而具体化。"

材料，建筑的原点。材料有两个方面：其一，材料是用于制作事物。其二，材料的制作过程中强调了人的要素。也就是说，材料与感知息息相关，斩不断和人的密切联系。人作用于材料，而材料也通过加工、建构、表达，作用于人（图5-2-14～图5-2-17）。

海德格尔早在《住·居·思》一书中说："人与地点的

a　　　　　　　　　　　　　　　　　　　　b

图5-2-14　石和木（a为束河某客栈；b为玉湖小学）（来源：翟辉 摄）

---

① 转引自"'建构'的许诺与虚设——论当代中国建筑学发展中的'建构'观念"一文，朱涛.

图5-2-15 贴砖和槽钢（a为大理玖和院；b为双廊杨丽萍精品酒店）

图5-2-16 丽江"淼庐"（来源：翟辉 摄）

图5-2-17 双廊"海街"（来源：翟辉 摄）

关系以及通过地点和空间的关系均包含在人的住所中。明确地说，人与空间的关系就是定居关系"。材料作为建筑存在的物质本体，与地点有着密切的关系，具有地点属性的材料能够暗示出场所的归属感和方向感。

（五）符号点缀

如蒋高宸先生所言，新传统必然载有新时代所赋予它的新的精神，旧传统也不可能因新时代的到来就迅疾消失，特别是在旧传统中沉淀很深、自识性很高、得到民族和社会广泛认同的那些东西。那么，传统建筑中那些自识性很高的符号性构件、装饰我们应该如何借鉴、延续，使其复活并得到民族和社会广泛认同呢？

符号除了自身功能以外，更多的是具有传达"意义"的功能。建筑符号的象征意义，是由符号及其所表达内容的相似性，经过长期演变而约定俗成的。虽然建筑界有"装饰就是罪恶"一说，但是，至少对于云南传统建筑来说，许多装饰、符号都是不可或缺的，因为它们有些已经成为一种"吉祥文化"，比如丽江的悬鱼、蝙蝠板，大理的山花、瓦猫，迪庆的吉祥八宝，楚雄的牛虎太阳；还有一些已经沉淀为建筑地域性外在的标志，比如滇中地区的长脊短檐、猫拱墙，傣族地区的陡坡重檐、木构干阑，红河哈尼族的蘑菇草顶，丽江纳西族的雀台搏风板，迪庆藏族的梯形窗户。

丽江传统民居的搏风板中央部位大多悬挂有"蝙蝠板"或"悬鱼"，蝙蝠板取"福"之谐音（图5-2-18、图5-2-19），

图5-2-18 传统民居中的悬鱼和蝙蝠板（来源：翟辉 摄）

图5-2-19 现代建筑中的悬鱼和蝙蝠板（a为丽江铂尔曼；b为丽江COART）（来源：翟辉 摄）

图5-2-20 丽江阳光酒店中的"四福抱寿"铺地

图5-2-21 丽江阳光酒店中的悬鱼、蝙蝠板、麻雀台、搏风板、晾晒架（来源：翟辉 摄）

a　　　　　　　　　　　　　　　　　　b

图5-2-22 大理山墙符号（a为传统山花；b为玖和院山花变形）（来源：见地工作室）

图5-2-23 三眼井（a为传统三眼井；b为丽江阳光酒店中的三眼井）
（来源：见地工作室）

"悬鱼"取"年年有余"之意，院落铺装中的"四福（蝙蝠）抱寿"（图5-2-20）、"青蛙八格图"等也都已演变为建筑文化符号，"茶马驿栈"中的建筑山墙处理和庭院铺装大多源于此（图5-2-21、图5-2-22）。

明楼、蛮楼、骑厦楼代表了束河地域性建筑的主要构架形式；瓦猫、悬鱼、蝙蝠板抽象了束河地域性建筑的主要文化符号；粉墙、青瓦、灰砖，加之暗红的封檐板和檐廊柱，构成了丽江传统建筑的主色调；三眼井的文化景观功能已超越了其生活功能，承继着丽江用水的传统智慧（图5-2-23）。

虽然地域性建筑的创作注重表达在新的时代背景下建筑的场所精神和文化内涵，而不仅仅是建筑的外皮，但是，从传统建筑中汲取精华，吸收其传统建筑元素、符号同时予以抽象、转化、重组和运用仍然是凸显建筑地域性的手段之一。

第三节 地域特色

建筑的地域特色不仅仅只是一个形式问题，也不是单纯用某种风格或设计手法便能获得。传统建筑地域特色的形成自有其内在的规律，是在和地区的相对隔绝状态、缓慢发展的文明形式联系在一起的。正是由于技术水平和认识世界的能力低下，以及文化之间的相互隔绝，造成了在农业文明中地区往往就是该地区内人们所认识的整个世界。这时的"地区"也就是"世界"，如卡西尔所言："人总是倾向于把他生活的小圈子看作是世界的中心，并且把他个人生活作为宇宙标准。"但这并不是说在农业文明时代就没有文化相互交流和影响，只不过这种文化的交流和融合相对缓慢，也囿于局部的范围而非广大的地区。漫长的前工业社会，由于技术文明的低下和交通手段的落后，人与土地总能保持较稳定平衡的关系，于是很容易发现各地的地区特征基本上是以各地地理上的自然界限相联系在一起的，因而地区性可以说是存在于特定区域内稳定的文化特征。同样，地域性建筑和城市在长期而缓慢的自我调整中渐渐在特定的范围内视觉特征上形成一种稳定风格。

在工业文明语境下，受到来自发达国家作为话语中心从物质文化到一种普遍性价值观的巨大冲击。一些不发达的地区，为了维系自身的文化认同感，需要在被动的抵抗中，去自觉地发掘自身的民族和地区文化精神和凝聚力量。只要存在着资本主义所要求的"中心—边缘"关系，这种自觉的抗拒就会存在。

这种抗拒总会不自觉地去从传统中寻求民族和文化自身认同的动力，各地区从传统文化中寻求自身文化认同的凝聚力量，传统形式往往便成了文化本身的象征而被继承或者在形式层面加以"创新"。最初的时候尤其不能忘怀人们印象深刻的形式化语言（传统形式），这种方式往往使得地域性建筑创作仅成为一种对文化的布景式象征。然而，单纯表意的形式在脱离物质基础（时代条件、场所、技术力量、建造手段）之后已经沦为一种僵化保守。建筑形式原本产生于人类对于特定地区环境的应答，但由于形式本身具有一定的自主性，所以往往又成为一种主导性因素，反过来去约束、制约来源于人类生活本身的地域性建筑创造。当工业化大生产和消费文化在全球扩展，造成各地的地方文化的普同，即便是那些所谓地域特色的建筑创作手法也是一样，必然会造成相似的建筑样式无控制的在各处复制，致使真正地方城市建筑特色的丧失。

"特色"的需求源自于中国文化的危机。近代西方对中国的侵略使中华民族文化第一次面临深刻危机，在根本上更是传统中国现代性转型的危机。转型伴随着一系列互相纠缠的矛盾："西方化—现代化"、"民族性—现代性"、"文化救亡—文化革新"。这种危机一方面产生了对自身文化的怀疑甚至否定，另一方面又激发了要将伟大的传统文化保留并传承下去的自觉，这两种复杂的心态相互纠葛在一起，成为中国进入现代社会时重新构造中国性（国家性和民族性）的双重动力。在建筑学界解决的方式是所谓"中体西用"：将当时被视为现代建筑模式的西方古典复兴样式，与中国传统建筑的空间和形式特征相结合。

在改革开放之后，中国特色创造的原动力发生转变，它来自于全球商业文化带给中国传统文化、地域文化的危机。用现代重塑中国性的路径没有改变，只是这时一方面现代主义建筑思想和实践开始被广为接受，另一方面也吸收了"批判的地域主义"的思想：对"西方中心主义"、"资本主义全球化"的普遍批判；另一方面又和"作为商业大众文化媚俗的地区主义"，"对回归前工业时代的浪漫的地区主义"保持明确的距离。因此，"中体西用"变为"中国的现代性"，变成基于"现代主义"价值和美学下的"中国传统"形式和空间更加抽象的表达。

实际上，地域特色的问题本质上是在不同时代条件下类似的社会集体文化焦虑和文化心理在建筑上的体现，目的是采用不同的建筑语言来解决民族文化身份认同的问题。历史上，只要是社会条件造成内在需求增长，国家和社会对地域特色的需求也会随之被强化。同样，如果特定文化认同被移除或改变，这种建筑地方特色的合理性基础就会不复存在，因此可以说具有地方特色的建筑设计并不一定就是合理的建筑——"建筑的地方特色≠建筑合理性"。而真正合理的"地方建筑"应该是建立在对地方的人文地理现实（地方性）进行适当的应答和诠释基础之上的。

然而，随着中国逐渐深入参与全球市场，最新现代建筑思潮和实践变为建筑设计的日常状态，整个社会状态和文化语境反映着中国地位和身份从全球化的边缘国家向全球利益的主要攸关方的转变。如果还有所谓集体文化的焦虑，这种焦虑早就从"民族兴亡"、"现代转型"、"身份认同"转变为对市场和体制带来的社会和环境问题的焦虑。

因此，除了对地域特色的研究之外，也需要注重对地域性的研究，"地域特色"以形式创造为目标，"地域性"则是试图分析和解决地方问题。地域性是建筑存在的一种基本向度，是"人文—地理"特征在人居环境上的自然呈现和与之相伴的社会和文化认同建构过程。因此，任何建筑都或多或少的具有某种程度的地方性，但在特定的主导意识形态下，却只有某些地方性的建筑表达得到社会文化的认同，成为"合法的"地方特色。例如某个国家或地区只认同某段历史、某个民族、某类建筑作为地方的"传统"或地方"特色"，并寻求特定价值下"合理"的建筑表达方式。在建筑学的"中国"、"民族"、"地方"（传统）建筑特色创作大多属于此类。

地域是一个地区特定人文地理关系的空间系统，这个系统既有其本身结构和属性，又受到地区之外环境（其他地区）的影响。因此，地域性从来就是一种"内部性"与"外部性"双向建构的过程和结果。而从历史层面看，这种建构具有3次重要的变化，形成3类典型的地方性。

在前工业社会，地区是相互分隔和相互独立的，地区之间的联系受到地理疆界很大的限定，对应于特定的地理区域形成特色鲜明的文化区。在地区内（包括国家到较小的地域）的城乡聚落空间关系可描绘为"斑块中的簇状、树状结构"。

在工业社会，地区之间联系变得密切，地区性的改变由工业生产、区域贸易和西方殖民所改变，形成以西方为中心的文化地区的"中心—边缘"和等级结构，形成"西方"和"东方"的文化身份建构。中心文化区影响大大超越其对应的地理范围，东方和其他文化区变成边缘化。在边缘地区内的地方性除了一些特定的区域（西方殖民区）总体上仍是一种前工业社会的特征，他们在争取自身的权利和独立运动中，增强并建构了地方（国家、民族）的文化身份和认同。在区域内部，地区空间结构关系体现为基于生产和消费市场的社会空间关系，是同心圆结构和树状等级结构的结合。

在后工业社会全球化的影响下，地区之间互相融合、影响和依赖，并在全球层面上构成复杂的中心边缘空间网络系统。

地区之间的关系超越地理上的限定。这样，似乎就出现了地方性的"悖论"：地区内的性质在很大程度上由地区外（可能是地理上遥远的区域）的力量所决定，形成在地方内的"他地"构造，甚至是由"他地"支配并决定了地方的性质（这个现象虽然在工业社会的一些区域也存在，但是在全球化时代成为一种典型的空间现象）。于是，在理论层面似乎让人看到所谓"地方即世界"的同时"世界即地方"。

全球地方性又代表社会空间的演变及建构过程，是一个复杂的社会空间互动的双向建构，即全球地方性在城乡空间结构及空间形态上的呈现，伴随这种空间建构过程的"全球"与"地方"之间的矛盾和问题，以及新的社会空间秩序建构，包括社会、文化意识形态（依据不同权力结构）的不同建构方式（图5-3-1）。

因此，脱离建筑整体合理性的单纯建筑形式和空间形式符号移植，无论采取的具象化还是抽象化的美学手法，即脱离的社会文化现实的及当代普世价值理性判断的形式创造均不是很好的做法。如果脱离了历史和现实的理性认知，也很难客观地对待和良好地继承建筑传统，传统建筑也会变为保守的形式记忆，被功利化地使用。

顾奇伟先生曾这样总结"云南派"的特质："崇自然、不拘于'天道'"，"求实效、不缚于法度"，"尚率直，厌矫揉造作"。实际上，真正优秀的地域性建筑应该是一种具有"真、善、美"的建筑，它由内至外，由形到质，从关注表面的特色设计手法的"着妆美"，到更加关注深层次、更广泛建筑特色的"气质美"，即建立和谐社会、生态文化的良好秩序和促使优秀地域性建筑的形成机制。在建筑学的层面应该注重以下方面：

（一）地理气候·历史文脉·城市脉络

历史是在一定的时间，由人物、地点、事件形成的。历史反映地是持续的社会文化及相应的价值观与地域的特有结合方式，这种结合方式在历史中不断被持续"凝固"到不同系列的建筑之中，并经由它们的"拼贴"而构成城市。城市建筑环境本身就是一个地方的历史独特性的空间，表达也在

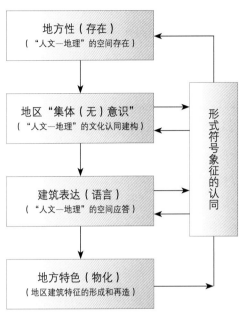

图5-3-1　建筑地方性及其认同形成机制
（来源：吴志宏　绘）

其空间脉络中展现不同时代社会文化传统和遗产。因此，一个地方城市建筑的特色首先来自于这片土地在城市建筑上所凝固和展现历史的具体方式。所以，好的地方建筑应该是在宏观上对城市既有自然及文化地景、空间结构和形态的理解与尊重基础上的改善、整合和创造，又在微观上对其空间肌理和各部分关系的梳理、缝合。

（二）地域文化·社会正义·社会生活

希腊建筑理论家亚历山大·佐内斯认为，地区性的目的是创造一种"场所"的建筑，使人们对其不感到孤独与陌生；同时地区主义努力创造一种有归属感的、"公众"的建筑。它是以地区的真实性和合理性来抵抗来自于历史与地区外强加的形式化、非人化的因素。

（三）精神·原型建构·形式符号

本真的建筑必然包括本真的建筑目的和相应本真的手段。海德格尔认为，本真的建筑就是这样的艺术品：它包含了本真的知识和技术，并且以具体而有力的特征和形式具化揭示人们的生活状况及与世界的基本联系。由于特定的建

构方式一方面总是离不开特定的地域自然环境，另一方面又通常是与特定文化历史相联系在一起的，因此它也会成为文化的表意符号。文化符号作为文化传统可以在跨越地域、跨越历史而得到延续，但是如果它脱离地域的真实的现实和需求，以其代表的智慧和经验或既有的知识和技术不能再适应新的条件和需求时，将会变成僵死的形式。基于既有传统的一些方面，新的时代和地域条件将会发展出更适宜的空间智慧——新的地域传统，这便是地域性建筑演化过程中"传统"与"现代"、"传承"与"创新"的辩证关系。

地域性建筑"新传统"的创造实际上是建构一种本真的地域性建筑，它是塑造一种合理的、平衡的"天—地—人"关系，所体现的是诚实、合理、人性的建造过程，它不暗示任何风格，它关心的是房屋因特定的使用目的、以何种使用方式（包含建筑的功能）、基于何种特殊的情景（广义的环境制约）而建造，基于特定的材料形成何种建造方式和特有的形式。

本真的地域性建筑首先表现为一种限制性。它必然有选择地继承世界文化中所有优秀的建筑遗产，选择既是避免折中的样式叠加，又是对工业及后工业技术的适应性建筑优化。与限制性相反，它也具有某种解放性。说它是解放是因为它必然也超越地区的视野，主动与其他地域文化相融合而创造出新的"地域"文化。这是一个地域与本时代新兴思想合拍的表露。我们把这种表露称为"地域性"是因为"它还没有在其他地方出现……一个地域可以发展某些观念，一个地方可以接受某些观念，两者都需要有想象力和智慧。"

"房子是生活的寓言"，从中我们能看到不同的生活状态、方式和态度。一个文化之性格及意义即在于：它所选择的策略，即针对某些需求的特殊解决办法，一定是此时此地为此些人的恰切的方法。本真的地域性建筑必然具有某种显著的地域特色，但是它并不是仅仅以某种特色或风格作为起点和终点。它是一种基于地域实际情境来解决聚居问题的现实主义态度，自然也包括相应一系列的解决方法。然而，除了态度和构建框架外，它并不能给具体的建筑以具体的答案，而仍必须依赖于诚实勇敢的实践。

第六章　滇西北地区当代建筑地域特色分析

　　滇西北地区是我国版图内不同文化板块的交接、碰撞、延伸区域，是自然环境和繁复文化最为多样和复杂的地区，受不同地理气候条件、文化特征、生产方式及经济模式综合作用，形成不同的、特色鲜明的住屋模式。再者，由于滇西北地区中的三座主要城市大理、丽江、香格里拉都是知名的旅游城市，对建筑的地区特色的保持要求较高，而中小体量的旅游建筑居多，因此，滇西北地区不乏具有明显地域特点的现代建筑，从中我们确实可以理出一些承继传统的思路。但是，我们也可以发现"回归种子"、"继承基因"的既特又"色"的建筑创作仍然不多见，我们更多见的是在传统传承过程中无机模仿的暂时伎俩，是矫情模仿的功利性表现以及仅限于商业层面的技巧玩弄和盈利手段。

　　因此，在滇西北地区，我们更要警惕分离引用符号片段而忽视从进化论角度理解、承继乡土建筑优良基因的"煽情的地域主义"，探求如何在新时代和新技术的冲击下再现传统文化的精神内核的进化演变方式和模式。

对滇西北地区的建筑形式产生影响的因素主要有：自然环境、社会文化、经济技术、生活习俗、家庭结构、审美观念、宗教思想以及外族文化等。在这些因素的影响及限制下，产生的建筑就不只是一个简单的物理平面，而是饱含了一套完整的民族文化体系。而在现代社会中，民族文化的体系与经济发展并重融合。建筑的特色也有了新的理解：民居形式融合现代形式+原生材料兼容现代材料+新技术新材料研究。

第一节 来龙去脉

滇西北地区集聚的主要城镇为大理、丽江、香格里拉。在历史的河流中，也是文化文明起源发展的重要节点。区内高大狭窄的贡山、怒江、云岭与深壑湍急的金沙江、澜沧江、怒江山川相连，南北并列，自青藏高原平行南下，构成数列雄伟壮观的高山峡谷，并产生了举世闻名"三江并流"的自然奇观。滇西北旅游资源特色鲜明，它以独特的高原山体、高原湖泊和滇西北特有的少数民族风情等旅游资源取胜。

滇西北地区在云南的发展历史上有着其他地区不可替代的重要性，滇西北的大理地区一直都是云南省的行政中心，由于地缘关系及其所造成的特殊的地区历史的影响，丽江、香格里拉为次一级的地区中心。元代以前，沿大理—丽江—香格里拉一线的历史地位是异常重要的。随着元代行政中心东迁至昆明，该地区的地位大不如前。但恰恰是这种落后使该地区在现代化的进程中受到的影响也较滇中地区少。

城镇发展较滇中城镇发展缓慢。进入20世纪90年代以来，滇西北旅游业异军突起，在云南旅游业发展之中越来越具有举足轻重的地位。

大理州旅游业起步较早，目前正处于发展阶段，呈现缓慢发展的趋势；丽江在经过探查阶段之后，经历较短时间的参与阶段，很快进入发展阶段；迪庆州在经过对旅游业的探查和摸索后，现已进入参与阶段；怒江州由于资源开发程度、基础设施、社会经济水平等因素的影响，目前正处于旅游业的探查阶段，造成滇西北旅游区与各州市生命周期差异较大及影响旅游区生命周期演变的主要原因有：各州市旅游业的发展、旅游空间结构演化、交通可进入性和重大事件，这些影响因素对滇西北旅游区生命周期起着促进或抑制作用，也是滇西北地区建筑创作的背景与依据。

在这个大背景下，滇西北地区建筑类型也迎合了旅游产业发展。旅馆类建筑设计创作成绩突出。对于传统建筑的继承与变迁表达得最为明确，特色最明显。设计内容不仅仅体现在装饰性的民族特殊图案，更反映着滇西北地区居民对自然的崇敬之情。

滇西北地区，太阳能资源丰沛，但传统建筑材料技术的局限性对于被动式太阳能的利用一直到现代才有所体现。如在滇西北地区出现的"太阳房"，便是风土建筑创作发展的另一个突出变化。

第二节 肌理协调

一、建筑肌理特征与协调方式

大理和丽江地区，合院形式为建筑肌理基础特征，同时也是时代背景的体现。就如前文表述，旅游发展由大理最先开始。大理建筑的合院模式便被充分利用到当代建筑的

图6-2-1 迪庆州德钦县拖顶乡大村肌理（来源：翟辉 摄）

创作中。不同的是，在时代发展过程中为了满足现在使用的需求，建筑的体量是逐渐变大的。其为了满足旅游接待需求的空间要求。建筑保留坡屋面，而建筑开间进深变大。建筑肌理也跟随功能需求变大。传统建筑肌理四面围合，西南或东南面与街道联系并设置大门。为阻滞西北向过于寒冷冬季风，建筑北向建筑围合并层高较高。而建筑肌理的协调方式主要体现在公共建筑。居住建筑则不能适应合院肌理的模式。建筑肌理发展了点式及板式的建筑肌理。

合院建筑在滇西北地区适应是依据气候及材料建构共同作用的。西北地区地形多样，主要特点为大城镇大都集中在平坝地区。山地及半山地地区分散式片状分布于地势较为平缓的地区。传统建筑肌理与自然环境是有机协调的，合院与合院紧密相连，形成街巷，街巷与水沟并行，水流平行街道顺流，汇入溪河。合院分散建立，田地围绕周边。院子、田地、街巷三者互补联系，肌理接近汉式城镇。再者，香格里拉及怒江地区，建筑肌理多以点状形式为基础。房与房"独立"建造，体量完整统一。在平坝中，各栋以点式分布，建筑四周为田地。建筑即是自然景观——"天高地阔"。在山地上，房与房高低错落建造，成簇群式建构，道路多为尽端路，山墙面向山下。屋檐与屋檐层叠呼应，犹如连绵的山峦。

对于传统建筑肌理形式而言，在滇西北地区是发展优质旅游的重要物质资源（图6-2-1）。如平坝区域内院联系相接的"丽江铂尔曼度假酒店"，或半山地的"仁安悦榕庄酒店"都体现了滇西北地区建筑肌理的对应与延续。

图6-2-3　香格里拉仁安悦榕庄（来源：翟辉　摄）

图6-2-2　香格里拉仁安悦榕庄（来源：翟辉　摄）

图6-2-4　香格里拉仁安悦榕庄（来源：翟辉　摄）

图6-2-5 建筑与传统聚落、山水肌理呼应（来源：吴志宏 摄）

二、案例解析

（一）仁安悦榕庄酒店

滇西北地区传统聚落形式多样，根据地理环境差异可大致分为山地村寨聚落模式、平坝村寨聚落模式、平坝城镇聚落模式、湖滨场景聚落模式4种，当代建筑在对应传统聚落肌理方面有很多优秀案例。

如仁安悦榕庄酒店（图6-2-2~图6-2-4），酒店位于迪庆藏族自治州距离市中心15公里的半山平坝区，成片的藏族传统农舍肌理协调，与德钦拖顶大村结合地形、连接成片、错落而带韵律感的布置手法一致。采用传统聚落形式，结合地形，散布在自然环境中，原汁原味地还原藏式民居风情。

仁安悦榕庄酒店采用传统藏式建筑形式，还原藏式风情，是传统建筑形式、门窗、小木措等建筑元素的转译，体现浓浓的藏式风味。建筑材料也按照传统建筑模式，更加贴近自然，室内保留藏族传统的生活精神中心——火塘，作为公共活动的中心，内部建筑家具布局也透着藏式气息。

（二）独龙族历史文化博物馆

另一个体现肌理协调的当代建筑——独龙族历史文化博物馆（图6-2-5~图6-2-8）：

设计概念出发点和目标是：充分理解独龙族物质与非物质文化遗产的意义，尊重当地地域环境的社会人文条件，为独龙族人民创造具有显著独龙族特色和现代气息的标志性建筑，为当地人民创造适宜交流聚会、文化传承的公共空间。

图6-2-6 独龙族历史文化博物馆（来源：吴志宏 摄）

图6-2-7 独龙族历史文化博物馆（来源：吴志宏 摄）

图6-2-8 独龙族历史文化博物馆（来源：吴志宏 摄）

建筑设计概念是对独龙族民居所形成的聚落意象的反映。村落和民居层叠的山檐掩映于重重山峦之中。因此，设计将"重峦"与"叠檐"两种特征结合到博物馆屋顶设计之中，形成三重曲折的屋顶。

传统建筑外廊灰空间，是家庭公共活动空间。博物馆的户外平台，提供了村民聚会交流的户外公共空间、传统空间的演绎。

（三）丽江铂尔曼度假酒店

铂尔曼酒店位于丽江束河古镇东北侧，采用传统民居布局，融入环境中。建筑形式吸取民居样式特色，并进行了现代手法的转译，既有现代的审美，又有传统建筑元素的韵味。

温馨而舒适的79栋别墅和51间客房散布在酒店静谧的自然环境中，酒店建筑设计灵感来自当地纳西族的传统建筑，同时融入现代中式装饰元素，大小花园水流环绕，中心湖更是聚集了酒店的诗画美景之精华（图6-2-9）。

丽江古城小桥流水的景致在铂尔曼酒店中被体现得淋漓尽致。水为景，水引路，并以水结束（图6-2-10~图6-2-12）。

图6-2-9 丽江铂尔曼度假酒店全景（来源：铂尔曼酒店设计文本）

图6-2-10 入口庭院（来源：铂尔曼酒店设计文本）

图6-2-11　主景观轴（来源：铂尔曼酒店设计文本）

图6-2-12　水景（来源：铂尔曼酒店设计文本）

图6-2-13　别墅客房院落（来源：铂尔曼酒店设计文本）

图6-2-14　丽江铂尔曼酒店（来源：铂尔曼酒店设计文本）

图6-2-15　丽江新建筑（来源：翟辉 摄）

图6-2-16 丽江悦榕庄（来源：翟辉 摄）

在丽江，随处可见体现肌理协调的案例和细节，纳西族民居常畔水而居，以辅助性设施如厢房、院墙等，来灵活调整、平衡标高不同和不规则的地形，使院落的空间组合更加自由、自然协调（图6-2-13～图6-2-16）。

第三节　环境应答

一、环境特征与应答方式

村镇（聚落）的存在，离不开滋养它的外部环境。滇西北地区行政上隶属于大理州、迪庆州、怒江州和丽江地区，均是不同少数民族的主要聚居地。复杂的地理环境、丰富的自然资源、多姿多彩的民族文化，共同构成了一个独一无二的人地复合体系，民族与地理的结合，已使得滇西北不再代表"简单"的地理区位与行政区位的划分。

大理地区多处于平坝、临水区域。历史上是南诏国的统治核心地区，也是滇西北吸收汉文化程度最高的民族聚居地，融合吸纳是此地域最重要的区域。大理地区分布滇西北最多的古城（镇）。人文环境统一完整，自然环境秀丽柔美。

丽江地区处于滇、川、藏三省交通要冲，历史上曾是周边主要政权的争夺之地，不同时期分别属于中原、东边的南诏、大理政权及北方的西藏吐蕃政权。该地区受汉、白、藏文化影响。人文环境在明代后土司管理期间形成较为稳固的特色，融合应变，较怒江地区更重视建筑美观性（悬鱼，雀台的建构）。

迪庆地区一度是吐蕃政权的属地，具有浓郁的藏族风情。香格里拉是茶马古道上的必经之路。山地冬季气候寒冷，河谷暖和。藏族与傈僳族多杂居在一个地区。山地为傈僳族居住，山脚多为藏族。迪庆地区自然环境壮丽，人文环境"朴实"。

怒江地区地形复杂，拥有三江并流、四山并耸的奇景。该地区文化发展长期落后于滇西北的其他地州，缺乏较大规模的城镇，但在村落与民居层面上保留了大量的传统聚落。自然环境纯净神秘，人文环境"原始"多样。

在滇西北地区太阳能资源是不可忽视的资源。在滇西北现代建筑创作的过程中，也重视了太阳能资源的利用。

二、案例解析

（一）香格里拉松赞林卡精品酒店

酒店依山而建，与自然环境与地形地貌进行很好的结合，融入自然环境当中。松赞林卡酒店依山就势，在坡地上分台处理，顺势而上，24座藏式石砌建筑分布其中，与场地环境进行良性互动。为了应对藏区的气候，松赞林卡建筑单体采用藏式土掌碉房的形式，垒石为基，屋面土掌，较大的进深，这些都是出于隔热的目的；而小天井及退台又可加强通风（图6-3-1～图6-3-3）。

（二）香格里拉建塘小镇

香格里拉建塘旅游小镇项目也是一高端度假酒店，酒店整体均采用了新的结构体系建造。各栋建筑相对独立建造，类

图6-3-3 松赞林卡精品酒店（来源：李天依 摄）

图6-3-1 松赞林卡精品酒店（来源：李天依 摄）

图6-3-2 松赞林卡精品酒店（来源：李天依 摄）

图6-3-4 香格里拉建塘小镇（来源：李天依 摄）

似于香格里拉地区闪片房的布局形式。每一栋相对独立且面向最佳朝向,争取最好阳光及景观(图6-3-4~图6-3-6)。

(三)香格里拉高山植物园观鸟台

继承地方民居传统中的智慧与符号,强调"巧于因借",力图体现藏居传统形式与现代建筑技术的适宜结合以及建筑与环境的和谐统一。展览室主体结构采用预应力整体

图6-3-5 门窗细部(来源:李天依 摄)

图6-3-6 细部表达(来源:李天依 摄)

图6-3-7 观鸟台西南外观(来源:翟辉 摄)

图6-3-8 观鸟台门窗细部(来源:翟辉 摄)

图6-3-9 观鸟台材料对比(来源:翟辉 摄)

图6-3-10 束河古镇飞花触水（来源：翟辉 摄）

图6-3-11 传统纳西族民居小桥流水（来源：孙春媛 摄）

图6-3-12 纳西族合院民居（来源：张欣雁 摄）

图6-3-13 丽江束河的临水空间（来源：翟辉 摄）

图6-3-14 丽江新建筑（来源：翟辉 摄）

图6-3-15 丽江悦榕庄酒店（来源：翟辉 摄）

装配式框架结构，预制构件标准化程度达到80%，与传统现浇框架相比，钢筋用量减少一半，砂石用量减少约1/4。展览室主体结构80%以上构件可以原状拆除循环使用，实现了预制装配式结构的绿色化改造（图6-3-7～图6-3-9）。

观鸟台的"阳光房"的设计，吸收太阳光热量。混凝土、瓷砖、土坯等密实材料用作蓄热体。室内空间舒适度提高，保温度较高。

（四）丽江束河片区新建筑

伴随着丽江束河古镇的旅游兴起，新区与古镇应协同发展。新区建筑不仅要适应其所处自然环境，也需要应答古镇的文脉环境（包括文化内涵、空间形态）。例如，应答水环境的创作与运用，体现出束河民居传统中的亲水性（图 6-3-10～图 6-3-15）。

第四节　变异适度

一、空间变异与适应方式

建筑的功能性是建筑最重要的属性。在汉文化的建筑语境中，建筑功能及空间是一个很广泛的概念。它包括了世俗生活中全部的建筑。按照现在建筑的分类法分类的话，建筑

图6-4-1 香格里拉体育馆正立面（来源：李天依 摄）

功能空间分为公共空间、私密空间和半公共空间及半私密空间。而对于滇西北传统建筑而言，我们习惯将其分为人性空间、神性空间。生活空间的使用常常是混合使用的，并且居住空间的内向很强，传统的社会活动大部分都是在室外、半室外进行。例如，大理地区的戏台空间，大多设置在四方街的东西向，面东背西，四方街是节日聚会的重要节点。

现代建筑的建造技术提升后，室外的聚集空间向室内转变。同时，人们的活动空间变化出不同空间的建筑形式。这是现代生活及生产的需求。例如，体育馆、火车站、博物馆等大空间建筑。

另外，传统民居建筑的空间也在发展变化。在村镇的发展过程中"人畜"分离，功能房间标准化，也推动着滇西北地区建筑空间的变异，并且变异趋同现代生活标榜的"合理化"和"标准化"。

图6-4-2 香格里拉体育馆背立面（来源：李天依 摄）

图6-4-3 香格里拉体育馆足球场（来源：李天依 摄）

二、案例解析

（一）香格里拉体育馆

香格里拉体育馆正立面模仿传统藏式闪片房山墙面的形制，巨大的屋顶张拉膜犹如闪片屋顶的倾斜坡度和造型，但微微起翘，根据功能做出适度变异（图6-4-1～图6-4-3）。

（二）怒江独龙族民居更新设计

设计出发点是通过对民居样式的总结，设立几种平面模式（图6-4-4～图6-4-8）。整体规划布局中，"没有规划的规划"，避开冲沟和滑坡地质区，不占农田；沿平行等高线或河流布置，避免主入口向西；尽量按照原先民居的位置和方向来布置新民居；留出必要的公共空间和防火间距后，先有房再有路；充分听取当地居民的意见和要求。

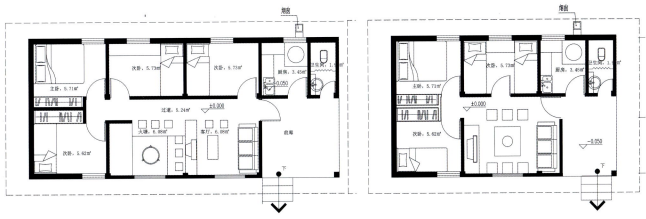

图6-4-4 独龙族民居改造平面图（来源：吴志宏 绘）

图6-4-5 独龙族民居更新改造建成图（来源：吴志宏 摄）

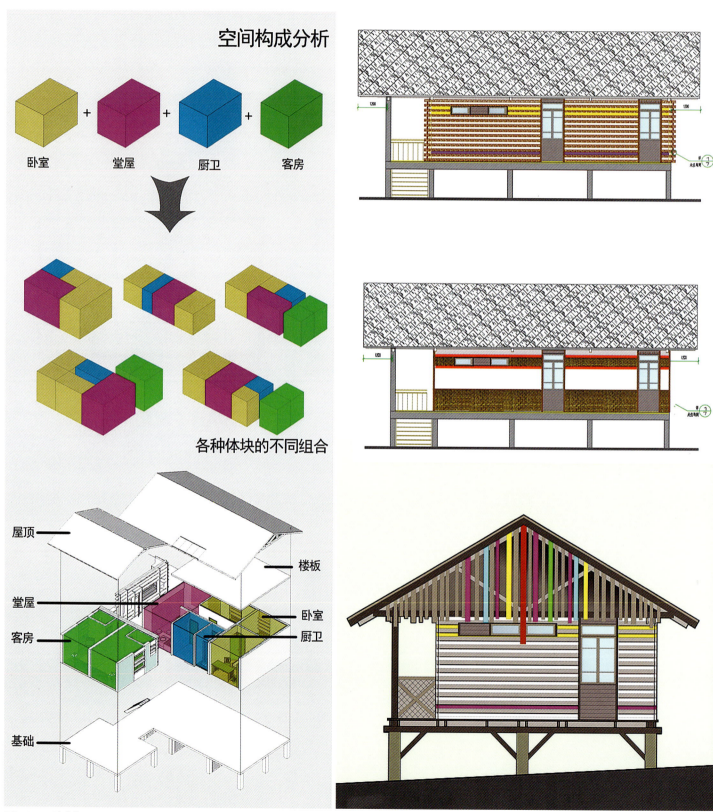

图6-4-6 独龙族民居更新改造空间构成（来源：吴志宏 绘）

图6-4-7 独龙族民居改造（来源：吴志宏）

图6-4-8 独龙族民居改造实景照片（来源：吴志宏 摄）

以"间"为代表基本的生活空间模式；简单的结构和建造方式；相对可控的建筑造价，达成低价高技的成果。

第五节　材料建构

一、材料工艺与建构方式

材料与建构是并生的两个关键要素。在传统建筑的建造过程中，材料总是就地取材，并经过一代代对材料的"试验"而固定形成的工艺。蒋高宸先生在《云南民族住屋文化》一书中提到："在自然面前为满足生活需要而对住屋形态的不断选择。经日积月累，以一种具有一定独到之处的、被社会群体普遍接受的住屋形态的诞生为其终结。一种自然的住屋形态就是一种人的自然调试方式。"

在大理、丽江地区，由于汉文化的影响，以及气候及地缘的特性，建筑建构的"调试"性显得"平凡"很多。砖、木的使用大多借用了汉式建筑"词汇"，即抬梁式结构柱上搭梁，梁上再立短柱，构成一榀屋架，数榀屋架并列，屋架之间用木枋联系，形成梁—柱—枋三个部分所共同构筑的房屋支撑结构体系。建筑墙体材料有砖、木、夯土。此部分多是依据经济情况来建造的。

而在选择性较少的高寒地区、闭塞的怒江地区，人们不得不采用最直接有效的手段来建造建筑。

在高寒地区，气候寒冷多雪。木材便是最容易找到的建筑材料。"木闪片"屋顶抗寒抗裂是在区域内"调试"下，找到的最"合理"的材料表达。木楞房用圆木、矩形、六角形木料平行向上层叠，在转角处木料端部相互交叉咬合，即可形成房屋的四壁，其平面呈现矩形。木料端部交叉咬合紧密保证稳固且没有缝隙，防止风雨渗入。

而现代建筑技术（材料，结构）的改变使得自然的"调试"变得微小。混凝土的"标准化"和"合理化"，轻松地解决了保温，防寒，防雨的建筑使用要求。

木材、夯土、石的使用由最"便捷"的材料，变化成为特色建筑的符号。在材料建构的方式上也改变成为"装饰性"。例如，石的使用由整个石头的垒砌，改变为石片（板）贴面。木材的使用由建筑的主体结构，演化到窗门，栏杆的局部使用。而传统的木结构体系也受到现代建筑标准及规范的规定，也被"边缘化"。木材被取代的趋势还因为对林地的保护而日益强烈。

二、案例解析

（一）香格里拉阿诺康巴庄园

香格里拉古城内的阿诺康巴精品酒店采用藏族民居传统形式和建筑材料，建筑尺度与古城肌理协调，很好地融入古城环境（图6-5-1～图6-5-9）。

图6-5-1　阿诺康巴庄园（来源：李天依　摄）

图6-5-2　阿诺康巴庄园夜景（来源：李天依　摄）

图6-5-3 阿诺康巴大门（来源：李天依 摄）

图6-5-6 阿诺康巴门窗（来源：李天依 摄）

图6-5-4 阿诺康巴细节（来源：李天依 摄）

图6-5-7 阿诺康巴建筑材料（来源：李天依 摄）

图6-5-5 阿诺康巴院落（来源：李天依 摄）

图6-5-8 阿诺康巴夯土细部（来源：李天依 摄）

酒店门窗在传统藏式门窗样式上既进行了抽象简化，对传统样式进行转译，更加符合现代审美，又保留了传统元素形式。建筑材料使用传统的夯土、木材、石材，并加入了现代钢材元素。

（二）大理玖和院

"玖和院"规划设计旨在把文化传统与生活细节整合起来，自由应用，融会贯通，在每一个院落里植入文化的"灵魂"、艺术的"美"、家的"随意"和交际的"尊贵"，使院落变成高品质度假生活的重要组成部分。设计追求一种理想中的意境隐逸大理桃园居，清幽澹泊情迷离，雪月如玉茶花弄，玖和院中悟玄机。

建筑设计概念是对大理民居院落式意象的反映。通过建筑院落的组织体现地方文化与民族文化。规划设计遵循保护与更新相结合的原则，保持建筑原有风貌，改造内部功能，使其满足当今的居住需求。

大理传统民居大多为两层木石结构，双坡屋顶。建筑的典型布局为"三坊一照壁"和"四合五天井"两种形式（图6-5-10～图6-5-14）。照壁、门头、山花、门窗

图6-5-9 阿诺康巴庄园（来源：李天依 摄）

图6-5-10 大理玖合院（来源：见地工作室）

图6-5-11 建筑新材料运用（来源：见地工作室）

等是大理民居的主要特点，设计在尊重传统的前提下，避免一味地模仿，利用新的形式、材料和构造手法来彰显大理传统民居的文化底蕴。

院落空间是大理传统民居的文化特色之一（图6-5-15~图6-5-18）。在建筑设计中，公共庭院与私密庭院相结合，既满足了建筑内部的公共性需求，又满足了居住的私密性要求。此外，挖掘地下庭院空间也是这个设计的一大特点，它有机地融合了传统水平庭院空间与现代垂直庭院空间。

图6-5-12 玖合院建筑风格（来源：见地工作室）

图6-5-13 玖合院材料细节（来源：见地工作室）

图6-5-15 传统民居照壁（来源：穆童 摄）

图6-5-14 玖合院内部空间（来源：见地工作室）

图6-5-16 玖合院鸟瞰图（来源：见地工作室）

黑、白、灰是大理传统民居的主要颜色，也是本项目的主要色调。在建筑设计的选材中，经过几轮样品的选择，最终选定了颜色更为合适、效果更为美观的火山石板作为主要材料。火山石板规格与青砖规格相同，遵循了传统材料的风格，也使建筑外观更加高贵、雅致。此外，建筑中还使用了灰瓦、黑沙石、白麻石、卵石等传统建筑材料。

（三）大理红龙井旅游文化中心

在旅游业发展的大背景下，遵循"适应、复原"古城城市肌理的设计原则，新的建筑群落与古城民居纹理相协调。在不同类型空间相交织的建筑群落中，运用街坊、巷道、小广场、庭院等，创造出与休闲度假、商业中心、街坊和特色民居院落相交融的社区交流场所（图6-5-19）。设计谨慎地将玻璃、钢结构、混凝土结构和传统建筑相结合，将传统的符号通过适当的提炼，在建筑的细部中加以体现，使文化的痕迹得以加深，营造出一个具有大理古城特色的旅游文化中心。

材料运用贴合大理传统建造手法，石材、木材与现代材料的结合恰到好处（图6-5-20、图6-5-21）。

图6-5-17 玖合院平面图（来源：见地工作室）

图6-5-18 玖合院效果图（来源：见地工作室）

图6-5-19 大理红龙井旅游文化中心（来源：翟辉 摄）

图6-5-20 大理红龙井旅游文化中心（来源：翟辉 摄）

图6-5-21 大理红龙井旅游文化中心（来源：翟辉 摄）

第六节 符号点缀

一、建筑符号与点缀方式

建筑符号与"标志性"经常联系在一起。例如，在滇西北地区，木闪片房标志着藏族的民居建筑。而在丙中洛周边山体多为质地松散的沙石和页岩峡谷构成，这种岩石质软，能削能钉，其特殊肌理可加工为片状的材料，多使用在屋顶，成为一大特色及标志（图6-6-1～图6-6-3）。

而点缀的方式与宗教信仰有着直接的联系。宗教信仰是人类对自然的敬畏和善美的追求。如葫芦图案便代表着多福吉祥之意，常绘制在建筑上。

在滇西北地区主要的三大民族白族、纳西族、藏族往来频繁，文化上也颇多交流。白族与藏族都善白。在历史上，南诏、大理国及其国王，分别被称为白国和白王。而藏族闪片房夯土墙也喜为白色。

而在民族地区，色彩是建筑点缀最直接的方式。如藏族建筑除了直接利用材质本身的色彩外，还就不同的宗教寓意进行色彩组合装饰建筑（黑白组，蓝黄白红组，蓝白红绿黄组等）。在现代建筑的创作中对于这方面的考虑也被"简化"。

大理地区的照壁，白色是最基本的符号，占据墙身主

图6-6-1 大理武庙会檐口、山墙符号点缀（来源：见地工作室）

图6-6-2 大理玖和院檐口、山墙符号点缀（来源：见地工作室）

图6-6-3 大理玖和院符号装饰（来源：见地工作室）

体。两边壁配以青灰色或蓝灰色砖，或由飞砖围合成带状饰面并划分成若干个形状雷同的饰框格（多为矩形框），并绘制图案，图案有花、鸟、诗词，颜色一般为蓝、灰、暖红、绿，少量配用黄色。装饰性非常突出。

丽江地区也有照壁，可色彩就比较简单，黑白灰色调，线脚装饰少，主要绘制山水或题词。与大理地区相比简素淳朴。

山墙上的山花大多被使用在大理地区。丽江地区多用悬鱼点缀山墙，而迪庆地区更为简单直接，常常为木构架，也有大面积涂颜色的处理。

现在的建筑装饰创作，多用抽象的手段表达不同地区建筑特色。如丽江火车站，夸大屋脊起翘的手法，减轻建筑的体量感。又或利用色彩相似的现代建筑材料表达建筑特色（图6-6-4~图6-6-6）。

图6-6-4　丽江火车站（来源：李天依 摄）

图6-6-5　丽江建筑——符号点缀（来源：翟辉 摄）

图6-6-6　丽江悦榕庄入口(a)束河十院（b）（来源：翟辉 摄）

二、案例解析

（一）香格里拉机场

香格里拉机场通过符号点缀体现了藏族元素和风格，屋顶的转经筒，窗框小木措，入口处的青稞架门厅装饰，以及机场前广场上成排的转经筒，都体现了浓浓的藏族风情（图6-6-7、图6-6-8）。在符号的运用上提取了藏族的吉祥图案，体现符号的唯一性和识别性。在创作的过程中多呈现出传统要素的装饰性。

（二）丽江金茂雪山语

丽江地区的建筑点缀符号提取多见于屋顶屋脊、悬山山墙以及悬鱼、蝙蝠板、瓦猫、搏风板等的运用，其中以含有吉祥意义的"悬鱼"为"标杆符号"。丽江金茂雪山语项目中的主要建筑几乎都是双坡瓦屋面，屋脊两侧高高翘起，与蓝天相互呼应，建筑整体呈现出轻盈的形式，山墙面的悬鱼和搏风板虽有不同形式、不同做法，但都较好地"点缀"了丽江建筑的"标杆符号"，使得建筑的地区识别性很容易就得到了加强（图6-6-9~图6-6-11）。

图6-6-9 丽江传统建筑（来源：翟辉 摄）

图6-6-7 香格里拉机场（来源：翟辉 摄）

图6-6-10 丽江金茂雪山语（来源：翟辉 摄）

图6-6-8 香格里拉机场入口点缀（来源：翟辉 摄）

图6-6-11 丽江金茂雪山语——符号点缀（来源：翟辉 摄）

第七节　滇西北地域建筑创作特点及问题

滇西北地域性建筑创作的基础是传统的民居建筑，而传统的民居建筑的形态、色彩、装饰的模式是属于乡村建筑的。建筑体量小，建造材料简单而又和谐。但是，地域性建筑的创作语境是"现代"建筑性的。我们"习惯"将它们与城市的功能尺度要求匹配。在滇西北地域性建筑创作的过程，大部分是传统民居细节"解构"过程。例如山墙的"模仿"，简单的图案模仿或用其他材料取代山花。现代建筑的建造技术优化了建筑"联结"部分关系。屋顶与墙身的衔接不再生硬，建筑的体量由于结构材料的优化，在建筑的创作中新材料的运用是创作的新起点，同时也是创作的矛盾点。大量现代材料的运用，在改善了建筑使用性能的同时，也对环境风貌造成一定的影响。

滇西北地域性建筑的创作还关联到旅游业的发展。整体而言，建筑的形态及特色是相对协调统一的。酒店，商业，公共建筑在长期的创作中都有较好的实例，而就居住建筑而言却表现得过于乏味。我们不能忽视的是人们对新建筑的使用需求。

因而，我们认为建筑的传承过程也是演变的过程。建筑的演变不仅仅是简单的表皮相似或模仿，也是文化的传承。对自然气候的尊重，对建筑材料的朴实运用，以及对生活需求的呼应。

简单地模仿传统建筑的细节不是传承，建筑与城市都是变化发展的，建筑的传承是在很长一段时间后，衍生出来的。地区自然特征为研究基础，文化及人文要素为核心：

1）材料（新材料）的研究——材料的建筑建造手段的"变化"导致建筑"进化"。

2）建筑细部要素运用——体现地方特色建筑最"直接"模式。

3）节能及智能研究——建筑与城市特色持续优质发展手段。

4）新建造技术的进步性——协调传统与现代的基础。

5）建筑与自然环境结合的完整性——保持建筑特色的背景要素。

6）建筑文化融合的必然性——维持建筑特色的依据。

第七章 滇中滇东北地区当代建筑地域特色分析

滇中地区在古代和近代均是云南受中原汉文化影响最大的区域，也是最为发达富庶的区域，因而无论古代还是当代均有较大的建设，因而也有较丰富的传统建筑遗产和当代优秀的建筑创作，其中省会昆明又更具有代表性。滇东北地区在历史上一度是中原经川入滇的主要通道，文化上汉化较早，但受黔、蜀文化影响较大，而且其在气候上较为寒冷，历史上也形成其鲜明的建筑特色，但当代优秀地域建筑案例相对较少。

除此之外，滇中滇东北区域是云南彝族聚居最多的区域，也有较多的彝族传统建筑遗存，尤其在楚雄彝族自治州，也有一些比较有特点的当代彝族特色建筑创作。在城市周边地区和山区，同样也反映云南民居"大杂居、小聚居"，民族文化互相交融的特点。因而在这些地区也有一些回应特定民族建筑传统的设计，如昆明团结乡白族自治乡小学设计（图7-0-1）。另外，如同云南其他地区，近年来在滇中一些特定的区域，如名胜旅游区、民族传统村落、贫困地区，却往往受到境内外知名建筑师的青睐，出现一些知名的小型建筑实践（图7-0-2）。

与其他省份相比，云南具有地域特色的优秀建筑创作案例多集中于旅游建筑这种类型，在滇中地区也有一些高端的精品度假酒店，具有很高的建筑设计水准和显著的地域特色。然而，就更广泛的城市建筑的地域特色创作而言，滇中地域建筑创作的问题与内地大城市相类似，即"现代建筑的（中国）地域表达"或"（中国）地域建筑的现代表达"。因此，本章着重对昆明以及滇中一些大城市的地域建筑创作进行分析。

图7-0-1　昆明团结乡白族自治乡小学（来源：王宇舟）

图7-0-2　昭通双河乡社区图书馆（来源：Olivier Ottevaere, 林君翰）

第一节 来龙去脉

对滇中当代地域建筑特色创作的分析，首先需要对其发展的历史进行回顾。

以昆明为代表的云南建筑发展虽然相对滞后，但其对地方建筑特色的探索路径也大致与内地相同，本质上是试图探索一种现代的中国建筑样式或中国的现代建筑样式，即传统（包括乡土传统）建筑与现代语境相结合的一套建筑语法。云南所处区位及特殊文化与中原不同，因而发展轨迹也稍有不同。下面从四个方面对云南20世纪50年代后的地方性建筑特色的创作进行一个大致总结。

一、"中体西用"的中国正统民族样式

经历了义和团运动的传教士也意识到："建筑艺术对我们传教的人，不只是美术问题，而实是吾人传教的一种方法"[①]。为了更好地使基督教在中国传播，于是在中国产生了西方古典与清代宫殿屋顶相结合的教会建筑样式，也成为"中国式"建筑的起始，后来被定义为"西体中用"的模式。之后第一代中国建筑师，大多数都有美国留学和巴黎美院折中主义教育的背景，这时所谓的"现代"建筑实际上是西方折中主义样式的传统，但他们通过对中国传统建筑手法更加纯熟的运用，创造了许多构图上的经验和技巧，形成所谓"中体西用"的模式。

具体方法是将传统宫殿样式的屋顶、装饰、基座等形式元素与西方古典复兴样式的平面及立面组合相结合，包括立面的三段式构图关系、对建筑各部分体量及空间关系的处理、对整体到局部形式元素的比例及尺度的控制等。后来因经济等因素的考量，在一些大体量和高层建筑上将大屋顶简化为角檐起翘意象和立面简洁的装饰，或者去掉大屋顶只保留檐口和檐下装饰等做法。

一方面，在这一时期云南昆明的"民族样式"建筑基本上也是"中体西用"模式的延续（图7-1-1、图7-1-2），这种模式随着20世纪二三十年代内地大量产业和上海、南京一带建筑师的迁入而形成一些类似的建筑实践，差别在于建筑规模的大小、类型的多寡、设计水平和建设质量的高下。

另一方面，云南昆明"传统样式新建筑"也来源于法国在东南亚殖民样式和本地传统建筑的结合，这类建筑是随着1910年法国人修建的滇越铁路而逐渐形成的，主要分布在滇越铁路沿线各站点及主要城市，如昆明、个旧、蒙自等大城市，以及

图7-1-1 昆明胜利堂旧址（来源：蒋高宸 摄）

图7-1-2 昆明震庄宾馆旧址（来源：蒋高宸 摄）

---

① 傅朝卿. 中国古典样式新建筑[M]. 南天出版社. P95.

云南与外省连接的商贸通道，如滇东北昭通等地。在建筑类型上主要集中于公共建筑，例如火车站台、海关、工厂，政府、银行、邮政所办公楼，高级商店、学校、医院、教堂，以及达官贵人的官邸、住所、别墅……可称为"本地化的哥卢式"风格建筑（图7-1-3～图7-1-6）。另外，受这种建筑风潮的影响，也体现在更广泛的城乡地区显贵及富裕家庭的民居之上，多数是一种在本地民居的传统模式上增加一些西洋风格元素，如外墙的门楼、山墙、门窗、建筑檐口、内院的柱廊等。

另外也存在一些个别的案例是以上两种类型之间的融合（图7-1-7），特别是20世纪30年代一些深受现代主义影响的建筑师在昆明的实践，他们把现代主义风格与大屋顶结合起来，昆华中学（昆一中）老教学楼就是例子（图7-1-8），但其屋顶似乎已脱落了宫殿式的形制，更像是云南本地傣族民居的歇山屋顶。

图7-1-3 昆明三一圣堂（来源：蒋高宸 摄）

图7-1-4 昆明"本地化哥卢式"风格建筑（来源：《春城昆明》）

图7-1-5 昆明"本地化哥卢式"风格建筑（来源：《云南古桥建筑》）

图7-1-6 昆明"本地化哥卢式"风格建筑
(来源:(a)、(d)、(e) 吴志宏 摄,(b)、(c)、(f) 蒋高宸 摄,(g)《春城昆明》)

图7-1-7 昆明旅馆（原谊安大厦）（来源：蒋高宸 摄）

图7-1-8 昆华中学（今昆一中）老教学楼（来源：蒋高宸 摄）

二、由中国正统的民族样式传统转换到地方的民间传统

新中国成立后20世纪50年代的建筑创作，基本上受"民族的形式，社会主义的内容"这一指导思想和苏联建筑理论及实践的影响，但实质上仍是对先前"中体西用"的延续。师承西方学院派大师保尔·飞利浦·克雷的梁思成在新中国成立前就提出了表现中国精神的3条途径：与结构有机结合的平面布置、屋顶轮廓、彩画雕饰。1954年提出了中国建筑传统"九大特征"，即1）个别建筑物，3部分组成：台基、房屋、屋顶；2）平面布置上，围绕庭院；3）木材结构；4）斗栱；5）举折、举架；6）曲线屋顶；7）色彩大胆；8）结构暴露；9）装饰丰富。后来简化的4点：屋顶曲线及暴露梁架、丰富的院落空间、山水造园艺术、丰富的装修效果[1]。

在这一时期的云南昆明，"民族传统"样式的设计仍主要表现为汉族官式建筑这种类型的建筑"大传统"[2]，集中在新修建的大型公共建筑之上。设计手法主要表现为采用中国宫殿式建筑的三段式来划分建筑的外立面，局部采用传统部件进行装饰。如翠湖宾馆、昆明饭店老楼（已拆除），就是使建筑划分为须弥座、墙身、屋顶三段组成，入口处设计门廊，用雀替、

---

[1] 引自《建筑师》第36期:56.
[2] 由美国人类学家雷德菲尔德提出，"大传统"指学院传统、纪念性建筑；下文将提到的"小传统"则指民间传统、乡土建筑等。后者较前者更具有一种地域多元特征。评价传统建筑时，由"大传统"向"小传统"的转变意味着从主要民族的为代表的单一历史模式转向地区多元的模式。

图7-1-9 昆明饭店（左）与翠湖宾馆（右）老楼（来源：《春城昆明》）

图7-1-10 昆明百货大楼旧址（来源：《春城昆明》）

图7-1-12 云南艺术剧院（改建前）（来源：《春城昆明》）

图7-1-11 昆明军事博物馆（来源：《春城昆明》）

额坊进行装饰（图7-1-9）。百货大楼，整块墙面开简洁的窗户，顶层设束腰线，与屋顶联系在一起，采用平屋顶，挑檐口，檐下作霸王拳、额坊等装饰（图7-1-10）。另外，以北京、上海两个苏联风格展览馆为榜样，云南建成了省军事博物馆等建筑（图7-1-11），这种"民族形式"实际上是对当时苏联样式的直接移植和引用。

从20世纪60年代开始，云南省设计院开展了少数民族民居与宗教建筑的调研工作，建筑创作开始挖掘云南本土的民族文化传统。在20世纪60年代初期创作的云南艺术剧院改扩建设计，是体现地方特色的起点，该剧院仍按传统手法采用五开间的高大柱廊，但在柱脚柱顶，用孔雀羽毛装饰，柱间花板用山茶花和孔雀组成图案，反映了云南地方的文化特色（图7-1-12）。

20世纪60年代后期设计的安宁温泉别墅，采用长脊短檐的坡屋顶，具有石寨山出土的西汉文物中干阑建筑屋顶的味道。屋面盖简板瓦，外墙用毛石，方整石砌筑，更显得富有乡土气息。20世纪80年代初设计的民族学院教学楼，在当时原大屋顶建筑群中，未用大屋顶和琉璃瓦檐口，而用平屋顶，洗石子饰面挑檐，加四角斜板，有飞檐翼角味道。入口门廊与两翼围成两个内庭，正面五层设排楼，与原有建筑比较协调。

可以看出这时期的建筑对传统元素的借用是比较克制的，几乎没有出现单纯大屋顶的做法，一方面固然是较之内地更"注重实效"的结果，另一方面与昆明所处地域的特征是明显分不开的，这里无论是建筑模式还是建筑形态都与中原不同，所反映的正是特有地理区位和历史发展所呈现的"夷汉共处"的多元文化和价值观念。尽管这种结合还停留在形式表层，只是在已习惯的"学院传统"处理方式之上巧妙地添加了地方的形式符号，但仍是体现了人们在面对既有环境（自然，历史）所受的影响，所反映的心态与中国第一代大师一样，仍试图从传统中寻求对民族的认同（图7-1-13）。

图7-1-13 云南省体育馆旧址（来源：《春城昆明》）

三、对多元的传统形式（小传统）共性特征的提取

20世纪80年代，社会文化各方面开始复兴，被"文革"所"打倒"的传统文化重新得以认同，又恰逢世界范围内后现代主义对现代主义的批判，地方民族特色越来越受到重视。因此，地域特色建筑创作从先前中国民族样式的"大传统"转向"小传统"[①]："各地民间建筑及乡土建筑传统"。然而在云南，实践中发现对于多数的建筑又不宜采用某一特定的少数民族传统样式，如何反映丰富的各民族建筑文化便成了一个新的问题。于是建筑师开始从多民族传统建筑中的共性方面总结出了一些云南建筑所特有的五点建筑形式类型[②]（图7-1-14）。

1）重檐：无论彝族的"一颗印"、白族的院落式建筑、傣族的佛寺、竹楼，都有重檐的共性。2）退台式：彝族的土掌房是典型的退台式。"一颗印"也是前低后高，滇南地区许多民族的干阑建筑，都有室外露台，也有类似退台的特征。3）构架式：白、彝、纳西等许多民族都采用构架式房屋。4）有封火墙的小坡屋面与吊脚楼：云南传统的城镇建筑，比比皆是。5）小体量：云南多数民居，小巧玲珑，即使是院落式建筑，也是多栋围合成院落。

典型的例子是20世纪80年代后期兴建的重庆建筑工程学院昆明分院（原昆明理工大学白龙校区）的教学楼、图书馆、报告厅，采用非常灵活自由的平面布局，并用连廊连为一体，从平面构图到形体处理，都打破了传统学校建筑分幢布局和体形高大森严的形象，在立面处理上，采用局部斜檐口，顶层悬挑，建筑作退台式处理（图7-1-15、图7-1-16）。

云南工学院图书馆建于20世纪80年代（图7-1-17），建筑设计积极适应场地，通过内院将外部环境引入到建筑内部，使图书馆很好地融入到了周边环境中，成为校园内较为受师生喜爱的空间场所之一。图书馆立面设计以简洁的手法，运用竖向的细条作为立面的基本形式，虽然没有同一时期其他建

---

① 见参考文献7。
② 该五点由宋德善总结，引自《继承传统建筑文脉探索地方民族特色》一文，载于《云南建筑》1994第一期。

(a)

(b)

(c)

(d)

图7-1-14　昆明20世纪80～90年代建筑创作
a 澄江古生物博物馆（来源：华峰）
b 昆明市设计院在德国的竹桥实践（来源：昆明市设计院）
c 昆明世博会中国馆（来源：《云南特色建筑物集锦》上册）
d 云南省民族博物馆（来源：云南省设计院）

(a)

(b)　　　　　　　　　　(c)

图7-1-15　重庆建筑工程学院昆明分院（原昆明理工大学白龙校区）（来源：吴志宏 摄）

筑设计流行的装饰点缀，但其清晰明快的形式同样在隐约间表达着那一时期的现代风格。

在这一时期的探索中面临这样一个难题，从地方传统中提取的众多形式语汇如何运用到这个时代的建筑之上呢？要么出现把一个民族统一的一套语汇不加区别地运用到任何一类建筑，选择权取决于建筑师或业主的主观喜好。这在云南这样一个民族众多的地区（除了在特定民族地区）似乎不具可行性，因为无法以一种特定的形式来获取不同民族的一致认同。或者，就只有在建筑表面添加上各民族的文化符号？结果似乎只能使建筑成为各种形式的大拼盘，即使像重庆建筑工程学院昆明分院中那个相对成功的建筑设计也还是停留在形式表层对原有形式的主观"再诠释"，这种做法仍然不能真正地解决问题。

图7-1-16 重庆建筑工程学院昆明分院（原昆明理工大学白龙校区）（来源：吴志宏 摄）

图7-1-17 云南工学院图书馆（今理工大学城市学院）（来源：吴志宏 摄）

四、由单纯的对形式的探讨转向对传统空间及形式的现代重构

中国经济的快速增长,建设量进一步加大。一方面,地方性建筑创作是出于对日益千篇一律的"现代建筑"的反弹;另一方面,由于地方性创作的形式化倾向,给建筑带来了不必要的负担,再加上设计者水平良莠不齐,甚至造成建筑设计的庸俗化和教条化。于是地方性创作反而成为与时代发展不符的一种"累赘"。"传统"与"现在"的矛盾仍然摆在建筑师的面前。

于是建筑师更加注重地方传统与现代的功能需求的结合,注重对环境的结合。从与传统的"形似"转向"形神兼备"的创作。于是设计多把传统建筑的空间构成结合现代的功能运用到新建筑的设计中,而对传统形式进行提炼和重构[1]。云南民族博物馆是较为成功的例子(图7-1-18)。

民族博物馆1992年10月开始方案设计,1994年2月完成

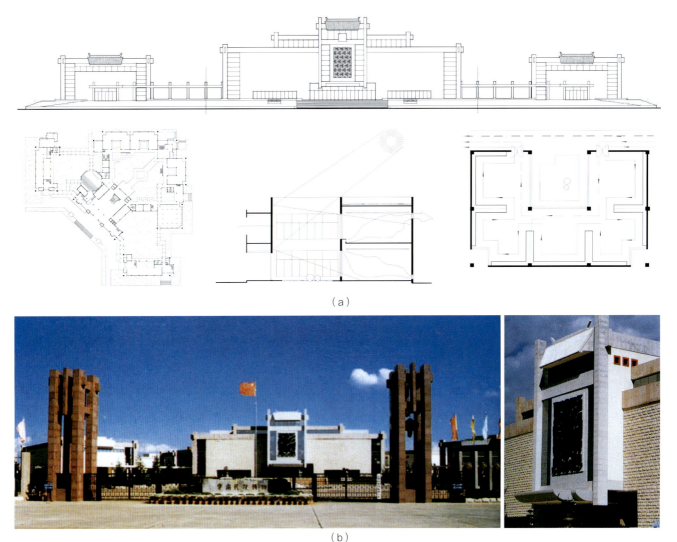

图7-1-18 云南省民族博物馆(来源:云南省设计院)

---

[1] 重构即所谓打散关系、重组新秩序,具体手法包括:切出重构,如西单综合商业大楼设计方案;易位重构,如阙里宾舍的"铜锣栏板";裂变重构,如西双版纳体育馆设计方案的屋顶;叠合重构,如香山饭店的"开洞影壁";尺度重构,如广州白天鹅宾馆中庭"故乡水"主题中的金瓦亭;材料重构,如深圳泮溪酒家中的新型材料与传统构件的形式重组。引自'重构——新时期创作的一个突破',李敏泉,载于《云南建筑》.

方案设计，1997年正式建成。设计①首先考虑的是总体布局。由于位于风景区（毗邻民族村），建筑体量不宜太大，然而对于一个省级博物馆来说，又需要有一定的气势。同时业主希望有一部分空间用作临时展览空间。于是平面由几个展厅单元组合而成并以连廊连接在一起。这样不仅组织了顺畅的参观流线，还形成一种南方开敞布局形式，很符合昆明的气候特点。主入口留出一个较大的前广场，面对广场，建筑的中央大厅等在此形成一个较大的体量，并以东西相对两个附属展厅相陪衬。另外，由于基地条件的限制，使建筑主入口只能朝北。为了主立面不至于长年处于阴影之中，于是建筑的中央大厅向西偏转了45°，同时这也在博物馆外十字路口的一侧留出一个缓冲空间，形成与街道良好的空间关系。对于博物馆来说，照明采光是一个很重要的方面，然而由于成本无法满足全天人工采光。建筑师从盘龙区文化馆得到启发，它是一个带照壁三合院。阳光经由地面、照壁的漫反射使得室内的光线既明亮又柔和。于是每个展厅单元均布置了一个三面围合的小庭院，庭院在一层与中心的大庭院相连通，在二层则成为"照壁"反射墙，通风和采光的不足之处用角窗进行弥补。这样的平面布局又恰恰与大理白族民居的"四合五天井"相类似。由于建筑的地基是由原来水体填充而成，为了防止不均匀沉降和地面较大的湿气，建筑在地面上架空了半层空间，与云南的干阑式建筑的产生肌理基本相同。建筑形式结合功能和结构布置，对具有代表性的传统形式进行重构，也并未拘泥于某个特定的民族。结合凹入的采光角窗，建筑立面采用"梁架穿斗"的构成形式；在建筑中部的建筑主入口的位置，设立了抽象的牌楼，而牌楼的屋顶则为云南所特有的"长脊短檐"的形式。加上富有民族特色的浮雕、石刻、铜鼓等形式符号，使云南特有丰富的民族文化得到更清晰的凸现。

对于形式的构成，并不应局限于对建筑传统的各种符号或元素进行简单的堆砌，而是基于形式的结构来对元素进行重新组合。比如将"牌楼"作为入口，并在此集中了主要的装饰，这些都与传统建筑的形式构成规律相符，这也正是建筑虽然运用了多种表意的形式符号但并不散乱的原因。因此该建筑不仅从形式符号的层面来反映云南建筑地方特征，还将云南的地方建筑特有空间构成创造性地运用到现代建筑的设计之中，因此是地方建筑创作中一个比较成功的范例。

五、基于现代建筑地区性的跨文化表达

在2001年中国加入世贸组织之后的10年间，充分获得全球化市场红利并在经济上迅速崛起，建筑设计业的对外开放使中国建筑设计迅速融入世界建筑设计主流；随着全球市场而来的最新建筑思潮和实践，"现代主义"变为建筑设计的日常状态，整个社会状态和文化语境反映着中国地位和身份从全球化的边缘国家向全球利益主要攸关方的转变。当前中国社会与过去相比，社会文化心理已变得更加自信和开放。地方特色建筑创作，在很多时候变成为当代建筑寻求一种地方"口味"或"着装"的方法，为旅游和商业目的搭建一个具有地域特色的建筑"布景"②。

新一代的建筑师更倾向于"批判的地域主义"的立场：一方面对"西方中心主义"、对"资本主义全球化"的普遍主义的批判；另一方面又和"作为商业大众文化媚俗的地区主义"，"对回归前工业时代的地区乡愁"保持明确的距离。其建筑创作的基点是地区的现代语境，试图找寻与场所、与环境的脉络，与历史的文化深度，与适当的技术和技艺相联系的地区建筑表达。

由许李严建筑师事务所设计、获得2015年"香港建筑师学会年奖"的云南省博物馆，通过对现代的材料（穿孔铝板）的不同设计，来营造云南自然人文的总体意象（图7-1-19）。主外墙错落有致的折面体和贯穿多层的长缝造型是对"石林"的抽象；铝板的暗红色来源于红土高原土壤的颜色；建筑正方体的造型和空间源于云南传统民居建筑"一颗印"的

---

① 下文对博物馆设计的论述主要基于对设计的主要建筑师殷作尧先生的采访而成。
② 吴志宏.乡土建筑研究范式的再定位：从特色导向到问题导向[J].西部人居环境学刊，2014（3）：14-17

图7-1-19　云南省博物馆新馆（许李严建筑师事务所）（来源：吴志宏 摄）

图7-1-20　昆明和韵中心（来源：吴志宏 摄）

空间，从狭窄的大门进入高大宽敞的中庭，配合周边四个庭院，创造出类似于传统民居空间序列的体验；入口上方的金属板采用云南青铜纹饰冲孔，营造了一种少数民族的空间氛围。虽然采用了与广东省博物馆的穿孔铝板材料类似表现形式，但其根据云南光线特点而采取的构造方式则是对地方的回应：内墙穿孔铝板，通过不同的构造处理，在不同角度和光线下，形成不同的透明性，随着从中庭下泻的顶光不同时间的变化，呈现出不同的感觉，有时似帐幕薄纱，有时则似峻峭的影壁。外墙上覆以暗红色的穿孔铝板，每块金属不同角度和通透度，随着昆明不同的日照，博物馆会呈现出暗红、土红、金黄等色彩，均是对云南强烈的阳光和绚丽的色彩的巧妙回应。

王澍设计的和韵中心位于滇池度假区（图7-1-20），则是创造了一个藏身都市的咫尺山林，只不过这是一个抽象化的立体园林。传统园林中的基本建筑元素，如亭、台、楼、阁、轩、馆、榭、廊、桥、山、石，建筑屋顶、墙面、门窗、洞口……都被抽象成为各种现代建筑语言，园中心的亭榭有几何化半抽象的飞檐，其体量又似楼阁，曲面的屋顶却像是现代建筑可以漫步的景观露台，又似一个露天的书院。利用工程木形成的"百叶"，罩在建筑外墙或顶部，形成"半遮面"暧昧的廊道空间或双层屋顶间的隐秘花园。环绕中心庭院的周遭建筑好似一系列抽象的亭台和太湖石，砌筑在一个错落的"人工化的自然"台地之上，漫游的廊道、楼梯、坡道贯穿在建筑内部、平台、屋顶各处，其间有各种"漏角"、"天井"贯穿各层楼板……无论在地下层还是在屋顶，置身其中，草木繁茂，光影摇曳，虫鸣鸟闹，恍如隔世。现代建筑的几何体量被亭台檐廊所消解，现代材料则被各种"乡土"做法所软化，如墙面凿毛的混凝土形成的素带，尖状拉毛水泥墙上爬满藤蔓，幽暗通道墙面洗石子尖角反射的光亮，老式窗钩似的木百叶的连接构件，竹编栏板、木百叶板间蔓出的花木……虽无雕梁画栋、飞檐走壁、匾额楹联，但仍有咫尺山林、大隐于市之感。尽管一些做法值得商榷[1]，但从整体层面仍是上乘之作。

珠江源大剧院(曲靖会堂)位于曲靖市南城门广场南侧，地理位置优越，占地面积30余亩，建筑造型新颖，风格独特。是曲靖市的标志性建筑，它已成为曲靖市的政治、经济、文化活动的重要场所。其建筑风格体现了传统建筑与现代建筑的完美结合，融入了东西方文化的韵味，富于时代气息。具有现代感的金属、玻璃、石材幕墙、蓝灰色屋面与大剧院雄伟壮观的外形设计相互映衬，格外引人注目（图7-1-21）。

曲靖市博物馆建设广泛吸收当今国内外最具有成效的陈列理念和实践成果，超越现行云南省所有州（市）级博物馆规模，并结合曲靖地区文化个性与馆藏文物特色。在项目的设计中，设计师采用了反重力的设计理念，结合曲靖地方特色要素（图7-1-22、图7-1-23）。

昭通市博物馆位于昭阳区北部新区昭通大道中段，于2011

图7-1-21 曲靖会堂（来源：张伟 摄）

图7-1-22 曲靖市博物馆（来源：张伟 摄）

---

[1] 王澍延续了其在江浙实践的一贯手法，一些建筑被设计成抽象的太湖石等做法，利用木百叶和建筑外墙或顶部之间形成含混的灰空间，其实质是位于高级别墅区的会所，单纯从通常经济性、结构以及社会性层面评价未必是合理的做法。

年建成并对外免费开放，是昭通市唯一的一座综合性博物馆。馆区占地面积3722平方米，建筑面积13400平方米，展区面积6500平方米。博物馆外观由一艘气势恢宏的大船和一方古朴的汉印组合而成，取承载历史、开拓进取之寓意（图7-1-24）。

在云南地方建筑创作发展中，初期的创作主要是模仿传统（包括地方传统）建筑的外观、构件或整个建筑所有的表现方式（包括空间构成的具体方式）。但那些广为认同的象征形式或表意符号被简化为符号拼贴或变异的建筑语言时，仅是利用现代的材料和建造方式去模仿那些熟悉的形象和空间形态，沦为不断复制僵化的、庸俗的设计手法。而那些着力于从传统建筑中，抽象出一些元素并衍生出新的建筑形式，通过对传统形式、空间的现代重构来延续并继承传统建筑文化，试图创造一种与传统"神似"但又具有现代性的建筑。无论哪一种方法，高质量的地方建筑创作仍要视建筑师的水平高低而定，基于同样的设计原则既可能出现优秀的创作，也可能是建筑形式和空间的拙劣拼凑。因此，真正优秀的地方建筑创作，需要仔细考量地方的条件和需求，顺应气候、自然、环境和生态，尊重城市的结构和形态的脉络，理解场所的意义，结合现代和传统材料技术、建造模式，平衡市场机制和社会和谐，方可形成真正有创造性、有生命力的优秀地方建筑。

图7-1-23　曲靖市博物馆（来源：张伟 摄）

图7-1-24　昭通市博物馆（来源：张伟 摄）

第二节 肌理协调

一、建筑肌理特征与协调方式

建筑"肌理"是城市空间形态中各种元素的组织关系和脉络，是城市整体和具体空间形态的直观反映，城市空间不同时代、地域、社区、聚落的差异，城市功能关系、公共空间组织均会体现在空间肌理之上。表现为建筑的密度、高度、体量、布局的形态关系和城市空间图底关系等方面。空间结构则是城市空间肌理的"骨骼"或"构架"，是城市中最基本、最核心、最宏观的空间组织和脉络关系。前者可反映出城市各个区域、地段、建筑布局的空间特征和差异，而后者则体现城市或区域的整体风貌和总体特征。因而，优秀的地域建筑创作，首先必须理解和尊重既有的城市结构和空间肌理。

（一）城市传统结构和元素的保护和尊重

城市在不同时期积淀下来的一些文化地景和传统遗产、历史遗迹和场所、历史建筑和传统建筑，是一个城市集体记忆和历史事件的物质载体和城市特色的最集中体现。因此，理解蕴含于城市既有结构、空间肌理和场所中的历史文化意义，有助于新的建设仍能尊重、保护、延续和强化城市传统空间特色。

虽然早在1983就编制了《昆明历史文化名城保护规划》，但是在市场力量和利益的驱使下，所谓的名城保护很难得到真正的重视。新建建筑没有很好地考虑城市的文脉、环境、气候、场所特征，造成建筑千篇一律、缺乏特色。造成历史城区整体风貌基本消亡，高度和体量完全失控；部分城市的传统格局和视廊遭到严重破坏；历史街区保护更偏重商业利益；文物、历史建筑及周边地区没有得到很好的保护，甚至被破坏和拆除。

因此，需要对城市传统结构、重要的历史遗迹、地段和场所及重要建筑的保护。大致包括以下几方面内容：

在市域范围内保护结构可以概括为"一区、两线、四片、多点"（表7-2-1）。一区包括环滇池地区；两线包括在昆明范围的明清古驿道、滇越铁路两条重要的文化线路；四片包括石林、九乡、阳宗海、安宁等四片风景名胜区；多点指市域范围内、环滇池地区之外的宜良匡远、石林鹿阜等历史村镇等重要保护节点。

昆明市域范围城市空间结构表　　　　表7-2-1

一区		环滇池地区
两线		明清古驿道、滇越铁路
四片		石林国家级风景名胜区、九乡国家级风景名胜区、阳宗海省级风景名胜区、安宁国家级风景名胜区
多点	历史村落（环滇池地区以外）	乐居村、小渡口村、丹桂村、禄脿村、糯黑村、维则村、大哨村、河湾村、界牌村、木希村、清水潭村、王家箐村、箐口村
	历史城镇（环滇池地区以外）	石林鹿阜镇、宜良匡远镇、安宁八街镇、嵩明杨林镇、东川汤丹镇

（来源：《昆明历史文化名城保护规划（2014-2020）》）

在城区范围内，保护结构可概括为："三山绕一湖、城轴带相连"。"三山"指五华山、圆通山、云大山；"一湖"指翠湖；"一城"指原明清云南府城的城廓，旧址为青年路、南屏街、东风西路、圆通公园内道路与云南大学东门内道路；"一轴"是正义路、三市街、文庙直街、文明街以及沿线历史文化遗存要素形成的城市轴带；"一带"指圆通山、翠湖、篆塘、大观河、大观楼形成的"山、湖、城、河、楼"的历史文化景观带。

对城市轴带的保护：昆明古城的城市轴带是由传统中轴线、文庙轴线与胜利堂轴线共同构成的城市传统空间系统。它包括正义路、三市街、文庙直街、文明街、甬道街等南北向传统街道及其串联的天开云瑞坊、忠爱坊、金马坊、碧鸡坊、东寺塔、西寺塔、文庙等历史文化遗存要素（图7-2-1、图7-2-2）。

对历史文化景观带的保护。历史文化景观带是圆通山、翠湖、篆塘、大观河、大观楼等串联形成的古城至草海之间的特色景观通廊（图7-2-3）。

对街巷格局和历史文化街区的保护。充分保护"半城山

图7-2-1　昆明古城格局保护图（来源：《春城昆明》）

图7-2-2　昆明新老城市轴线（来源：《春城昆明》）

图7-2-3　昆明市域景观轴线（来源：作者自绘）

水半城街"的昆明古城街巷格局的特点。梳理古城整体街巷格局，保护历史文化名城以人民路为界，北部顺应山水、南部规整方正的街巷格局。历史文化名城内应尽量不新建或拓宽道路，如确需新建或拓宽，应符合北部顺应山水、南部规整的街巷格局。历史文化名城内禁止跨传统街巷的大规模开发建设。历史文化街区主要包括文明街历史文化街区、南强街历史文化街区、晋城古镇上下西街历史文化街区。划定七片历史地段，包括官渡古镇历史地段、祥云历史地段、云南大学历史地段、震庄历史地段、翠湖周边历史地段、大观公园及其周边地区历史地段、龙泉宝云历史地段。

另外，在微观层面需保护历史文化和传统建筑，包括昆明市目前已公布共计两批62处历史建筑（截至2014年07月，其中26处已纳入文物保护单位名录）（表7-2-2）。

昆明历史文化名城保护内容表　　　　　　　　　　　　　　　　　　　表7-2-2

山水形胜	小三山	圆通山、五华山、云大山
	水系	翠湖、玉带河、盘龙江
城垣轮廓		青年路、南屏街、东风西路、圆通公园内道路与云南大学东门内道路等连接形成的明清云南府城城廓
空间格局	城市轴带	正义路、三市街、文庙直街、文明街、甬道街等南北向传统街道及其串联的天开云瑞坊、忠爱坊、金马坊、碧鸡坊、东寺塔、西寺塔、文庙等历史文化遗存要素
	历史文化景观带	圆通山、翠湖、篆塘、大观河、大观楼等串联形成的古城至草海之间的特色景观通廊
街巷格局	北部顺应山水	华山南路、文林街、青云街和华山西路、华山东路、北门街和螺峰街、圆通街等传统街巷
	南部规整	正义路与三市街、文庙直街、景星街、文明街、光华街等传统街巷
	十三坡	大兴坡、贡院坡、升平坡、永宁宫坡、苤钟寺坡等反映府城自然地形的特色传统街巷
历史地段	历史文化街区	文明街历史文化街区、南强街历史文化街区、晋城古镇上、下西街历史文化街区
	历史地段	官渡古镇历史地段、祥云历史地段、云南大学历史地段等历史地段
文物保护单位	国家级	云南陆军讲武堂、国立西南联合大学旧址、抗战胜利纪念堂等共6处
	省级	国立西南联合大学纪念碑、朱德旧居、圆通寺、云南贡院等共16处
	市级	北门书屋、明代城墙残段、闻一多旧居（含殉难处）等50处

（来源：《昆明历史文化名城保护规划（2014-2020）》）

（二）基于既有城市肌理的空间缝合与再生

理解和尊重城市的"地脉"与"文脉"："地脉"是建筑或聚落的形态结构与自然地形的特征之间的逻辑关系，塑造了各地建筑丰富的地域特质。"文脉"是城市空间积淀下来的不同历史时期空间特征，以及同一时代不同社会群体的独特空间形态特征。"地脉"与"文脉"是反映一个地区最典型的"人文—地理"关系，因而是地域建筑传统特征的基本来源。

基于城市整体结构的空间缝合和优化：城市每一个区域、地段、建筑、空间，均是构成城市整体的一个有机部分，也是城市整体和区域公共空间系统，"城市结构"、"空间肌理"、"空间建筑"可类比为"骨骼和器官"、"组织和血管"、"各类细胞"的关系。任何新的建筑和空间设计，也必须依照城市整体结构，区域与地段、街区空间与实体的关系，对局部的建筑空间形态作出恰当的定位，来凸显城市整体特色、梳理凌乱的空间和功能关系，从而创造出多样统一的城市建筑特色。

二、案例解析

（一）城市传统结构和元素的保护和尊重

昆明酒杯楼建于一个狭长的三角形地段上，地面起坡，建筑场地十分局促（图7-2-4）。建筑呼应抗战纪念馆（胜利堂）的总平面形态，增强空间围合的领域感，强化建筑轴线关系，充分利用原有的三角形用地和坡地地形，完善街区的整体形态，在街区外部采用方正的形态，在街区内部则是与公园形态相呼应的弧形，形成左右两个对称的"弧边直角三角形"，隐喻为庆祝抗战胜利而"干杯"。

银海金岸项目位于广福路官渡古镇附近，依宝象河畔而建（图7-2-5）。项目在设计中尊重了既有的城市空间结构，与昆明古城八景之一的"古渡渔灯"形成景观轴线，在有效保护了原有景观轴线存在的同时，还可以提升项目的景观视线品质，一举两得。

（二）基于既有城市肌理的空间缝合与再生

为了纪念和缅怀西南联大决定在昆明原西南联大旧址上修建"西南联大纪念馆"，包括西南联大旧教室、西南联大纪念碑、"一二·一"运动火炬柱、烈士纪念碑和墓园的保护；原

(a) (b) (c)

图7-2-4 昆明酒杯楼（来源：《春城昆明》（左 中）吴志宏摄（右））

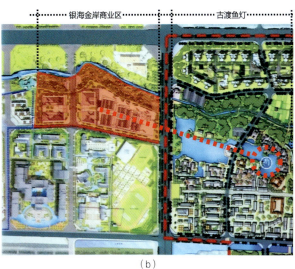

(a) (b)

图7-2-5 银海金岸总体规划（来源：银海地产）

有一二·一纪念馆和展示馆改造、西南联大纪念馆的新建，以及总体环境设计与改造（图7-2-6）。

设计需要解决两方面基本问题。一是如何缝合周边杂乱的环境和不同体量的建筑，并把文物、既有建筑和空间串联起来形成一个整体。二是如何彰显联大精神和开放性，在拥挤的校园内为师生教学活动创造一个开放空间。

因此，设计一方面以"一二·一"烈士墓碑、火炬柱以及恢复的老校门、水平的联大师生名录碑为主轴，强化以联大为主体的纪念及叙事主轴。其次，通过木格栅形成一系列的"半透明"院落，并配合旧教室、各个纪念建筑形成一系列纪念庭院，"院墙"既形成与建筑适宜的空间尺度，同时又屏蔽周边杂乱建筑形式和尺度的压抑和干扰，尤其是西侧三层食堂厨房、东侧六层学生宿舍、北侧五层办公楼的不利景观影响，而且院墙也强化了主轴线的景深感，起到调整视线和流线的作用。利用空间语言形成"坚毅刚卓"、"绝徼干质"、"德义后世"、"陋室德馨"几个叙事主体区。最后结合师生在其中的学习生活，用"日常叙事"代替"宏达叙事"，使"一二·一"运动的记忆融入整个西南联大的历史记忆之中，诠释了西南联大师生自由、包容、开放的人文和学术精神。

澄江幼儿园，在总体布局与城市空间形态上相呼应，尊重了原有的场地肌理（图7-2-7），建筑外立面摒弃了幼儿园设

图7-2-6　西南联大纪念馆设计（来源：吴志宏 摄）

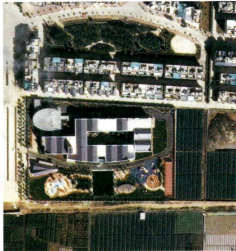

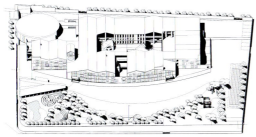

图7-2-7 澄江县幼儿园（来源：吴志宏 摄）

计通常采用鲜艳色彩和多样化造型来获取幼儿建筑可识别性的手法。结合城市在此区域的主色调要求，采用赭色为主色调，局部点缀彩色。平面布置上借鉴澄江传统民居"八马推车"的空间格局，利用内庭院和通高厅堂空间形成传统的天井意象。将南侧设计为曲线墙体、建筑上部为折板坡屋顶，与北侧小区的空间形态特点和坡屋顶建筑造型相呼应，并利用色彩来凸显单元感，将近110米的建筑化解成像村庄聚落般的小体量。通过开窗活跃造型变化、局部彩色的窗套和彩色玻璃装饰来凸显出儿童建筑的性格。澄江幼儿园建筑各个外立面，以及庭院内立面色彩均有显著不同。主要功能围绕内庭院组织，生活单元位于庭院南面和东面，公共教学单元位于北面下部两层，三层是教师办公用房；公共大厅和室内娱乐空间位于庭院西侧；多功能大厅和音体教室位于与主体建筑相联系的西北侧。通过平面形态、开窗方式的不同处理，使得24个儿童生活单元空间感知均不相同，结合多层次小空间、建筑构件和家具及玩具空间处理，使空间能满足从有组织的集体活动到个性化儿童行为的可能。

（三）借鉴传统聚落空间肌理

昆明野鸭湖山水假日城规划强调对自然环境的尊重，深入考察的地貌特点，借鉴传统山地聚落布局方式，依山就势、使规模较大的建筑群在环境之中。采取了组团式和线状相结合的布局，各区内分区明确，同时为游客提供充分的、多层次的车行、步行空间，形成"围而不合，分而不离，隔而不断"的动态规划布局（图7-2-8）。

建筑造型和空间设计立足昆明"一颗印"民居的特点，

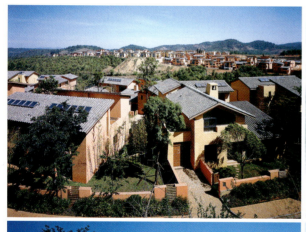

图7-2-8 野鸭湖山水假日城（来源：《云南特色建筑物集锦》上册）

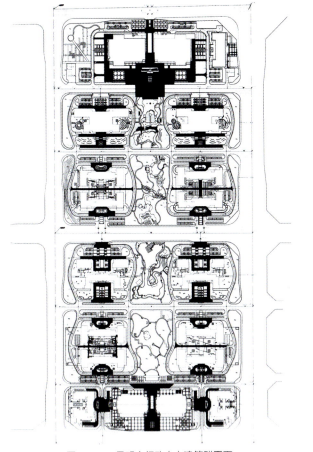

图7-2-9 昆明市行政中心建筑群平面
（来源：《云南特色建筑物集锦》上册）

图7-2-10 昆明市行政中心建筑群建筑(来源：《云南特色建筑物集锦》上册)

通过"顺应自然"、"质朴大气"、"开合有度"、"景观融合"四个方面来创造地方性的空间和景观特点，注重室内外空间与室内空间的相互渗透，在不同的功能区，结合地形形状风格独特，活泼多样的立体园林。商业街的景观设计注重营造一种"昆明老街"的商业场景，田园的生活氛围。屋顶原设计中，屋顶全部是"人"字形，屋面形式过于单调，造型缺少丰富性，此次修改把部分户型屋面改为了"人"字形和"V"字形，不仅丰富了屋面和立面造型，提高了屋面的排水性能和日照性能，而且对太阳能的安装也无影响。

昆明市行政中心位于昆明市呈贡新城内，南面紧邻连接滇池与小山间的城市中心绿化走廊，北靠新潭路。行政中心的整体布局以南北向的三条绿化带划分与之平行的三条建筑空间，形成"三轴三绿"的模式，建筑布局采取传统中国院落空间的特点，设置了12个相互联系的组团院落空间，职能相近的机关安排在一个组团内。组团与组团间有便捷的交通联系，便民服务中心与会议中心作为标志建筑设置于中轴线上，一前一后，各设置了市民广场，充分表达了行政中心"为民服务"这一主题思想（图7-2-9、图7-2-10）。

第三节 环境应答

一、环境特征与应答方式

自然气候是在空间层面形成地方建筑特色的一个长时段影响因素。作为人类活动的"庇护所"，地方建筑的形成和演化正是应对自然环境和气候条件的结果。在同一地域内，无论哪个时代，无论是传统建筑还是现代建筑，面对的自然环境和气候条件均是大体一致的，只是在应对的技术手段有所不同。当代建筑丧失地方特色的一个重要原因，就是没有真正尊重自然和气候条件，采用简单的技术手段来割裂与自然的联系，破坏自然环境所致。反之，与地域环境和气候适应的建筑模式，通过适宜的设计方法和技术、采用地方材料和绿色材料，通过被动式的方法来实现自然通风与采光，减少机械通风、空调与人工照明，在建筑的组群布局、空间形式、构件构造等方面自然会形成显著的地方建筑特色。

历史文化特征是在时间层面形成地方建筑特色的另一个长时段影响因素。城市的本质都是一种历史性生长过程，在历史性这一时间要素中，城市建筑的地区性获得了凸显。它表现在两方面：即城市物质环境的延续和文化与心理的延续，前者可认为是历史存在，后者则是对城市建筑的历史记忆。地方所汇集的不同历史存在以及与之密切联系的历史记忆，构成了人们对地方的集体意象。"可以说城市本身便是人们的集体记忆，好像是与人为事实和场所密切相关的记忆，因此城市可以说是集体记忆的'场所'。此'场所'和城市居民的关系乃成为优势的意象、建筑和地景；同样的，人为事实便存于记忆之中，而新的人为事实产生时便好像是城市中的造型。伟大的理念正是透过这种具体的方式贯穿城市的发展史并赋予城市造型。"[1]

皮亚杰认为，认知是一个"同化—顺应"的双向建构过程。一方面，外在事物的结构具有相对的恒常性，这是学习的基础，也是人的图式的基础；另一方面，在人脑的图式建构中，有认知的主体因素参与其中，而不是一种纯客观描摹。因此，在这种"客观"与"主观"认知的双向互动，形成对环境比较稳定的知觉图式体系——意象。

人对城市的意象永远都是个人化的，是有关个人的城市空间和事件认知的汇集，基于某个环境（如故乡）所形成的意象将会对其他新环境的意象的方式和能力产生持续的甚至是决定性的影响力。城市集体意象则是城市居民对城市认知的交集，形成相似或共享生活的空间经验和历史事件的集体记忆的认知。如同诗人于坚在《从虚无和谎言出发回到常识》[2]一文中所感叹的那样，"老昆明不仅仅是一个时间概念，它对于居民来说，它是一个空间的物质的传统生活资料，是导致一个人的基本气质、修养和灵感的各种气味、光线、色彩、故事、伤疤，是记忆的种种细节和来源。……它们塑造了你的生命。"

因此，真正有意义的地方建筑是通对自然的形象化、补充、象征化以及集结使得建筑和环境成为一个统一的整体。利用建筑物揭示并强化场所的特质，空间变成对人有意义的环境，使场所精神具体化。

二、案例解析

（一）建筑对气候的应答

野鸭湖假日小镇会所在设计上借鉴了传统干阑式建筑的特点，建筑大型坡屋顶与传统干阑民居类似，是对于日照和气候的应答，大面的出檐形成了阴凉舒适的空间，同时屋顶玻璃顶窗解决屋顶过大所带来的内部自然光照问题。传统民居的底层架空被直接运用到会所的设计当中，带来了良好的通风，舒适的空间感受。人们游走其间，能感受到传统空间形式的独特魅力，把民居中真正的人与自然和谐统一的空间感受体现得淋漓尽致。形式与环境特点、功能使用达到良好统一，是现代建筑对传统传承的优秀设计（图7-3-1）。

（二）传统建筑原型当代延续

昆明市五华区区政府的办公大楼，位于昆明最繁华的地段。整座大楼以传统的唐代密檐塔为原型，结合现代材料、新型结构和功能的设计形成鲜明的时代特征（图7-3-2）。办

---

[1] [意]阿尔多·罗西. 城市建筑学[M].黄士钧译，北京：中国建筑工业出版社，2006.
[2] 出自《老昆明——金马碧鸡》一书中第四章，于坚（著），江苏美术出版社。于坚简介：1954年8月8日出生于昆明,第三代诗歌的代表性诗人，以世俗化、平民化的风格为自己的追求，其诗平易却蕴深意，是少数能表达出自己对世界哲学认知的作家。著有长诗《零档案》及杂文集《棕皮手记》等。曾与韩东等人合办诗刊《他们》，影响很大。

图7-3-1 野鸭湖假日小镇会所（来源：《云南艺术特色建筑物集锦》上册）

图7-3-2 昆明五华区政府办公大楼（来源：吴志宏 摄）

图7-3-3 隐舍(来源:分析图:Oval Partnership 实景照片:吴志宏 摄)

公楼位于人民路的转折的位置，使沿人民路的视廊汇集到建筑上，建筑的侧立面犹如传统的高塔；而从翠湖公园看到的建筑主立面又似一个风帆，是对湖面的回应。因此，它很好地应对了城市不同的空间环境和视线特点，形成"借景"、"对景"的效果，形成该片区显著和合宜的地标。

而办公大楼在区位布局上，同样处于整个规划区的轴线位置，这恰好符合传统建筑布局中轴对称，堆叠而起，登高博览的寓意。在空间组织上，则形成了"借景"、"对景"的效果，也强调了区政府的中心地位。当然，这种高调的姿态是否匹配区政府所应具有的"执政为民"的态度，同样有待商榷。

（三）嵌入自然地形及对景观的回应

"隐舍"（INNHOUSE）坐落于中国昆明世博生态城内覆盖着茂密树林的山地上，可以俯瞰山谷和整个城市景观。这处隐于林间的精品酒店仅为旅者提供17间体验式客房。依托起伏的山势并融合场地保留的树木，四座高低错落的"L"字形建筑以村落的形式聚集，形成通过曲折步道连接并面向山谷的系列半开放庭院，宽敞通透的院落正是拥抱自然的理念（图7-3-3）。

隐舍坐落于竹树环合之中，使用大量的木质材料作为表皮，其亲近自然的材质使得隐舍与自然融为一体，将整个建筑消隐在周围的环境当中，呼应建筑融合自然的主题。建筑以其透明的姿态，形成空间上的相互融合，将竖向的竹材质所独有的肌理，变成与环境相联系的纽带。隐舍之"隐"，是主人隐逸于天地万物的寄托，隐舍之"舍"，或许还有另外一重含义，那就是唯有"舍得"才能实现"采菊东篱下，悠然见南山"的理想和愿景。竹与玻璃的巧妙结合，使得隐舍变成一个透明的容器。隐舍既是一座建筑，又是一个容器，这个容器取材于天地，取法于自然，嵌乎于天地山水之间，虽由人作，宛自天开。

和韵文化中心则是将中国传统山水观念及美学意境与现代建筑相结合的范例。沿着一个不起眼的门廊进入和韵中心，内部曲径通幽、别有洞天，很难想象外面是车水马龙的道路。蜿蜒的长廊、曲线，古朴的青石板、白墙造型，一切都显得自然和谐。项目采用建筑与园林景观立体混合，尤其将园林的围墙打开，以类似剖面方式向街道打开，人们看到的不是寻常建筑立面，而是建筑、山石、参天大树与密集花木的自然状态。和韵文化中心依托当地材料，取古典园林中的白墙黛瓦，山水相依相合的自然园林手法，营造出水景与建筑的交相辉映。以古典的建筑符号创设传统园林"典雅"、"秀丽"、"内敛"、"端庄"的诣境。以植物，水体，山石，林木，造之以都市园林盛景（图7-3-4）。

图7-3-4　昆明和韵文化中心（来源：吴志宏 摄）

第四节 变异适度

一、空间变异与适应方式

海德格尔说"空间是生存性的"、"生存是空间性的"、"你不能把人和空间分开来,空间既不是外在的实体,也不是内在的经验,不能把人除外,还有空间"。建筑的设计本质是空间创造,空间是建筑的灵魂。建筑原型是一种最原初或恒常的建筑"型式",是人们对建筑的集体认知的典型图示或原始意象。从建筑地方性的角度,建筑原型可定义为:在特定地域被特定人群所概念化的建筑、空间的认知图示。建筑原型来自于特定环境气候、历史文化传统和生活方式决定的,特定的建筑类型、建构方式或形式元素。因此建筑的地域特色创作,需要发现并理解传统建筑原型,并结合现实的条件和需求,进行适度的变异和转化,延续传统建筑智慧,延续传统地域空间的场所精神,从而创造现代建筑地方特质。

二、案例解析

(一)文化地景及象征的变异

云南省博物馆是一座省级综合性博物馆。作为昆明市的地标性建筑,北接广福路,西临宝象河,东与大型文化广场——云南大剧院相望,南接季宏路,不论从街景还是沿河景观上,都可观赏到完整庄重的视觉形象。

新馆净用地面积150亩,建筑面积60477平方米,主体建筑地面5层,地下2层。主体建筑平面呈"回"字形,取意于云南彝族"一颗印"式传统民居建筑;外观颜色为红铜色,意在体现云南"有色金属王国"的美称;贯穿多层的狭长缝造型,寓意"石林",蕴含石林风化体态,散发自然风采的入口通道呈由窄至宽的喇叭形,到达大厅有一种豁然开朗的感觉(图7-4-1、图7-4-2)。

通道上空采用"一线天"的设计,并有一幅巨大的金饰片作为装饰,金饰片上的图案取自滇王墓出土的文物。景观方面,新馆内外大量采用云南本土的多种门类植物,各种植物达100余种,并辅以水景元素,彰显云南"植物王国"的独特魅力。中庭四个不封顶的天井内种植着茶花、槟榔、竹,在满足绿化的同时,达到了引入自然光,补充大堂采光的作用。通过科学巧妙的设计,主楼实现了对自然光的有效利用,在达到节能环保的同时,满足观众渴求贴近自然、回归淳朴的心理诉求。

昆明长水国际机场位于云南省昆明市官渡区大板桥镇长水村附近,是中国面向东南亚、南亚和连接欧亚的第四大国家门户枢纽机场。昆明长水国际机场航站楼采用翘曲双坡屋顶的建筑设计风格,整个候机楼的外形就像一只展翅飞行的燕子。候机楼采用框架结构和大量玻璃幕墙,显得十分通

(a)　　　　　　　　　　　　　　(b)

图7-4-1　云南省博物馆新馆(来源:Uwe Aranas(a)吴志宏摄(b))

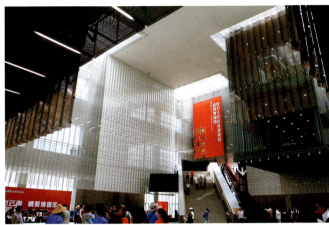

图7-4-2　云南省博物馆新馆（来源：吴志宏 摄）

图7-4-3　昆明长水国际机场（来源：ARUP建筑事务所）

透。"人"字形屋顶有玻璃瓦，采光性较好。燕子的翅膀底下是出港和到达大厅，燕子的腰身和圆弧形尾部，是登机通道。通道两侧，呈圆弧形分布着若干停机位（图7-4-3）。

云南印象商务会所位于昆明市北市区，菠萝村东北面。项目性质为临街商业建筑，项目用地位于社区东南面，一侧紧邻城市道路穿金路（图7-4-4）。设计总体规划布局呈线性展开，从城市设计的角度为云南印象社区塑造了一个统一、完整的城市界面。整体建筑造型采用了一体化的设计原则，建筑通过厚重的体块雕塑及强烈的材料对比，暗红色打孔铝板所雕刻的厚重实体建筑与透明玻璃材质建筑背景的相互对比和交融，象征云南红土高原上伫立的巨大岩石。

（二）对传统建筑形式及空间语言的结构重组

在楚雄彝族办公楼的设计中，一方面以合理性作为指导原则，将民居视为一种解决问题的方法，注重建筑形式空间与环境、气候、功能和建造的逻辑关系；另一方面，也将民居传统建筑形式特征视为一种传统建筑文化特征及地域文化认同的构成要素（图7-4-5）。

设计将传统认同的形式与现代材料建构逻辑结合起来，对传统建筑形式及空间语言进行结构重组，形成有节制的现代装饰和象征。如檐下的牛头不只是彝族文化的象征，还可形成柱与顶部的柔性结合，可在一定程度上吸收水平向的力，这对处于地震多发带的楚雄是很有意义的。而对于井干房这种"传统形式"，则以悬挂墙面石材的横向构件来象征，这样就用建筑立面的有机组合形式来唤醒部分"集体记

图7-4-4 云南印象商务会所（来源：刘林 摄）

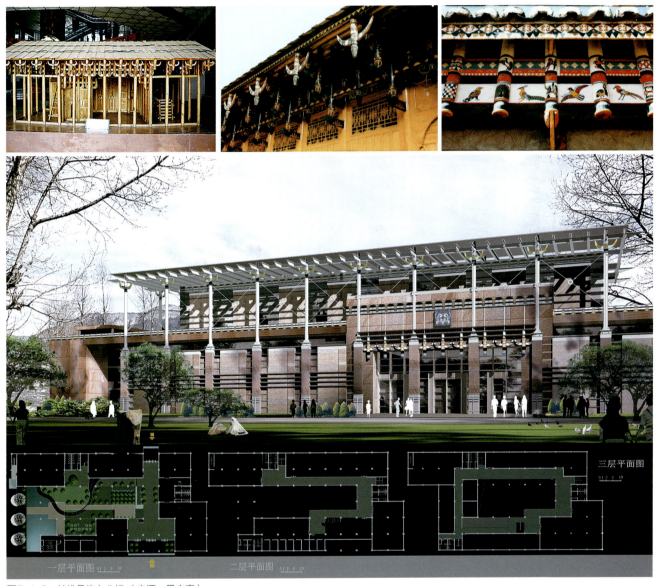

图7-4-5 楚雄彝族办公楼（来源：吴志宏）

忆"。再者，选择当地的红砂石作为建筑主要材料，并形成建筑的基准色调。除了红色，建筑还用了白色及黑色。白色用于梁柱等承重构件，黑色则表现在阴影和深色玻璃的运用之中，其他用色较多的地方则是集中在较小构件的装饰上。入口的处理是外立面最突出的地方，借鉴了传统的处理手法。结合内院和屋檐，建筑设置了环通建筑的回廊和平台，以营造多层次的、更多使用可能的空间。

第五节 材料建构

一、材料工艺与建构方式

海德格尔早在《住·居·思》中说："人与地点的关系以及通过地点和空间的关系均包含在人的住所中。明确地说，人与空间的关系就是定居关系"，材料作为建筑存在的物质本体，与地点有着密切的关系，具有地点属性的材料能够暗示出场所的归属感和方向感。《韩非子·五蠹》载："上古之世，人民少而禽兽众，人民不胜禽兽虫蛇。有圣人作，构木为巢以避群害，而民悦之，使王天下，号曰有巢氏。"有巢氏筑巢而使人居，成为建筑最早的开端。自此始，筵席卷舞天下，干阑遍植东南，窑洞壁立西北。建筑的形制与材料从来挣脱不开联系。由此及彼，息息相关。传统建筑材料最主要的选取标准，是为了满足建筑的使用功能，材料因本身性质的优势和局限，对建筑建构的发展和演变产生了影响。

因此，建构是建筑本真形式形成的源泉。"意义和特性不能只以造型或美学的观点来说明，而是得像我们所指出的，紧紧的和创作过程发生关系。事实上海德格尔定义艺术的'方法'乃付诸实施（in swerk-setzen）。此乃建筑具体化的意义。一件建筑作品的特性最主要由其所运用的构造方式所决定；框架式、开放的、透明的（潜在的或明显的），还是量感和包被的。其次才由营建方式所决定，例如：镶嵌、结合、矗立等。这些过程表达了作品成为'物'所代表的意义为何。因此密斯·凡·德·罗说：'建筑始于你将两块砖小心翼翼地堆砌在一起时'。"

传统建筑形式特征的形成，在根本上正是遵循了质朴的建构逻辑，这正好与现代主义材料美学不谋而合。现代主义建筑美学追求材料的"本真"属性，其具体表现在以下两个方面：

第一，材料之"本我"。就是去伪存真，彰显材料表观的真实性和建构的真实性，真实地表达出建筑材料的力学性能和结构构造。第二，材料之"真我"。即表现材料本身的美，而不是用附加装饰加以矫饰，强调其逻辑上的清晰性。实际上，"营建方式是一种明晰性的观点。明晰性决定了一栋建筑物如何站立、耸起，以及如何吸收阳光。'站立'是表示与大地的关系，'耸起'则是与天空的关系。站立经由基座和墙的处理方式而具体化……天地在墙壁交会，而人类存于大地上的方法则以此交会的解决方式而具体化。"

地方建筑设计，首先必须遵循由客观环境和材料属性所决定建构逻辑。建构方式依赖于物质世界几个非常基本的方面：第一是重力和与之相伴的物理学，重力会影响我们的建造对象及其下部地面；第二是我们所掌握或制造的材料和结构；第三是我们将这些材料放置在一起的方式。

然而，"建构"也不能被缩减为纯客观的建筑实在，其古希腊词根tekton同时拥有着"技术工艺"与"诗性实践"的双重含义。英文建筑学（architecture）起源于两个希腊词根：archè和technè。其中archè（基础的、首要的、原初的）指代建筑学所秉承的某些根本性和指导性的"原则"——不管这些原则是宗教性的、伦理性的、技术性的还是审美性的；而technè（技术、方法、工艺等）所指代的是建筑要实现archè中的原则所采用的物质手段。换句话说，在建筑学中，一切客观、具体的建筑手段、条件或状况（technè），实际

图7-5-1　双河乡社区图书馆（a）　龙头镇景观台（b）　（来源：Olivier Ottevaere，林君翰）

上都为某种概念性的、抽象的"原则"(archè)所控制和体现。因此,"建构"可理解作:以材料、构件的建筑化组织方式来实现一种人对环境的改造和认同。

地域建筑的创作一方面要理解传统建筑形式所代表的传统材料及建构的逻辑。另一方面也需要理解传统形式所代表的历史信息及文化认同,结合现代材料、建构逻辑及当代的文化和审美,发展出新的地域建筑的建构方式(图7-5-1)。

二、案例解析

(一)材料的文化内涵

昆明和韵文化中心坐落于昆明市海埂大坝红塔路,设计师为王澍,建筑面积2万平方米。

项目设计思想立足于对"城市山林"这一本土建筑营造传统重要概念的当代转化。"城市山林"是一种在城市植入"真山水",并保护植物多样性的模式。因循"城市山林"中"顺其自然"的营造观,设计充分考虑了这一地块特殊植物的多样性保护,对自然破坏最少的建造模式。在这个方案中,树比建筑高是一条基本原则,整个建筑呈现为隐入山林的状态(图7-5-2)。

昆明和韵文化中心的设计中,使用传统竹材的做法,就直接明了地反映出传统民族建筑融合,在形式上使现代混凝土材料与民族性材料相互融合。现代体量与富有变化而又凝重的石材结合,创造出的是凝重而又有禅意的体验。竹材与混凝土的交替使用,石墙中嵌入的玻璃窗打破了乏味的现代化批量规整的体验。在功能上,不同的材料各司其职,混凝土的坚固耐用替代传统材料的脆弱,而竹材通透性好的特点又得以延续(图7-5-3)。

图7-5-2 昆明和韵文化中心(来源:吴志宏 摄)

图7-5-3 昆明和韵文化中心(来源:吴志宏 摄)

大量本土建筑材料的使用，采用竹坯板制作的栏杆，对混凝土材料的原始美化加工，选择具有大地艺术力量的梯田作为语言，"粗糙"的手工材料和手工建造的方法，显得既古朴又有当代建筑的感觉。尽管它没有中国特色的牌坊、大屋顶，但是建筑里，还是融入了大量中国的元素及云南本土元素。

王澍通过借鉴传统建筑形制以及传统空间组织方式来进行建筑布局以及空间序列组织，进而体现出传统文化的气息和神韵；通过对建筑材料"建造技术"与"建构艺术"的转换，将建筑的工程性与人文艺术性联系在一起，从而表达出对传统的尊重和传承；通过借鉴传统建筑的外在形式以及传统符号，表达新的建筑形象。这种对于传统材料的继承有助于人文情感和历史记忆的延续，使人与建筑、场所之间产生心灵的交流形成归属感和认同感，而传统材料基于现代建筑逻辑的手法表达正是对过去的延续和现代的融合。

（二）现代材料的地域特色表达

针对地域的气候、环境、文化的特点，同样可以利用现代材料来创造具有地域特点的建构逻辑。云南省博物馆新馆主体采用红色金属穿孔板，首先是对云南红土高原意象的表达；而其特殊的建构形成建筑体量的折叠与切削，又似人们对石林的印象；而外墙穿孔板在昆明不同时段的阳光下形成不同的色调，以及在室内空间形成不同的透明性和光影效果，则是对时间体验和感知的直接表达；主入口上方的金属板的穿孔图案则采用云南古代青铜器的纹饰，形成一种既古朴又具有现代感的空间氛围（图7-5-4）。

隐舍主体使用竹木材料，形成竖向的空间透明肌理，营造了具有渗透意味的空间，形成了室内外景观交互式的景观效果，将室外的郁郁佳木，葱葱碧树，通过若隐若现的"透明"竹栅屏障，引入室内（图7-5-5）。

（三）基于材料属性的建构

在古代建筑材料很大程度上受到地理气候等因素的影响，材料自身的属性，很大程度上影响到了最终建筑的发展。因为木材的充足和良好的可塑性造就中国主要有宫殿、坛庙、寺观、佛塔、民居和园林建筑等。其中宫殿与园林建筑的成就最为突出。砖瓦良缘、木石结盟是对中国传统建筑在材料运用上最贴切的形容，而西方在石构建筑方面也有辉煌的成就，材料自身的属性又直接地影响到空间的感受。例如，和韵中心在竹板的使用上面就利用传统民居中对于竹"通透"、"轻盈"这一理念设计了竹板栏杆，遮阳等构件。这种传统材料的使用直接地将民居的空间体验和感受引入到现代建筑中，使原本死气沉沉密不透风的混凝土庭院开始变得生机勃勃。

大关县天星镇双河村的图书馆是林君翰教授和他的香港理工大学学生团队在昭通地震之后根据双河村的现状及需求

图7-5-4　云南省博物馆新馆（来源：吴志宏 摄）

为双河村进行建造的（图7-5-6）。

图书馆合理利用台地高差，屋顶采用双曲面形式，屋面自然连接上下地面，使屋面形成一座上下通行的"桥梁"，以及儿童的一个游乐区，"桥面"之下的空间就为双河村的村民打造了一个图书室。图书馆采用了木构的形式进行现场搭建，与现场的环境浑然一体（图7-5-7）。

为了对龙头山镇的重建工程表示支持，香港大学建筑系的林君翰教授和他的香港理工大学学生团队进行了龙头山景

图7-5-5 隐舍（来源：吴志宏 摄）

图7-5-6 昭通双河乡社区图书馆（来源：Olivier Ottevaere, 林君翰）

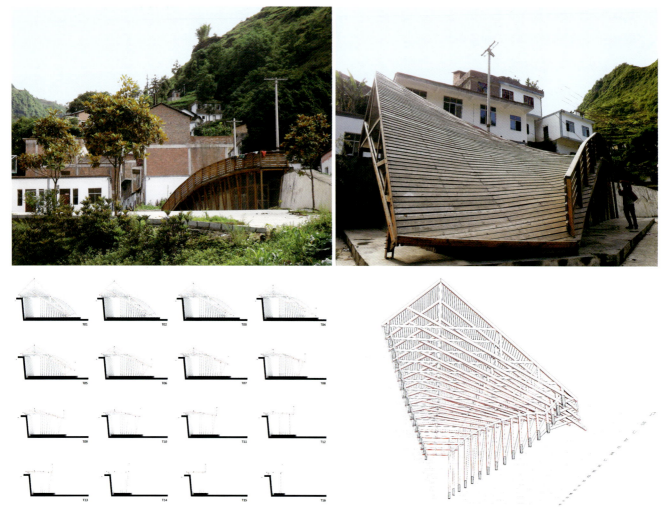

图7-5-7 昭通双河乡社区图书馆（来源：实景照片：张伟 摄；分析图：Olivier Ottevaere, 林君翰）

图7-5-8 龙头山镇景观台（来源：张伟 摄）

观台的设计工作。景观台的设计概念来自当地的优山美谷。建成后,景观台将为当地提供一个欣赏自然风光的平台以及遮阳凉亭。观景平台通过对山地地形的回应,设计出与环境相协调的观景平台(图7-5-8、图7-5-9)。

罗旭的"土著巢"占地面积超过2000平方米。花园内随意摆放的各种风格的雕塑,自由放养的山羊、白兔、阳光、白云,组成了一个自然王国。土著巢的主建筑一个个功能明确,除为主人自住西北角的老四合院外,其他各个"巢洞"均有安排,一个"巢"就是一个功能空间:会客、卫浴、餐厅厨房;接待人数不同的访客;还有专门做雕塑品展示的;放半成品作品造了一批又一批、一幢又一幢关人的笼子;艺术家罗旭却在昆明一片风景如画的田野里,造起了自己的"土著巢"。那片建筑,像极了非洲草原上一堆高耸的蚁巢(图7-5-10)。

每一个锥形建筑物上面都是用玻璃覆盖着,太阳光线总是能以最直接的方式而不是通过窗口房门拐弯抹角地转入每一个房间。"土著巢"的客厅是一个由许多拱顶构成的巨大空间,有200多平方米,犹如雕塑博物馆。罗旭就在自己的巢里做着孤独的"酋长"。住在他自己创造的城民中间,彼此互为所有、互相转换,有时做帝王,有时做城民,达成一种本能的、原始的和谐,过着一种令人向往的日子。

图7-5-9 龙头山镇景观台(来源:张伟 摄)

图7-5-10 土著巢(来源:罗旭)

第六节　符号点缀

一、建筑符号与点缀方式

语言学家索绪尔认为符号学是一个双重的统一体——能指和所指。而从符号学的意义上来说，建筑正是一个具有内在规律或是内在秩序的语言表征系统。无论在传统建筑还是现代建筑中符号与装饰都具有很重要的意义，具有表达信仰愿望、反映社会秩序、信息乃至文化表达的功能。它在一定程度上既是建筑空间造型以及建构逻辑的结果，又是具有一定独立性的象征形式。

因此，建筑装饰符号在对传统建筑的传承中也具有重要的作用。然而，在现实中对于传统建筑符号的使用存在着脱离功能、建构逻辑和文化脉络的符号滥用、误用，形式象征的表层化和商业化等问题。在2001年南京大学召开的"现代中国建筑创作研究小组"年会上，东南大学的朱光亚先生在题为"海德哥尔之梦"的讲演中，在对中国建筑设计界现状的8点分析中有5点都涉及建筑符号的不适当运用：视觉作用前置，模拟取代体验，建筑语言左右建筑师，时尚与包装成了商品，权利、金钱、知识三维力场中建筑师的定位质疑。现实中，常常存在将建筑传统简化为一些形式符号，甚至夸张恶俗的表达，还美其名曰是对传统的传承和创造。

建筑符号在地域特色设计中通常存在两种方式：一为嫁接，直接将传统建筑符号借用于现代建筑表达，将历史建筑中的元素，符号复制到现代新建筑中。另一为转译：结合地域文脉进行抽象表达，在现代新建筑中加入地域元素。然而，无论哪一种方式，若要形成优秀的地域特色建筑设计，均必须将建筑符号装饰与气候环境条件，传统及当代的文化审美、建构方式，建筑空间和造型的比例尺度进行合理的、适宜的结合。

二、案例解析

（一）嫁接

海埂会议中心位于春城著名的风景区滇池，面向西山、草海，有极佳的自然环境，占地214.2亩，建筑面积约7.3366万平方米，是云南省人民政府的大型会议中心，用于承担高规格接待任务和承办国际、国内重要会议的一个集接待、会议文化、会见为一体的商务会议中心。建筑形态具有现代气息，注重环境营造，实现人与自然的和谐交融。注重地方文化特点发掘，延续历史文脉，使空间景观和主体建筑融为一体。立面设计体现云南地域文化地方特色及当今时代精神。规划及建筑设计特点个性应体现庄重，大气的特色，同时融入云南特色，展示云南民族文化特点。建筑造型性格是以端庄大气为统一根本，同时，提炼云南民族建筑特色符号，创造出具有本土地域文化特点，又具有时代精神的建筑形式（图7-6-1）。

云南海埂会议中心商务酒店（昆明洲际酒店）位于海埂会议中心旁。项目建筑立面设计体现东方情调的泱泱大度、云南地域文化的地方特色及时代创新精神，规划及建筑设计特点个性体现庄重、大气和包容的特色，同时融入云南特色，展示云南地域文化特点及基地品质的特征。建筑造型性格"亦庄亦谐"，突出端庄、大气的传统文化特征，又具有时代精神的审美元素；同时抽象传统建筑形制、提炼云南民族建筑特色符号和空间意象特征，创造出具有本土地域文化特点的建筑形式（图7-6-2）。

楚雄州文化博物馆则是对传统形式符号嫁接的一个特殊的例子。由于地处彝族自治州。因此博物馆的设计灵感是从与生活息息相关的劳作中获取，将水牛角、黄羊蹄、羊头加以简化，提炼形成垂柱拱架，悬挂在屋檐四边，其间用檐板相连，板上刻有虎头，并用葫芦、星月等装饰梁柱。在一定程度上，建筑成为传统文化传承的载体（图7-6-3）。

楚雄大剧院立面的设计灵感来源于楚雄彝族的篝火，色彩采用了当地民族特有的红色、黑色以及白色，整个剧场从远处看上去就像是飞翔的一团烈火，象征着楚雄在经济、文化等方面的飞速发展，以及对未来建设美好家园的坚决信心。剧场属于大空间、大距离的表演建筑，现代的钢结构屋顶不仅可以保证建筑结构的要求而且更可以诠释现代建筑的形与美，也能表达篝火的肌理结构。透过玻璃可以清晰地看到建筑内部的红色墙体，使剧场更加富有张力、冲击力。同

图7-6-1 昆明海埂会议中心（来源：云南省设计院）

图7-6-2 昆明海埂会议中心商务酒店（昆明洲际酒店）（来源：云南省设计院）

图7-6-3 楚雄州文化博物馆（来源：《云南省艺术特色建筑物集锦》下册）

时体现了建筑独有的彝族自治州的地域性。正面及侧面的入口提炼了彝族民居的符号,特别是正立面的10根柱子的造型,运用了彝族民居结构中独有的形式,再加上具有彝族传统生活的浮雕图案,不仅象征了彝族的"太阳历",还以现代的手法营造了具有民族特色的表演建筑(图7-6-4)。

楚雄丽景花园小区在立面设计上,将彝族文化的特征加以提炼,并且巧妙利用于阳台、窗沿等地域文化建筑符号元素上。在细节设计上,追求现代精美主义建筑纯净、雅致的美学风格,显出时尚、流畅和写意的建筑美学(图7-6-5)。

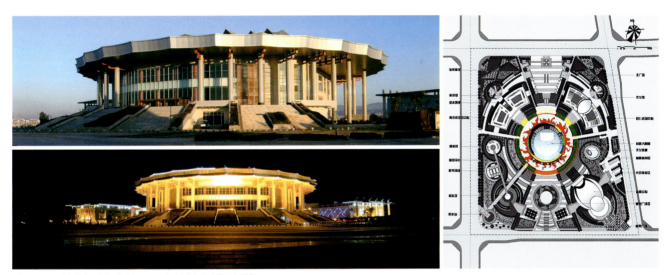

图7-6-4 楚雄大剧院(来源:云南省城乡规划设计院)

图7-6-5 楚雄丽景花园小区(来源:《云南省艺术特色建筑物集锦》下册)

豆沙古镇灾后恢复重建保护与发展规划项目，地处出川入滇的咽喉地带，是"关隘"文化及人们生产、生活的载体，建筑单体由居住和商业贸易两大功能组成，整体风貌以川南民居建筑风格为主，如屋顶形式沿用原来的穿斗式屋架；墙面（包括山墙）沿用原来穿斗式结构的建筑的墙面，可先粉白墙面，再在其上用木条装饰成原墙面形式；檐口、阳台和花台的装饰构件采用当地川南民居的特色；色彩遵照豆沙古镇特色建筑的色彩，为白、灰和红褐色，原色和分配大体与原比例一致。在此基础上设计参考豆沙古镇建筑进行创新改进，如在沿街入口处做偏厦或遮阳屋顶，既丰富立面形式和空间形式，又起到遮阳避雨作用；在呆板的沿街墙面上做凹凸处理，如挑阳台或花台、墙面退进一部分做凹阳台；立面上增加传统建筑立面的细部元素，如门窗格扇、挂落、挑枋、撑拱、带瓜柱等细部装饰（图7-6-6）。

（二）转译

转译将地域文脉抽象提取，融入建筑设计中，将传统的建筑符号进行解构和重组，抽象，简化，甚至重新组合和构置，将原本为人所知，具有一定文化内涵的符号进行转译。

银海金岸商业综合区设计理念源于对一栋老官渡的"一颗印"民居建筑的保护，围绕这个民居进行平面布局，在建筑形式上，屋顶由传统民居的坡屋顶抽象而来，采用创新的层层推进的建筑形态，具有浓郁的传统建筑元素（图7-6-7）。

图7-6-6 昭通豆沙古镇灾后恢复重建（来源：云南省城乡规划设计院）

图7-6-7 银海金岸商业综合区（来源：吴志宏 摄）

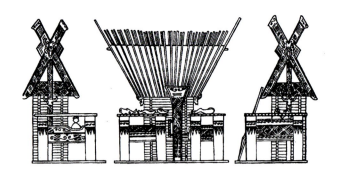

图7-6-8 石寨山出土房屋模型展示图（来源：《春城昆明》）

图7-6-9 曲靖会堂（来源：《云南艺术特色建筑物集锦》下册）

图7-6-10 昆明团结乡小学（来源：王宇舟 摄）

曲靖会堂屋顶的造型来自于出土文物中的长脊短檐（图7-6-8、图7-6-9）。取久远人类文明长河里的一抹亮色，似乎也将这片悠久大地上曾经的声、光、热，再一次还原。古老符号的转译显得更加富有地域性气息，成为独一无二的地域性建筑，也更加体现出当代的、地域的、精神的特色，显出对未来自信的姿态。

昆明市团结乡小学的设计，是将大理传统民居的形式特点转化成当代的形式语言，通过建构、色彩的表现，将大理白族民居的传统元素植入到建筑当中，并充分发挥，在潜移默化中赋予了建筑素雅的气质（图7-6-10）。

以上这类做法在所谓地域特色的建筑设计中屡见不鲜，从现代建筑合理性的视野，堆砌各种装饰符号做法的合理性存在许多值得商榷。但在少数民族对传统建筑的某些符号象征具有高度的文化认同的民族地区，这类做法还是存在一定的合理性的。但无论是对传统符号在现代建筑上的"移植"还是"转译"都需要十分慎重和理性，其中设计者的品位和设计掌控能力都十分重要，否则会沦为对传统传承的表层化和庸俗化。

第七节 滇中城市建筑地域特色的问题

地域建筑特色研究之所以重要，众所周知，近几十年来中国城乡尤其是大城市，一方面其社会经济迅猛发展，城市建设日新月异，同质性的建筑空间在各地大规模地复制；另一方面，城市自然环境品质低下、历史文化传统受到巨大破坏，历史街区和传统建筑被大量拆除……结果造成城乡人居环境形成全国各地"千城一面"、建筑"千篇一律"的局面。

作为全国第一批"历史文化名城"的云南昆明以及滇中其他地区，其发展模式和发展轨迹亦是如此，尤其是1999年昆明举办世博会对旧城的大规模改造和2005年以后在土地财政牵引下的大规模地产开发和城中村改造，人们所熟悉的城市变了。滇中的大中城市如同国内许多地方一样，一笔勾销了几百年来所"凝固"、"并列"着的历史，抹去了曾记录着人们的集体记忆和富有意义的生活经历。城市不再是以前那个为市民而存在的城市，以前的步行商业文化区已经逝去，代之以宽阔快速的道路、看起来美观但无法遮阳的绿化、墙一般的高层建筑、路上不耐烦的高傲汽车以及神色匆匆疲惫的行人。建筑与城市的对立、环境与人的对立、"日常生活"的涣散，城市建筑如同其外表上铺天盖地的广告一样，拼命地在推销着自己，甚至试图本身就成为商业广告。相似的建筑样式无控制地在各处复制，很难找到所谓的地方特色。

城市和建筑的面貌的确变新了，一方面它固然暂时在某些急需的方面改变了人的生活质量，另一方面它又摧毁了数百年来有意义的生活及其赖以发生的场所，甚至是对历史的记忆；我们得到了现代生活的一部分实惠，但却以一种不恰当的方式，拒绝了历史中曾给了我们数千年实惠的文化。在这些地处汉文化的边城，人们一直不懈地以汉族的方式改造着大地，努力进入汉族文化的历史；而当它越来越像中原大地的其他城市之时，它似乎又渐渐失去了自身的灵魂，正沦为一个个平庸的城市。

城市建筑地域特色的丧失自有其时代背景和深刻的社会文化根源，是缘于地方文化和价值的丧失，根本上是由于自上而下、过度使用权力和以市场为中心消费文化价值主导社会空间的生产，传统文化让位于市场主导的物质文化和工具理性价值。地方文化逐渐变为商品，充满意义的地方场所被各式各样的消费空间所代替；地方文化特色变成具有各种的交换价值消费性空间，具有丰富意义的场所变为和经济价值有关区位和价值的功用性空间，传统城市、街区和建筑或者变为旅游的空间布景，地域特色建筑创作沦为满足政治诉求、市场消费不同口味的建筑着妆。

人失去了地方社区文化之根，失去真正的主体性，被异化为市场化的"人"，顺从并依附于单向度的社会，形成单向度的思想。作为文化之根的历史也随着承载其的人居环境的拆除而在集体记忆中消失了，人存在无历史之"根"的现实中，人与人之间情感关系被功利关系所代替，社会变成物与物关系的社会。"威严"、"实力"、"富贵"、"优雅"、"时尚"引领着建筑的潮流，即使普通的老百姓都可以从其外表中读出来，然而它们大多与老百姓无关。中下层老百姓随着城市改造，被"疏散"到远离市中心的城郊，住进"经济适用房"或者是低价格的住房。那里是高层高密度不断自我复制的楼宇，城郊凌乱的环境，不齐全的市政设施，没有学校、没有医院、没有工作机会。而靠近滇池附近的高尚住区则是另外一种景象，低密度的独栋，花木繁盛的庭院，满足富人各种口味的建筑风格，严格保安的大门和高悬铁丝网的围墙⋯⋯后一类空间或建筑通常一定比前一类更有地域特色，那又如何？

滇中地区是云南大中城镇最为集中、城市化率最高的区域，也是受现代影响最大、开发最剧烈、对传统人居环境破坏最严重的地区。与国内许多大中城市类似，这里的地域特色建筑的创作面对最核心的问题是：如何认识和解析当代城市建筑的地区性，如何在当代城市化背景和社会文化条件下合理传承并创造新的地域建筑传统？

在城市地域应该明确区分"保护"、"传承"和"发展"、"创新"的对象，制定相应的策略和方法。首先，从整体到微观层面来营造城市建筑的地域特色。对名城、名镇、历史街区、重要历史建筑的保护基础上的合理更新；在对传统城市的山水格局、历史格局、脉络、肌理、场所的尊重基础上，从区域到建筑层面来对城市建筑传统进行延续、整合、发展及再生。在实践层面需要对名城保护规划和重点地段的城市设计，合理有效的公共空间及建筑体型的管治及导则；注重文化传统和多元创新的优秀建筑实践的示范和良性引导。在建筑创作层面，既不保守也不冒进，鼓励现代开放多元融合、基于地域的世界文化创造。

对于建筑遗产、历史街区、传统村落、历史和传统建筑要严格保护，控制无序发展，避免过度商业化对特色形成基础的破坏。对于传统乡土地域要在积极引导下促进人居环境和民间建筑自主良性发展，传统的延续、继承和演化。对于边远、贫困、发展滞后的少数民族地区，要促进生态环境保护、传统文化的保存基础上的全面社会发展。政府需要合理引导但又不能过度介入，通过"授之以渔"的方式促进社会经济文化的全面发展，而不刻意追求不合理的、片面的特色创造。

总之，城市和乡土建筑特色类似人的容貌，美丽的心灵、优雅的气质、健康体魄，自然会在外表上流露出来。城市以及其中的建筑是人们社会文化生活的一个组成部分，当生活改变时，最终自然会在城市建筑中看见。社会大分化形成的各种差异和矛盾，经由市场主导的空间资源分配造成城乡之间、城市不同区位、社会不同阶层之间分配的矛盾，使得社会各种问题和矛盾、整体及各群体文明的程度，也会直接呈现在城市建筑的建成环境之上，无论美丑、优劣，都是真实的地方"特色"。无论建筑外观采用怎样的形式语言和设计手法，无论传统或现代、具象或抽象、"形似"还是"神似"，均不能从根本上解决地域特色丧失的问题。

第八章 滇西、滇南地区当代建筑地域特色分析

自明朝初年,因有"三江之外宜土不宜流,三江之内宜流不宜土"的方针,滇西、滇南地区就处于"土流"交替的文化环境中,而在今天,随着"批判的地域主义"的兴起,普世文明和本地域、本民族古老文化的矛盾日渐突出。保罗·理柯说:"它应当扎根在过去的土壤,锻造一种民族精神,并且在殖民主义性格面前重新展现这种精神和文化的复兴;然而,为了参与现代文明,它又同时必须接受科学的、技术的和政治的理性,而它们又往往要求简单和纯粹地放弃整个文化的过去"[1],两种知识体系在同一块土地上并行体现。一方面,长期劳作于这块土地的各种匠师、匠人从他们自身的建筑实践中获得了知识并将其自然应用到具体的建筑上。这些建筑变化缓慢,体现了连续性。另一方面,各种外部力量包括受过现代建筑教育的建筑师和自上而下的社会力量以及商业社会带来的技术和经济的冲击,以高昂的姿态带来了明确的知识体系。这种知识体系下的建筑,基于新的材料、结构和建构方式,带来了新的空间、形态乃至生活方式,变化激烈,与传统之间出现了很大的裂隙。在这块土地上进行的建筑创作和批评,不可避免地都要通过建筑去理解和回应这种变化。

---

[1] (英)肯尼思·弗兰姆普敦. 现代建筑:一部批判的历史. 原山等译. 北京:中国建筑工业出版社, 1988: 354, 371.

第一节　来龙去脉

"我们遇到了正面临着从不发达状态中升起的民族的一个关键问题：为了走向现代化，是否必须抛弃使这个民族得以存在的古老文化传统……从而也产生这样一个谜：一方面，它必须扎根在自己历史的土壤中，熔炼一种民族的精神……但是，为了参加现代文明，它又必须参与到科学、技术和政治的理性行列中来，而这种理性又往往要求把自己全部的文化传统都纯粹地、简单地予以抛弃……这就是我们的谜：如何又成为现代的而又回到自己的源泉；如何又恢复一个古老的、沉睡的文化，而又参与到全球文明中去。"[1]

在建筑领域我们看到，"国际风格"如同一股可怕的龙卷风，席卷全球。无论在东方还是西方，无论是大都市还是小城镇，建筑都无一例外地成为"国际风格"的俘虏。然而，在这个地球上，还存在着很多丰富多彩的地方文化。它们，成为抵抗"全球化"的主要力量。这股力量虽不算强大，但它可能是唯一的，能提供抵御来自全球化的单一倾向侵蚀的力量。在建筑领域，这股能抵御"国际风格"单一倾向侵蚀的地方力量，我们称其为"地方性建筑"（Vernacular Architecture）。虽然在很长一段历史时期内，人们忽略或遗忘了它们的存在。随着全球化的蔓延，人们越来越认识到"地方性建筑"的价值，并对其投入越来越多的关注。

"地方民居"和其他所有事物一样，不断在发展变化。在工业革命以前，时空限制，使各种地方性文化处于相对独立的状态。它们在各自较封闭的环境中，遵循历史和传统所留下的规则，根据当地当时的需求，做出更改和调整。这种方式我们称之为"有机"的变化。"有机"发展虽然变化缓慢，但经过上千年的沉积，所形成的文化及其形式，会具有非凡的个性和浓厚的人情味。这种变化的基础是历史和传统的沉淀，其形式多为改良和延续，而非激进的革命。它相对独立地沿着自身的规律发展，铸成其独特的个性。而漫长的时间，为它提供了无数的试错和改错的机会，使其得以体现出浓厚的人情味。进入工业时代，地球村打破了时间和空间的限制。世界处在一个开放互动、频繁交流的状态。在这个动态的历史时期，地方民居的发展将何去何从？"有机更新"反对割裂历史和传统，反对对历史缺乏客观认识，反对只顾着往前冲的、激进的、革命式的更新。而提倡延续地方民居传统的发展模式，尊重历史和传统，缓慢地进行更新。"有机更新"的提出，为地方民居在信息时代的发展指明了方向。

云南的地域建筑本身处于一个独特的环境中。从独特的自然、气候、地缘环境，到多样的民族构成，从丰富的乡土建筑类型，到当前多元的建筑探索，从羌、越文化的缘起，到现代文化的引入，无不显示这种独特性。滇南、滇西地区地处云南西南部，自古就是一个独具特色的文化地理单元，这一区域气候温暖湿润，全年主要分为干湿两季，四季温差不明显。全区地形以山地为主，间杂山间盆地。这里民族众多，呈现一种大杂居、小聚居的特征。从传统的地域建筑来看，主要以干阑式建筑为主要特征。正是这些气候、地形、民族文化以及传统建筑上的明显特征，成为当地现代建筑创作的源泉。

"独特性"在建筑上的具体体现就是"民族形式"一词。20世纪50年代中期，在"社会主义内容、民族形式"的要求下，滇西、滇南地区出现了以大屋顶为形式特征，追求建筑传统性和纪念性的浪潮，此时，主要强调独特性和标志性，"民族形式"中的"民族"被强化。例如，在保山、德宏地区一些文化宫、展览馆及政府建筑上，传统民居的屋顶特征被以一种"穿衣戴帽"的方式加在下部相对规整的体量上以突出民族性，而传统民居的其他特征：如场地特征、合院、小体量，功能组织方式因与上述新功能的差异过大而被放弃，反而是室内外的一些装饰细节如门头、梁枋、墙面处理的形式被变形加工后进行了一定程

---

[1]（美）肯尼思·弗兰姆普敦，《现代建筑———一部批判的历史》，中国建筑工业出版社，北京，1988年。

度的简化以适应钢筋混凝土的构造做法。在图样引用中，传统腾冲民居中的照壁墙因其纹饰较丰富而被大量引用，而德宏地区中民族符号的应用更为明显，如用傣族的腰鼓图案来装饰建筑墙面，而模仿竹编图案作为墙体装饰也很常见，亦有详细的故事性的大量使用人物、动植物绘画等作为墙体彩绘装饰的，而景颇族民居入口的栋持柱中使用民族饰品、图案、牛角等来装饰建筑的现象在新建的公建中也有出现。

到了20世纪60年代前期，经济困难，这个时期在一些小型建筑上体现为要求"社会的客观需要和建筑师的创作一致"，此时的"民族形式"一词与反浪费、反复古的运动相一致而转向建筑学内部，主要的讨论转向"形式"与"创作"的关系，"民族形式"中的"民族"被弱化。这个年代直到改革开放初期，建造活动尤其是公共建筑活动大量减少，少量的建造艰难的在经济与艺术间寻找结合点，前面的屋顶形式更加简化甚至消失，而装饰细节也有更进一步的简化，人物故事及复杂纹饰更加少见。

随着改革开放的进行，经济发展伴随着大量的建造。而此时，伴随经济发展而来的全球化趋势和本身微弱的地域主义之间发生了激烈的碰撞和融合。在地域主义中不再能够看出明确的取向和评判标准，或者说在某个时段存在的一定取向和标准，也迅速被后来的新趋势所打破，20世纪80年代初，现代主义建筑思想出现后，"民族形式"一词中"形式"被弱化，理论探讨强调脱离"形"，而要从"神"或者"意"上去表达传统与地域。而20世纪80年代中后期，"民族形式"一词紧密与"现代建筑"对应，表现为对现代建筑"形式"的抵抗。例如，在20世纪80年代早期，传统形式的使用不再局限于屋顶形式和装饰细节，传统民居的其他部分，如场地特征、合院、小体量、功能组织方式等的设计意匠被现代建筑的设计者深入研究，此时设计者在传统合院民居的群体组织方式及传统干阑建筑底部架空造成的轻盈感上找到了与现代建筑的功能和框架体系的契合点，大量以现代建筑创作思维主导，而以"神"或者"意"的口号重新解析并应用传统的公共建筑开始出现。但是，现代建筑体系的冲击十分强烈，尤其是市场经济中大量的建筑行为仅仅满足于解决基本的功能问题，到了20世纪80年代中后期，大量的建筑放弃了形式追求而更关注对于功能与经济的回应，地方的建筑特点或者说民族形式逐渐被均同的现代建筑所淹没，"民族形式"渐渐表现为一种零星出现的"抵抗"。

紧随而来的是后现代思潮的冲击，文脉主义、建构主义到现在与复杂性相关的理论，各种理论伴随各种建筑形态不断出现，"多元"的理论伴随着多样的价值观。此时"民族形式"一词整体都被淡化，而被"民族风格"等词取代。2000年以后，"民族形式"的表达基本绝迹，而被代之以"传统"一词。伴随着物质紧缺时代的结束，建造活动也迎来了多元化的时代，各种理论对应着不同的建筑处理手法，从宏观的肌理协调、环境应答，到中观的适度变异到材料建构，再到装饰细节的符号点缀都伴随多种主体纷纷呈现。纵观滇西、滇南地区当代建筑的创作流变，大概出现过以下几种探索思路：

一、体现国家意志的纪念碑性建筑

新中国成立后，在一些大型的公共建筑创作中，曾经掀起了一股推崇运用民族形式来体现爱国主义的建筑设计风潮。中国传统的宫殿式建筑特征被不断地吸收和运用到这一时期的建筑创作中来。在滇西南地区，如西双版纳州工人文化宫的设计就体现了这一时期的时代特征：歇山式的大屋顶和重檐攒尖八角亭被安置于现代主义风格建筑之上，中国传统园林中常用的景窗与回廊也被刻意安排在建筑的细节之中……。这一系列的建筑符号本是汉文化或传统官式建筑中再熟悉不过的建筑要素，然而一旦被全套搬运到西双版纳这样一个少数民族聚居地，反而变成了陌生的新兴事物。在这个陌生的语境中，这样一种设计思路一方面体现了当时所要强调的爱国主义，另一方面则是体现了一种当时国家的意志及影响力。

二、对朴素的现代建筑的探索

这也是早期现代建筑设计的一种思路。如果说在大型公共建筑设计中要通过民族形式来体现爱国主义，那么在一般性的普通建筑设计中，则强调经济性大于一切，抛弃一切华而不实的装饰，功能大于形式。这种设计思路在很大程度上扼杀了建筑艺术创作的热情，出现了大量毫无个性，按最低标准来设计的普通建筑。然而，这种对于形式的节制从今天来看，在某些方面却使得建筑更加回归本源、回归理性。像滇西南地区大量存在的这样一类造价低廉的现代建筑，功能的合理性比醒目的外观更为重要，开敞的外廊与楼梯间回应了当地炎热的地域特征，在建筑形式上仅只是通过有限度的装饰来强调它的地域特征。这种朴素的现代主义建筑设计手法在今天很值得我们去借鉴。

三、对于形式/形状的热情

如果说早期的建筑设计思路要么是政治的考虑，要么是经济的限制，那么进入20世纪80年代后期，随着改革开放的深入，以及各种建筑思潮的冲击，像滇西、滇南这样一类地域特征十分显著的区域，很多建筑师就已经开始转向于探索如何设计具有当地显著文化特征的现代建筑。这种探索在很大程度上是关于形式（或者说是关于外观形态）的探索，并一直持续至今。从单纯地对形式的简单模仿到对形式符号的抽象提取，以及对各种形式符号的拼贴，成为当前地域建筑中最为常见的创作手法。这样一种对于形式（或更多是形状）的追求，一方面出现了大批量的带有明显地域外观特征的现代建筑，使得地域之间的当代建筑创作有了一定的创作规律和原则可以遵循；另一方面，这种无节制的热情，对形式/形状的失控，却使得当代的地域建筑创作在很多时候，陷入一种浅薄的对外观、符号的拼凑。这也是当代地域建筑创作的一大难题，如何从传统中来，又回到传统中去？也许我们正站在断桥的边缘，究竟是应该回首关注过去，寻找新的出路，还是应该纵身一跳，义无反顾地奔向未来？

第二节 肌理协调

一、建筑肌理特征与协调方式

当代建筑吸收传统民族建筑的优秀文化，在建筑风格上与传统建筑保持风貌上的一致，传承并发展该文化，可以表现在肌理协调方面。提炼传统民居聚落的图底关系，剖析形成肌理的基本单元和空间模式并将其运用到当代建筑设计中，是传承传统建筑肌理关系的主要手法。滇西南地区的传统民居以干阑式建筑作为主要的建筑形态，层层叠落的巨大屋顶以及逐渐抬高的基座形成其最为重要的建筑肌理特征，很多当地现代建筑的创作思路就是抓住了这样一种建筑意象。

作为云南传统民居的一部分，弥勒彝族民居传统聚落由于其和独特的地理环境相适应而呈现出自己的特色。在山地建造的彝族聚落，其屋顶层层叠叠、错落有致、鳞次栉比，具有很强的韵律感。屋顶的折线型意象为当代设计提供了很多启发（图8-2-1）。许多现代建筑在设计过程中延续传统的聚落肌理，使新建建筑能完美融合在旧建筑群落中。

除外形的肌理特征外，民居聚落特殊构成方式也形成平面组合和空间形态的肌理。大多数云南少数民族民居聚落的构成是通过单元重构的方式进行组合。即由最小的单元构成单元组，再由单元组构成单元群，最终构成一个既有重复

图8-2-1 弥勒可邑村（来源：刘肇宁 摄）

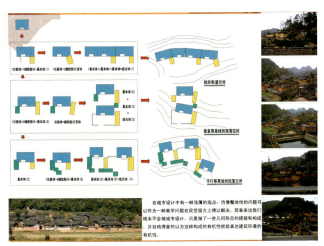

图8-2-2 民居聚落单元重构分析（来源：刘肇宁 绘）

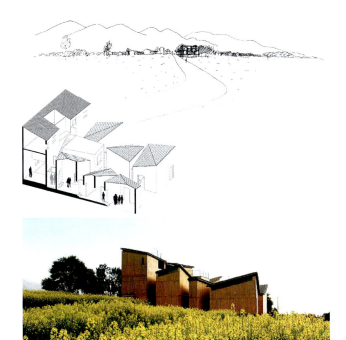

图8-2-3 高黎贡手工造纸博物馆（来源：《城市环境设计》）

性，又有差异性，既有序又极富变化的空间结构体系，弥勒彝族传统民居的聚落肌理即是这样一个层级分明的建筑体系，这对设计师来说具有很强的启发性，对于这种单元重构的模拟已成为建筑师常用的设计手法（图8-2-2）。

二、案例解析

（一）高黎贡手工造纸博物馆

博物馆建造在云南腾冲高黎贡山下新庄村边的田野中，建筑的目的是为了向来访者展示新庄古老的手工造纸工艺及相关手工纸的文化产品，建筑内部设有办公空间、茶室和客房等。设计将建筑做成由几个小体量组成的一个建筑聚落，如同一个微缩的村庄。而整个村庄连同博物馆又形成一个更大的博物馆——每一户人家都可以向来访者展示造纸的工艺。访问者对建筑的游览将是在内部展览和外部优美的田园景观之间不断转换的一种体验，以此来提示建筑、造纸和环境的不可分。展览部分由6个形状各异的展厅构成。围绕中心庭院组成一条连续的参观路线，中间则是一个可向庭院完全开敞的茶室。二层是办公空间，通过一个室外楼梯联系到三层客房和一个可以观山的屋顶平台。在高黎贡手工造纸博物馆的设计中，建筑单体的形状和相互关系延续了建筑所在新庄村落空间的特点。

独特的设计将建筑完全融入当地村庄的大环境中（图8-2-3）。

（二）弥勒收费站——注重建筑符号的提取和建筑整体意象的表达

弥勒收费站设计提取当地彝族传统聚落屋顶的群体意象，结合收费站长条形体量和需大屋顶遮蔽的空间要求，将收费站屋顶做成折线型，底层除功能性房间外全部架空。设计把收费区和交通区演化为一个有机整体，并重点凸显了屋顶层层叠叠的民居群落感。设计手法注重建筑符号的提取和建筑整体意象的表达，使得收费站和周围的群山形成较好的呼应（图8-2-4~图8-2-6）。

（三）弥勒湖泉SPA精品酒店——传统民居聚落肌理特点的沿袭

弥勒湖泉SPA精品酒店建设场地位于弥勒湖泉生态园区西南侧的高地之上，东南、东北可以远眺人工湖水面景观和高尔夫球场；西南、西北为地产开发区域。设计师利用场地地形高差，采用了在传统民居聚落肌理中的单元重构形成整体；散状点式布局；山体及水面有机结合以及房屋朝向和景观视线多元化等特点，在总平面设计中构成形式丰富和环境有机结合的空间形态（图8-2-7～图8-2-9）。

（四）建水沙拉河片区详规、建水小桂湖片区详规——基于建水古城院落式布局的现代演绎

建水沙拉河片区详规、建水小桂湖片区详规以传统院落为构成单元，以街巷空间和成片屋顶为主要的设计元素，一定程度上保留和承袭了传统建水民居聚落以院落为主的布局方式和街道格局（图8-2-10）。为了和现代居住功能及交通相适应，方案仅在街道尺度和建筑体量上有所改变。营造了既有历史韵味又有现代气息的空间氛围。

但创建城市整体性也许只能作为一种过程来处理，而不能单靠仿古设计解决。只有当城市成型的过程既尊重历史的延续性又重视现实的可用性时，整体性的问题才能得以解决。现代城市的发展一般情况下是由概念、计划、设计和方案加以控制，而这些手段都很难产生一个具有动态整体性的城市。如何将城市动态的发展和静态的物理环境结合起来构成具有时间维度的整体性，需要我们从民居聚落的构成过程中寻求解决方法（图8-2-11、图8-2-12）。

图8-2-4 彝族民居立面（来源：刘肇宁 摄）

图8-2-6 弥勒收费站（来源：刘肇宁 摄）

图8-2-5 弥勒收费站（来源：刘肇宁 摄）

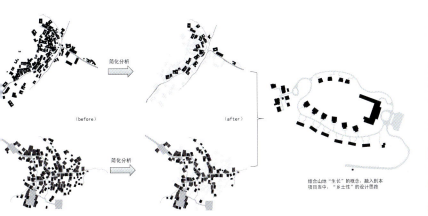

图8-2-7 弥勒湖泉SPA精品酒店分析图（来源：华峰 绘）

图8-2-8 弥勒湖泉SPA精品酒店总图（来源：华峰 绘）

图8-2-9 弥勒湖泉SPA精品酒店外观（来源：华峰 摄）

图8-2-11 建水——沙拉河片区详细规划平面图（来源：云南省城乡规划设计研究院）

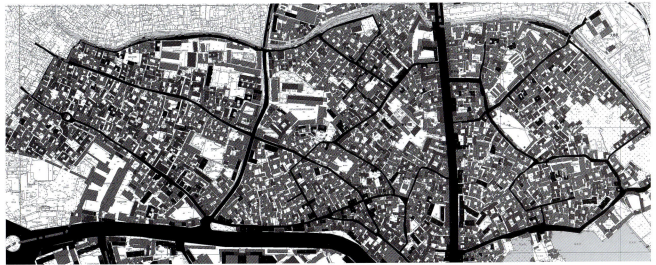

图8-2-10 建水古城保护规划——现状图（来源：云南省城乡规划设计研究院）

图8-2-12 建水——小桂湖片区详细规划平面图（来源：云南省城乡规划设计研究院）

图8-3-1 传统傣族佛寺建筑（来源：唐黎洲 摄）

第三节 环境应答

一、环境特征与应答方式

广义的环境包括自然环境与人文环境，任何建筑地方性特色的形成，无论过去、现在还是未来，都离不开这两方面的影响。从自然环境方面来看：滇西南地区气候温暖湿润，全年只分为干湿两季，在这样的环境特征中，通风与遮阳成为最重要的措施。因此，在当地传统民居设计中，巨大屋顶和通透立面成为最重要的构成要素。从人文环境来看：以傣族为主要少数民族的滇西南地区自古就是以干阑式建筑作为主要的居住形式，这是一种以单体建筑为主的居住模式，房屋规模的增减并不像中原汉地那样通过院落来进行调配，而是通过增加屋顶来扩大房屋的规模。因此，在当地的村寨中，我们所看到的是一座座竹/木楼掩映在树林中，一座竹/木楼即是一户人家。另外，在滇西南地区，以傣族为主的许多少数民族都信仰南传上部座佛教，因此村寨之中都有佛寺和佛塔，一般都位于村寨周围的高地上。巨大体量的，有耀眼金黄色装饰的佛寺佛塔与臣服于其脚下质朴的民居形成了强烈对比。正是上述这些特征构成了滇西南地区最为独特的自然人文景观。当地现代建筑的创作也正是对这种独特的气候和文化特征的积极应对（图8-3-1）。

气候、地形、地理状况等自然环境是影响民居建筑造型和细部的一个重要因素。开小窗、平屋顶、设天井等方式都是建筑和具体的地理气候相适应的结果。如红河州彝族土掌房最大的特点是房顶的建造。首先是在夯土墙上搭放圆木梁，梁上铺一层松柏枝，覆撒一层松毛，再摊一层细泥，最后压一层沙土。这样的房顶可做到防晒、防寒、防雨，并由于其铺建结实，其特点是冬暖夏凉。再如文山壮族民居由于要适应湿热多雨的气候，建筑多采用底层架空的干阑式建筑形式。为了增加空气对流，带走热辐射，壮族民居的建筑多采用透气性较强的格栅式表皮。

二、案例解析

（一）西双版纳傣园酒店

西双版纳傣园酒店的设计，同样也是基于当地特有的气候与文化特征。在具体的处理手法上则更为抽象。傣园酒店充分利用了现代技术的优越性，使建筑的整体布局灵活多样，满足不同的功能需求。结合干阑式建筑架空的柱角，结构梁柱轻巧地化为精致的装饰。飘逸的深檐屋顶，向外延伸的露台，向外倾斜的玻璃窗，使人感到整个建筑自然活泼而又温文尔雅，用现代的建筑语言再现了"干阑式"建筑的魅力。整个建筑造型融合了地域建筑的精华和现代建筑风格，追求浓厚的亚热带建筑色彩，在入口部分的处理以现代、简练又不失地方特色的重檐坡屋面丰富了建筑轮廓。在屋顶的处理上，歇山屋顶及其"三角"符号的重复使用，使简单的体块产生规律性的变化和动感（图8-3-2）。

（二）安纳塔拉酒店

安纳塔拉酒店位于西双版纳罗梭江畔，整个酒店呈分散式布局，在建筑形态上吸取了当地傣族干阑式建筑的屋顶特征，通过对屋顶的叠加、组合来形成大的功能性空间，或是对屋顶进行重构，形成饶有趣味的小品。这种对传统傣族屋顶再处理、再加工的方式，一方面与当地炎热的气候特征相适应，另一方面也延续了当地建筑的文脉。建筑外立面的处理，也是尽量以空透为主，或是采用外廊的形式，行走于其中，能强烈地感受到当地传统建筑的意象，同时又充满了现代气息（图8-3-3）。

（三）瑞丽市姐告管委会办公楼

云南的史前时期遗迹及青铜时代出土的文物证实了干阑式建筑的发展和演变，由于干阑式建筑在一些方面的优越性和适用性，至今还在被云南一些地方沿用，这是在竹木丰富的地区，建筑和建构方式对于多雨、潮湿环境的回应。而如何将这样的建筑形式运用在现代建筑中，德宏瑞丽市姐告管委会办公楼做了成功的尝试。设计结合现代混凝土材料和框

图8-3-2 西双版纳新傣园酒店（来源：云南省城乡规划设计研究院）

架结构，在提炼的基础上找出传统建筑可以利用的特征，并将其结合到现代办公功能中，这是一种当地常见的回应方式（图8-3-4）。姐告管委会办公大楼位于德宏州瑞丽市国家级开放边境口岸姐告贸易入口处，背靠秀丽的瑞丽江，是

图8-3-3 西双版纳安纳塔拉酒店（来源：翟辉 摄）

图8-3-4 瑞丽市姐告管委会办公楼（来源：云南省城乡规划设计研究院）

树立国门形象的重要建筑之一。建筑造型融合地域建筑的精华和现代建筑的风格，追求浓厚的亚热带建筑色彩，变形的傣家竹楼坡顶及"三角"符号的重复使用，使简单的体块产生规律的变化和动感。

（四）彝族村落和民居保护更新——提取抽象意象并用当代结构体系再现

在彝族村落和民居保护更新中出现的现代土掌房，不再使用像夯土墙、土坯墙或泥土石料等天然材料，而是采用钢筋混凝土和砖作为主要建筑材料，但仍采用封闭的平面布局、传统的平屋顶、退台式空间布局和开小窗的立面，以此来适应干热气候（图8-3-5）。当地村民首选的建筑材料以钢筋混凝土和空心砖为主，而这些材料的热物理性能远远比不上生土材料。但生土材料的抗震性能又明显不如钢筋混凝土（图8-3-6）。研究具有较强抗震性能但又具备生土材料热工性能的新型乡土建筑材料，是一个重要的课题。

（五）元阳世界文化遗产核心区民居保护更新——基于传统民居聚落的再诠释

土掌房民居形式是气候炎热、干旱少雨地区的一种适应性民居模式。为了防雨，哈尼族便在土掌房顶部加了一个坡度略大于45°的四坡顶，形成了哈尼蘑菇房（图8-3-7）。蘑菇房造型美观，别具一格。冬暖夏凉，由土基墙、竹木架和茅草顶构成。元阳世界文化遗产核心区民居保护更新中的新哈尼族民居采用现代材料对哈尼茅草房进行再诠释（图8-3-8）。蘑菇形四坡顶、较封闭墙面和小开窗都保留了下来，一定程度上延续了建筑形式和环境的对应，但建筑材料方面和环境的对应问题有待新材料的研发和使用（图8-3-9）。

图8-3-6 当代土掌房（来源：刘肇宁 摄）

图8-3-5 现代土掌房（来源：刘肇宁 摄）

图8-3-7 哈尼小镇（来源：刘肇宁 摄）

（六）文山阿鲁白旅游小镇——传统空间模式和环境应答的现代表达

挑檐、厦子和天井是云南民居中的室内外过渡空间，它们承载了调节微气候的功能。从通风来讲，挑檐、厦子和天井与纵横交通廊道一起构成了一个气流循环系统，增加空气对流，减少热辐射带来的不舒适。挑檐、厦子也是重要的遮阳构件，对于热辐射较大的地区是必不可少的。中庭不但是一个绿化集中的地方，可以大大改善生态环境质量，而且天井还集中了明沟、暗沟以及水池等和排水相关的系统（图8-3-10、图8-3-11）。

文山阿鲁白旅游小镇在沿街面上设计了很多偏厦和遮阳挑檐，既丰富了立面形式和空间形式，又起到遮挡热辐射和避雨的作用，同时可以成为收集雨水的装置（图8-3-12）。在呆板的沿街墙面上做凹凸处理，如悬挑阳台或外廊、延伸偏厦和雨棚以及退进墙面做凹阳台，这些处理不仅能保留文山壮族传统民居的立面特点，而且体现了当代建筑对文山湿热多雨气候的适应性表达（图8-3-13）。

（七）文山阿鲁白旅游小镇——基于传统空间模式（干阑）的抽象表达

文山阿鲁白旅游小镇设计采用当地壮族民居的隔热方式：干阑式屋架和格栅式表皮。其表皮具有韵律感、现代

图8-3-8 哈尼小镇（来源：刘肇宁 摄）

图8-3-9 哈尼小镇（来源：程海帆 摄）

图8-3-10 彝族民居剖透视（来源：《云南民居》）

图8-3-11 城子村民居（来源：戴翔 摄）

图8-3-12 阿鲁白旅游小镇街院（来源：云南省设计院集团）

感，既表现出"壮族"民居"外虚"、"开放"的一面，又使室内呈现出独特的光影效果，也有利于利用墙体增加通风从而降低热辐射的作用（图8-3-14）。设计采用了双层表皮的做法，即格栅式表皮内部还有一层可以采光、通风，又能阻挡雨、虫和鼠等进入的表皮（图8-3-15）。现在这层表皮多用玻璃来做，但玻璃的通风性能不佳（图8-3-16）。未来若能出现一种和玻璃类似但通风性能更加好的材料就能更好地完成现代民居和环境的适应（图8-3-17）。

图8-3-13 阿鲁白旅游小镇（来源：云南省设计院集团）

图8-3-15 壮族民居（来源：刘肇宁 摄）

图8-3-14 阿鲁白旅游小镇商业街（来源：云南省设计院集团）

图8-3-16　壮族民居（来源：刘肇宁 摄）

图8-3-17　壮族民居（来源：刘肇宁 摄）

第四节　变异适度

一、空间变异与适应方式

对于大尺度的建筑，如何来体现地域性，绝不能靠简单的尺度放大或是单纯的形式模仿，而应该是提炼和升华。空间变异就是这样一种方法。它更多的是一种隐喻，一种象征，是一种类似于荣格所说的"原型"的概念：通过挖掘或强化潜藏于人们集体意识深处的一种共同的记忆，并将其以适当的形式外化、具体化，最终表达出一种为人们所认同的意象。这样的一种表达方式可以不拘泥于传统的形式和材料，更多的是对"神采"，对"意象"的把控。在这样的一种设计方法中，如何找寻那一个恰到好处的"点"，成为关键。

在传承传统文化之时，我们也要考虑当下因素，在进行建筑设计时需要在传统文化的基础上进行适度变异、优化。现代建筑功能要求越来越复杂，空间的需求也越来越大，传统建筑格局及空间模式已经不能满足现代建筑变革的需求。这时，就需要我们对传统的建筑空间进行变异与更新，然而这个过程要适度，不仅要满足新的功能需求，而且不能失去地方特色和民族特色。

二、案例解析

（一）景真菩提缘佛教文化园入口广场

景真菩提缘佛教文化园入口广场设计中，巨大的空间尺度与全新的功能要求使其不能再简单地模仿传统的干阑式建筑，因此在整个建筑形象的处理上，着意于"神"，而不是"形"。在建筑设计中，通过四片大尺度的张拉膜和位于中央的四层观景塔来强化整体的建筑意象（图8-4-1），虽然全部采用的是现代的结构方式和空间组织模式，然而却让人能联想到傣族男子传统服饰中的肩带与头冠；巨大的张拉膜所形成的屋顶，也充分体现了当地传统傣族佛寺的重檐特征，整个建筑充满了现代气息又不失传统的韵味（图8-4-2）。

（二）弥勒湖泉SPA精品酒店——传统院落空间的变异

弥勒湖泉SPA精品酒店接待会所的空间营造以景观营造为切入点，以乡土建筑合院空间为基础进行抽象变异，打破传统四合院的封闭感，把"内向型"的合院空间演变为"外向型"的空间（图8-4-3）。对于小范围环境而言，它是外向型的庭院空间，但是对于整个度假酒店而言，它就转变为内向型的庭院（图8-4-4）。设计师将传统院落加以适度变形、扭转，或打开院落或合并院落、形成外向型的半开放式庭院空间，从而适应新的功能和景观需求（图8-4-5）。

（三）文山师专宿舍——干阑建筑的现代变异

底层架空是文山壮族民居通常采用的干阑式建筑形式，这似乎已成为壮族民居的基本特色。受传统干阑式建筑形式的启发（图8-4-6），文山师专宿舍的设计者用钢筋混凝土柱和梁对干阑式民居的建筑特色进行了一定的变异，加大了柱和梁的尺寸，保持底层架空。在建筑外立面上突出结构构件的位置，增加立面的凹凸变化，可以说这个方案将传统干

图8-4-1　景真菩提缘佛教文化园入口广场（来源：云南省城乡规划设计研究院）

图8-4-2　景真菩提缘佛教文化园贝叶经博物馆（来源：云南省城乡规划设计研究院）

图8-4-4　会所内院（来源：华峰 摄）

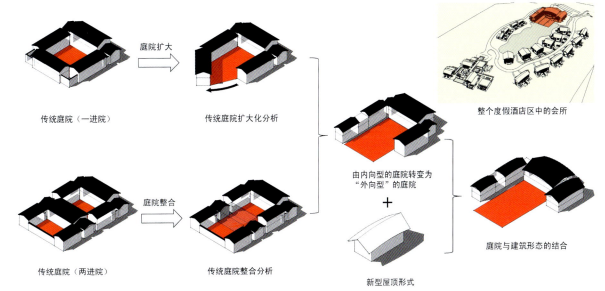

图8-4-3　弥勒湖泉SPA精品酒店庭院演变分析（来源：华峰 绘）

图8-4-5 汤院内院（来源：华峰 摄）

图8-4-6 文山师专学生宿舍（来源：吴志宏 绘）

图8-4-7 壮族民居-剖面（刘肇宁 绘）

图8-4-8 建水合院式民居鸟瞰（来源：杨大禹 提供）

阐建筑的架空层和穿斗式结构特色用现代材料加以演绎（图8-4-7）。

（四）阿鲁白旅游小镇——对传统院落式民居坡屋顶的适度变异

阿鲁白旅游小镇酒吧街的设计，采用传统民居坡屋顶的形式，虽然保留中脊，但将传统的等长坡屋面变形为长短坡（图8-4-8），并且改变坡度和坡向，使屋顶轮廓线跌宕起伏，富于变化。借鉴传统民居中的特征，对其加以抽象、简化和改造（图8-4-9）。这种手法使得建造结果看上去有传统建筑的特征，但又不是照搬传统建筑的形式（图8-4-10），是"神似"与"形似"相结合（图8-4-11）。这样的方形体量上的双坡、多坡屋顶的受力状态与拱、壳结构类似（图8-4-12）。可以看作是"人"字形的折板。这和框架结构的受力原理有很大的不同。在支模浇筑时会较复杂，增加造价。屋顶的坡度和屋面的长度在控制上也有一定的难度。可以结合屋顶下的阴影区进行设计和控制（图8-4-13）。

图8-4-9 石屏州衙老街（来源：云南艺术特色建筑物集锦）

（五）广南壮族民居更新——结合传统干阑建筑符号和建造特点的新民居建设

经济的发展和人们生活水平的提高要求转变传统的居

图8-4-10　阿鲁白旅游小镇酒吧街鸟瞰（来源：云南省设计院集团）

图8-4-12　建水合院式民居屋顶鸟瞰（来源：杨大禹）

图8-4-11　阿鲁白旅游小镇酒吧街夜景（来源：云南省设计院集团）

住和建造方式。完全延续传统的建造模式与现代生活对采光、卫生等舒适性要求产生严重的矛盾（图8-4-14）。广南壮族民居更新吸取当地传统民居平面的布局（图8-4-15），采用新型建材，按新的生产生活方式来设置建筑功能，提升建筑品质。满足居民传统生活习惯的同时，加入厨房、增加卫生间、调整楼梯的位置，以完善居住功能（图8-4-16）。现代建筑的营造模式与传统村落之间存在"道"、"器"不相容的地方。在实践操作中，需要探

图8-4-13　阿鲁白旅游小镇（来源：云南省设计院集团）

索现实可行的新营造模式,盲目套用都市化的功能空间,会对原有民居的居住和建造传统造成一定的破坏(图8-4-17~图8-4-19)。

(六)德宏州体育运动中心——传统干阑建筑的引用与变异

德宏州运动中心由体育馆、体育场、游泳馆、训练场、室外球场组成,是德宏州政府为了举办2008年第五届农民运动会而兴建的体育场馆,是城市的重要文体活动场所之一。整个体育中心的布局沿纵、横两条轴线展开,

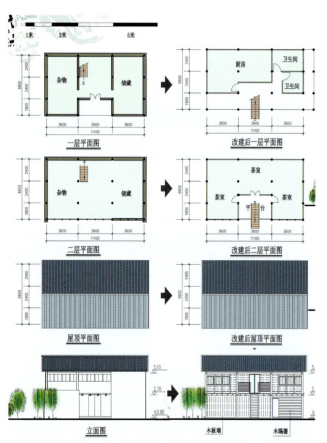

图8-4-14 壮族民居改造平面图(来源:刘肇宁 绘)

图8-4-16 壮族民居改造后照片(来源:刘肇宁 绘)

图8-4-15 壮族民居改造前照片(来源:刘肇宁 摄)

图8-4-17 壮族民居改造平面图(来源:刘肇宁 绘)

图8-4-18　壮族民居改造前照片（来源：刘肇宁 摄）

图8-4-19　壮族民居改造后照片（来源：刘肇宁 摄）

图8-4-20　德宏州体育运动中心（来源：云南省城乡规划设计院）

在东、西轴线上以体育广场和体育馆为中心，两翼布置着体育场、游泳馆、训练场。纵向的地域文化轴与横向的体育文化轴，再现了传统艺术与现代文化地融合（图8-4-20）。由于当地气候炎热多雨，体育馆在造型上充分吸取了傣族干阑式建筑的特点，建筑通透、秀美，给人一种轻松、安静的感觉。建筑外观上长檐短脊的重檐坡屋顶强化傣族、景颇族传统民居的艺术风格，使体育馆具有浓郁的民族特色，实现现代建筑的本土化，底层柱廊及外挑屋面强调干阑式建筑的轻盈和飘逸，具有民族风格的三重檐作为雨棚强化了入口，且很好地解决了避雨遮阳的功能，在建筑外墙面上采用了象征孔雀尾部羽毛的金色装饰构件以达到强化民族特征的目的，用现代的技术、现代的材料诠释了大型公共建筑——体育馆的力与美，整体构思来自于小体量的传统民居，但是，结合体育馆大跨度的特点进行了适当的变异。

（七）普洱大剧院——大屋顶、大挑檐等空间外形特征的变异

普洱大剧院以大屋顶、大挑檐等空间外形特征的变异作为主要的设计手法，将该大屋顶、大挑檐等空间和现代的建筑结构体系以及现代的建筑功能相结合，加以适当的变形，最终将当地干阑式建筑中最为显著的特征——大屋顶和大挑檐用现代的建筑语言表达出来。该项目在设计中有意强化了这样一种意象特征，通过巨大的挑檐和立柱来体现对地域的应答，同时又不失现代感（图8-4-21、图8-4-22）。

图8-4-21 普洱大剧院（来源：翟辉 摄）

第五节 材料建构

一、材料工艺与建构方式

滇西南地区传统民居主要以竹木结构为主，当地竹制品加工工艺尤精，因此在当地很多现代建筑设计中，刻意地模仿这种竹木材料的编织纹理成为一种创作的思路。随着建筑施工技术的逐渐成熟，施工技艺不断地提高，当代建筑建构受限越来越小。建筑材料的随处可得及性能更好的建筑材料得以应用，使得当代建筑在用材料和工艺进行地域性建筑探索上日渐成熟。

二、案例解析

（一）广南壮族民居更新——结合传统干阑建筑符号和建造特点的新民居

壮族民居选材的特色：就地取材，以土、石、木、草为主。充分发挥材料本身的特性。例如竹篱笆墙是利用竹子的可编织性、通风性和透气性，适应文山炎热多雨的气候条

图8-4-22 传统佤族民居图片（来源：翟辉 摄）

件。又如作为结构体系的木材，主要是利用木材的韧性（抗剪性能和抗压性能），利用中国传统的榫卯结构，形成柔性结构体系，抗震性能优良。壮族民居的大木作，极少在结构构件上有装饰，偏僻地区有构件绑接和虹梁等做法（图8-5-1）。土在壮族民居中是一种重要的建筑材料，在壮族民居中主要用作围护墙，有夯土和土坯两种做法。土墙保温隔热性能极好，居住起来冬暖夏凉；文山多山，石材丰富，石材大量在民居中使用，根据选材、构筑方式、使用功能的不同形成当地独特的建筑风貌（图8-5-2）。石材耐水性、抗压性好，常作为基础大量使用（图8-5-3）。广南壮族民居更新吸收和利用传统民居已有的外观特征，保持屋顶的出挑和底层部分架空，引入玻璃外廊和工业化钢制楼梯，部分框架采用钢框架。用新材料再现传统构件的建造逻辑（图8-5-4）。

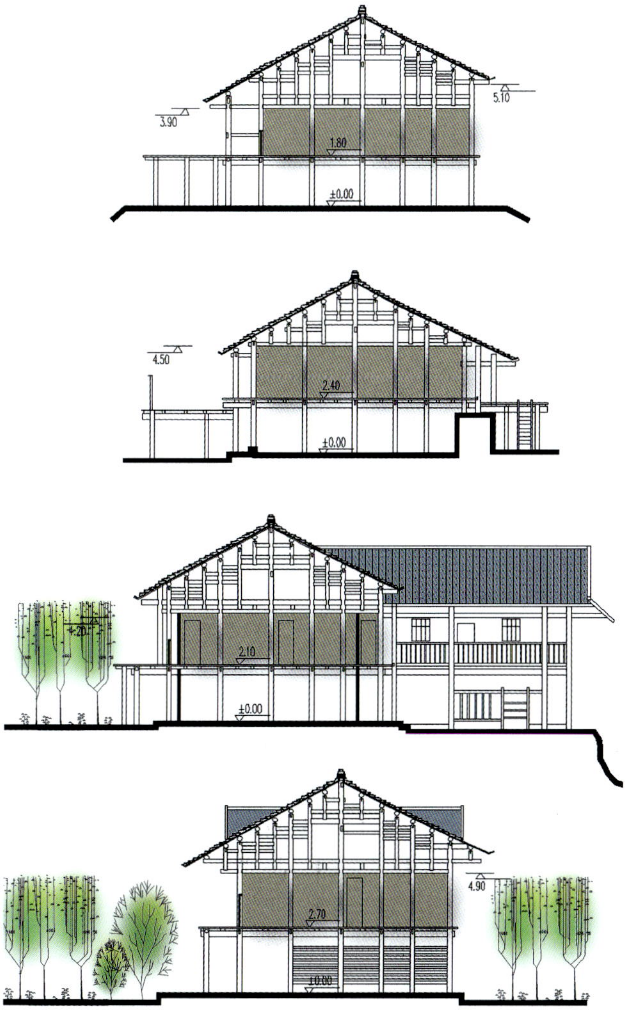

图8-5-2 壮族民居更新改造（来源：刘肇宁 绘）

图8-5-3 那红壮族民居更新改造（来源：刘肇宁 绘）

图8-5-1 壮族民居——立面（来源：刘肇宁 绘）

图8-5-4 坝美寨门设计（来源：刘肇宁 绘）

（二）弥勒湖泉SPA精品酒店——传统哈尼族民居屋顶建构的现代表达

弥勒湖泉SPA精品酒店所在地红河州，土掌房和蘑菇房是典型的传统民居（图8-5-5），本设计的屋顶形式是以土掌房和哈尼族蘑菇房为原型（图8-5-6），将这两大类民居的屋顶进行分类和重新组合（图8-5-7），提炼并传达了传统民居的形态意象、材料质感以及乡土气氛（图8-5-8）。外墙提炼夯土墙的色彩和肌理效果，采用土黄色外墙涂料，模拟传统土掌房的建筑外墙，体现民族与地域特色（图8-5-9）。

图8-5-7 蘑菇房——屋架（来源：杨大禹 摄）

图8-5-5 VIP入口图片（来源：华峰 摄）

图8-5-8 哈尼族茅草房（来源：杨大禹 摄）

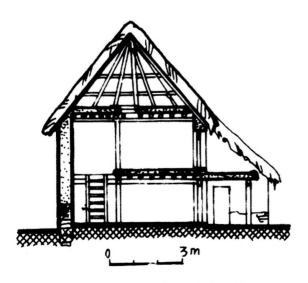

图8-5-6 蘑菇房剖面图（来源：杨大禹 绘）

图8-5-9 VIP内院图片（来源：华峰 摄）

细部上项目承袭哈尼族蘑菇房四坡顶的做法，在凉亭和入口泊车雨棚处也有再现。暴露椽子和檩条，体现建构逻辑和结构美（图8-5-10）。设计对哈尼族茅草房屋顶进行变形，呈长屋脊短屋檐的新型屋顶。既能产生对蘑菇形四坡顶的联想，又极具时代感。屋顶材质模拟茅草肌理，对烘托乡土空间氛围有相当的效果。方案既有中式风格的豪华气派，又有欧式风格的浪漫典雅，显得简洁大气，也不乏清新明快的感觉（图8-5-11）。

（三）阿鲁白旅游小镇——模拟自然有机材料的色彩和肌理

在广南壮族和彝族民居中，材料的质感对比和色彩搭配赋予了民居特有的魅力，从下到上的质感变化赋予了建筑凝重又随机灵动的艺术效果。阿鲁白旅游小镇设计在不同建筑局部采用石材、木材、挂瓦、涂料、面砖等做法，模拟传统壮族和彝族民居中大量使用的天然材料：石材、土坯砖、挂瓦、夯土墙等（图8-5-12）。材料的搭配根据不同材料的围护性差异使用，如建筑的外界面采用厚实的材料，内部用木板、竹篱等轻质材料作为隔断和分隔墙。模拟传统建筑丰富的色彩层次和多样化的肌理效果。在分析传统材料优点的同时，必须认识到传统材料有诸多局限，如天然石材尽管有良好的外观效果，但抗震性却不高，在地震多发区砌筑时必须进行改进。同样，传统生土墙结构所占空间较多，耐水性较差，开窗受限等都是它的缺点，这和现代生活及商业服务功能有较多的矛盾之处。还有，木材虽然是传统的建造材料，但是现在越来越不易获得。所以，对传统材料进行探索、改进，使之"与时俱进"地发展，以满足现代化生活需要及其他社会服务功能，显得尤为必要和重要（图8-5-13）。

（四）高黎贡手工纸博物馆——当地建构方式与现代形态的调和

高黎贡手工造纸博物馆建筑采用当地的杉木、竹子、手工纸等低能耗、可降解的自然材料来减少对环境的影响。在建构形式上真实反映材料、结构等元素的内在逻辑，

图8-5-10　庭院廊子（来源：华峰 摄）

图8-5-11　VIP入口（来源：华峰 摄）

图8-5-12　青石墙图片（来源：刘肇宁 摄）

以及建造过程的痕迹与特征。建筑适应当地气候，充分利用当地材料、技术和工艺，结合了传统木结构体系和现代构造做法，工程施工全部由当地工匠完成建造，使博物馆建筑本身成为地域传统资源保护和发展的一部分（图8-5-

14)。整个建筑物建立在当地的石灰岩基础上，并通过在基础上钻探缝隙来实现良好而彻底的通风对流。建筑上部结构使用了取自于当地的木材，并采用传统的榫卯交接工艺。这些木材也是立面和室内墙面的装饰板（被制成空心墙面以利于材料绝缘和温度控制）、地板、窗框和门扇的材料，这些构件都由当地的工人加工完成。屋顶的外饰面则采用叠放在木梁和防水板材上的竹子作为建筑材料，由

图8-5-13 阿鲁白旅游小镇图片（来源：云南省设计院集团）

图8-5-14 高黎贡手工造纸博物馆建造过程（来源：《世界建筑》）

此更进一步丰富了不规则屋顶平面的设计效果。在建筑内部，天花折板的斜面与不规则的墙面相得益彰，并且，在有些情况下还使用纸张作为内衬。许多窗洞也同样用纸张覆盖，以便向展厅内部透入更多的光线。

（五）滇西抗战纪念馆——当地建构材料与现代材料的调和

滇西抗战纪念馆则采用了大量的清水石材、木材这些当地的传统材料与具有现代风格的玻璃相结合的方式来打造建筑本身的庄严感。建筑以灰黑色火山石为主，局部以白色点缀，整体立体感极强；入口处运用木构架以及木质大门是对传统的一种还原，使建筑呈现出历史沧桑感（图8-5-15）。

（六）云南腾冲驼峰机场航站楼

腾冲作为著名的旅游城市，交通建筑在设计过程中要注重挖掘地域特色与历史文化内涵，运用大量的本土传统元素，使到访者能在第一时间感受到当地的民俗民风。而云南腾冲驼峰机场航站楼（图8-5-16）作为城市窗口的地标建筑，外墙饰面选用了本地特有的深层火山岩石板与花岗石，立面是墙体与玻璃天窗和幕墙的虚实对比，不仅增强建筑的张力，而且体现出当代建筑材料特有的质感和视觉冲击力。

（七）普洱市大剧院——传统材料的现代再现

从材料出发来体现地域和文化的特征也是当代建筑创作的一种思路（图8-5-17）。在普洱市大剧院的设计中，设计者受干阑式建筑竹篾编织墙体的肌理特征启发，在建筑外皮上采用了这样一种建构逻辑（图8-5-18）。

图8-5-16 腾冲驼峰机场航站楼（来源：杨健 摄）

图8-5-15 滇西抗战纪念馆（来源：云南省地域性建筑实例申报）

图8-5-17 竹篾编织肌理（来源：翟辉 摄）

图8-5-18 普洱市大剧院（来源：翟辉 摄）

第六节 符号点缀

一、建筑符号与点缀方式

符号从来都是当地文化特征的集中体现，对于建筑来说，建筑的每一个部件及其组合无疑具有其特定的使用功能，然而各部件的任何一种具体形式实际上都蕴涵着我们的经验和历史，表达着丰富的意义。在符号学意义上，建筑的外观、材料、用途等，都从各自的使用功能中抽象出来，获得非建筑学的文化意义，从而形成一个类似语言符号系统的意指系统。建筑元素依照意义生成的规则相互组合，向人们传递视觉信息。这是一套精密的系统，有其内在的逻辑。然而在当代，符号被滥用，在建筑中被随意地拼贴与重组，失去了其内在的逻辑与所指代的意义，沦为了一些似是而非的装饰，这一直是地域性建筑设计中最容易见效的一种设计手法，也是最容易失控的一种设计手法。

二、案例解析

（一）建水烟草大楼——注重传统符号的抽象提取

云南省建水合院民居独特的地理环境促进了当地人与中原文化的交流，于是建筑上也出现了"汉式"住屋。建水民居的屋顶为"人"字形双坡硬山顶，弧线形的屋面所形成的反宇向阳的状态，加上青灰色的屋面与土黄色的外墙所形成的两大基本色调，共同构成鲜明而凝重的外在特征（图8-6-1）。建水烟草大楼的设计注重传统屋顶符号的抽象提取，将建水民居的飞檐作为主要的建筑符号，通过屋顶的高低错落和屋顶平面形式的变化来模拟传统建水民居屋檐丰富的层次感。设计采用钢结构，透过玻璃幕墙可以看到内部细密的钢梁头，一定程度在视觉上表达出了传统层层出挑的梁头的精致感（图8-6-2、图8-6-3）。

（二）阿庐古洞洞外景区——基于传统民居建筑符号的当代转译

阿庐古洞位于泸西县北彝族先民居住地，被誉为"云南第一洞"，距昆明160公里。又名泸源洞，是一组奇特壮观的地下溶洞群，与石林景观相似，石林在地上，阿庐古洞则在地下，它是亚洲最壮观的天然溶洞穴之一。阿庐古洞洞前入口广场上有大门、标志塔、接待室、茶室、风雨桥、爬山廊、洞口休息廊、碑亭等服务设施。这些建筑物中有的以"窝棚"为母题，采用交叉屋脊、坡屋顶斜撑延伸至地面的建筑造型。有的采用漏空、架构、搭接等手法，强调屋脊的搭接。希望通过钢筋混凝土建造方式取传统少数民族建筑之形，传达浓厚的地域文化特色（图8-6-4~图8-6-8）。

图8-6-1 建水烟草公司（来源：刘肇宁 摄）

图8-6-2 建水烟草公司（来源：刘肇宁 摄）

a　　　　　　　　　　　　　　　　　　　　　b

图8-6-3 建水团山村民居（来源：刘肇宁 摄）

图8-6-4 阿庐古洞外景区图

（三）个旧和田娱乐城——基于传统民居建筑符号的当代转译

个旧市和田娱乐城建于个旧市近郊，是集餐饮、娱乐、健身、会议、住宿多功能于一体的综合旅游设施。建筑造型采用穿斗挂梁、长脊短檐的形式，并提炼简化传统坡屋顶（图8-6-9、图8-6-10）。设计保留坡屋顶的基本形式，只在屋角上用交叉变形的屋脊交角进行强调，成为装饰屋顶的主要构件（图8-6-11～图8-6-13）。建筑色彩以灰为主，白色的墙面、暖灰色的细部线条、青灰色的瓦屋面形成色彩上的强烈对比，使现代建筑承袭了传统文脉，再生了一种新"干阑式"建筑。

图8-6-5 阿庐古洞洞外景区图片（来源：云南艺术特色建筑物集锦）

图8-6-6 沧源佤族民居屋脊（来源：杨大禹 摄）

图8-6-7 哈尼族干阑式建筑鸟瞰（来源：杨大禹 绘）

图8-6-8 阿庐古洞外景区（来源：云南艺术特色建筑物集锦）

图8-6-9 个旧和田娱乐城（来源：云南艺术特色建筑物集锦）

图8-6-10 个旧和田娱乐城（来源：云南艺术特色建筑物集锦）

图8-5-11 个旧和田娱乐城（来源：云南艺术特色建筑物集锦）

图8-6-12 个旧和田娱乐城（来源：云南艺术特色建筑集锦）

图8-6-13 沧源佤族民居（来源：杨大禹 摄）

（四）红河州石屏县州衙老街——基于传统聚落模式的保护更新

石屏县位于云南省南部红河州西部，距省会昆明200余公里。石屏县古城形如龟状，已有上千年历史，是云南唯一的状元故乡，为省级历史文化名城。古城区内人文景观众多，状元故居、古州衙、玉屏书院、文庙、企鹤楼，众多的寺观宗祠、翰林府、进士第以及大批名人民居古建筑群，规模宏大、屋舍相连，被国内外专家誉为"明清民居建筑博物馆"（图8-6-14、图8-6-15）。

历史街区的空间氛围来自于历史上长久以来形成的院落单元、街巷空间和成片屋顶，是在现代城市下不可能再现的传统肌理。基于整体保护原则，在建设修复中必须保持现有巷道的空间尺度和古建界面空间的基本特色。设计中屋顶形式沿用原来的石屏和建水合院式建筑屋架，檐口、阳台和栏杆等装饰构件特色也得以保留；色彩遵照传统合院式民居的色彩，为白、灰和红褐色为主。立面上增加传统建筑立面的细部元素，如门窗格扇、挂落、挑枋、撑拱、带瓜柱等细部装饰（图8-6-16、图8-6-17）。

（五）文山那红壮族旅游村寨门设计

文山那红壮族旅游村寨门设计结合文山当地传统彝族和壮族民居的装饰特点（图8-6-18），加以创新改进，强调形体的凹凸和虚实处理，丰富了寨门的地域性特征。如寨门1

图8-6-14 建水合院式民居内院立面（来源：杨大禹 绘）

图8-6-15 建水合院式民居内院立面（来源：杨大禹 绘）

的设计明显融入了彝族土掌房水平线条和梁头作为主要装饰构件的做法（图8-6-19）。而寨门2、3则融入了很多壮族民居的装饰元素，例如作为主要的外墙装饰要素的格栅，以及作为主要的立面装饰的石墙（图8-6-20、图8-6-21）。

寨门2和3的正面及侧面提炼了壮族民居的装饰符号，例如双坡屋顶、交叉式屋脊、细密的梁头、铜鼓、格栅还有

图8-6-18 城子村（来源：戴翔 摄）

图8-6-16 石屏州衙老街（来源：云南艺术特色建筑物集锦）

图8-6-19 文山那红壮族旅游村寨门设计1（来源：徐颖 绘）

图8-6-17 石屏州衙老街（来源：云南艺术特色建筑物集锦）

图8-6-20 文山那红壮族旅游村寨门设计2（来源：徐颖 绘）

天然石材等。木结构屋顶、不规则的石墙和暴露的结构构件诠释了壮族民居的现代建筑的建构之美。这种装饰手法并非完全通过符号的使用和象征意义传达，而将材料和结构作为建筑最本质的美的来源，从建构的层面对建筑加以装饰（图8-6-22、图8-6-23）。

（六）弥勒湖泉SPA精品酒店华峰——传统民居细部特点的沿袭

自现代建筑风行世界，建筑类型随着物质、文化生活的不断丰富而多样化了，建筑材料尤其是装修、装饰材料随着工业的发展，已经到了日新月异的地步。这样，原来依附于旧结构、旧材料、旧形式的建筑装饰受到了巨大的冲击。照理说，传统的建筑装饰应该退出历史舞台。但事实并非如此。在如今的大量现代建筑上仍然出现了传统造型和传统装饰。弥勒湖泉SPA精品酒店没有刻意使用很多的附加装饰，只通过梁柱本身的形态变化以及哈尼族蘑菇房和彝族土掌房（图8-6-24、图8-6-25）变形的屋顶作为主要的装饰要素（图8-6-26、图8-6-27）。外墙装饰构件主要采用格栅式百叶推拉窗门，既符合现代会所的功能要求，又达到了装饰效果。

（七）高黎贡手工纸博物馆——传统屋顶符号的现代简化表达

传统屋顶是建筑符号的一个重要来源，尤其传统民居的屋顶形态极其丰富，其中表达了复杂的等级体系。高黎贡手工纸博物馆并未简单延续这一体系，而是提取了传统直坡屋顶的符号元素，在设计过程中通过不同的拓扑变形将其简化，过程中并没有保留以往屋顶复杂的形式，而是以现代建筑的语言重新去解读传统的屋顶，从而结合下部的形体形成层次上的多样形态。既不是对传统符号的直接引用，也不是将现代符号直接加之于传统，而是在理解传统符号的基础

图8-6-21　文山那红壮族旅游村寨门设计3（来源：徐颖 绘）

图8-6-22　坝美壮族民居（来源：杨湘君 摄）

图8-6-23　壮族民居材料装饰（来源：徐颖 摄）

上进行了二者之间的对话,从而既体现了现代建筑一贯的直接、理性的思路但又未让传统失去自己的声音。而在屋顶的具体做法上,建筑用竹子代替了传统的筒板瓦(图8-6-28)同样也是避免了传统符号简单直接的引用。

(八)滇西抗战纪念馆等——传统符号的现代转译

滇西抗战纪念馆设计过程中建筑以传统形制为主,揉入山岳与当地民居的特色,形成自己独特的风格。整体建筑提取了传统民居中屋顶的元素,但是在檐口处理上局部采用了玻璃高窗,一方面满足内部空间的采光需求,另一方面使整体建筑更加具有现代感(图8-5-29)。

(九)腾冲际桓商业广场

腾冲际桓商业广场在设计上,提取了许多传统民居的特色元素符号,如屋顶、墙体、格栅窗等,但是又将这些传统元素作了适度变异来适应商业建筑的特性,在营造商业氛围的同时,又不失简洁之美(图8-6-30)

图8-6-26 会所(来源:华峰 摄)

图8-6-24 城子村(来源:戴翔 摄)

图8-6-27 汤屋(来源:华峰 摄)

图8-6-25 形态重组(来源:华峰 摄)

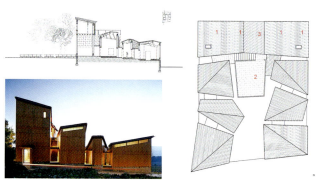

图8-6-28 高黎贡手工剪纸博物馆展厅屋顶轮廓(来源:《城市环境设计》)

图8-6-29 滇西抗战纪念馆（来源：云南省地域性建筑实例申报）

图8-6-30 腾冲际桓商业广场（来源：杨健 摄）

第七节 滇西、滇南地域建筑创作特点及问题

总体来看，滇西、滇南的现代建筑在时间和空间上都处于各种因素交织的地带。从长效的地理和气候环境来看，三者皆属于亚热带低纬度山地季风气候。介于温带和热带之间的亚热带，在气候形成因素上交替受到海洋和大陆要素的影响，这种"交替"性产生的多样性正是文明孕育的丰厚土壤。我们知道，"地中海气候"和"亚热带地中海气候"是一个同义词。在地理环境上，红河、湄公河、萨尔温江等国际河流贯穿这个区域和周边东南亚地区，老别、邦马、无量等山脉在地理环境上延续了这种贯穿。

地理和气候环境的"交替"自然而然带来了文化和经济等中期因素的"交替"，茶马古道、傣文化、哈尼梯田世界文化遗产等皆是中原和东南亚文化和经济交流的产物，而文化和经济上的"交替"带来了建筑"技术"上的交替，这种"交替"源于久远，流至当今。在红河古旧建筑的法式风情上，在腾冲小镇的汉式院落中，在高黎贡的现代博物馆前，在西双版纳繁复的"巴洛克"式的屋顶上，我们能够直观感受到这种深深嵌入到建筑中的"交替"性，该地区虽为"边地"，然而，其更类似米歇尔·沃尔德罗普所谓的"混沌边缘"，中原文化的清晰规则与东南亚的"混沌"文化在这里交织，云南的多样性在该地域体现得更为明显，各种建筑做法不正统但活力十足，多种模式在这边土地上找到了"野蛮生长"的土壤，在"混沌"的"边缘"，一切生机勃勃。

在这种充满活力的"交替"中，该地域的现代建筑在这个短时间中所呈现出来的影像或者说"片断"正如德勒兹的"褶子"概念，有趣的是，德勒兹的论述正与巴洛克相关，"巴洛克风格与本质无关，而与运作功能、与特点相关……，但巴洛克风格使这些褶子弯来曲去，并使褶子叠褶子，褶子生褶子，直至无穷。……它按照两个方向，以两种无穷将褶子分为物质的重褶和灵魂中的褶子,仿佛无穷亦有两个层次"[①],在物质和精神两个方面,该地域的现代建筑自诞生以来一直拒绝20世纪20年代正统的"简洁、规则"路线,它倾向于"折中"与"复杂",我们无法去探究其本质,各种潮流的交替带来建筑现象和相应的核心"观念"反而是被各方津津乐道的,在20世纪50年代的"民族形式"和相应的"符号"上,在20世纪80年代的"形神"讨论中,在21世纪各种源自"地方"、"地点"的"形式"生成上,该地域呈现了一种将当代建筑复杂化、动态化的现代"巴洛克"现象。

在这样富有"交替"性的文化生态中,设计师必须认识到自己的定位,他"不再是高高在上的法则制定者,他是作为一个和其他主体互动的主体参与到其中,并同其他主体的规则进行对话"[②]。他必须同时注重到设计和研究的重要性,注意到对话的重要性。设计的关注点集中于个案,而研究的关注点集中于普遍,这正是我们对于"和而不同、殊途同归"的理解。

---

① (法)德勒兹G福柯著.褶子[M].于奇智,杨洁译.长沙:湖南文艺出版社,21:149.
② 杨健.规则·模型·建筑学研究方法——构成性与生成性辨析. 新建筑[J],2010(1):62-66.

第九章 结语 继往开来，殊途同归

艾略特在《焚毁的诺顿》中写道："现在的时间和过去的时间，/ 也许都存未来的时间。/ 而未来的时间又包容于过去的时间，/ 假若全部时间永远存在，/ 全部时间就再也都无法挽回。/ 过去可能存在的是一种抽象，/ 只是在一个猜测的世界中，/ 保持着一种恒久的可能性。/过去可能存在和已经存在的，/都指向一个始终存在的终点"。

过去、现在和未来共同处于一个连续而整体的Context（语境）之中。传统、现实与理想之间存在着许多矛盾，而正是这些矛盾使得时间力能够显现，正是意识到现实的问题与局限，人才会有"不满足于"的批判冲动，才会有创造的行为与实践。传统、现实和理想本身都并非我们研究的目的，而只是我们研究的必要的基础，我们的时间指向应该是永恒变化着的"现在"，是过去、现在、未来的时间Context，是传统、现实、理想"之间"。

过去、现在和未来共同处于一个持续而整体的Context之中。Context需要一种干预，将过去、现在和未来共同考虑、交织在一起，"Contextus"这个词的原始拉丁语意即为这种类型的"调和"。

詹克斯（Charls Jencks）有过一个公式：Contextual=Adhocism+Urbanist，其中Adhocism字面翻译是"局部独立主义"，是指其"特定性"，抛弃了规定性和统一的目的性，避免了现代主义的理性决定论，重视"文本"的开放性与流动性，即重视设计者本人对设计的诸多文本的理解和再解释的创造性以及使用者、参与者的理解与创造性，他们互为"文本"，相互作用。

基于云南自然环境和民族文化的丰富多样性背景，我们认为：在云南，强调"地点性"比强调"地域性"更重要。地点性，对应英文placeness，是指"地点"的独特性，与"场所性"相同，与"场所失落"（displace）相对。"地点性"的内涵和外延应该大于"地域性"，更接近"批判的地域主义"的要素界定，它既关注具体确定的地点"文本"特性（场所性），也强调文本间的协调整合（时空Context）；既是对本土建筑的自觉，也是对全球化国际风格的抵抗。

因此，我们认为：

地点性 = 地域性（空间）
　　　+ 地方性（文化）
　　　+ 场所性（人文）
　　　+ 现代性（技术）
　　　+ 历时性（时间）

地点性建筑主张一种追求"此时、此地、此人、此情"的建筑创作价值取向——既注重差异性也强调相似性，既注重历史性更强调历时性，既注重文化性也强调技术性，既注重局部更强调整体，既注重外显部分也强调内隐部分。

地点性建筑的创作不能就建筑论建筑，而应该在时间和空间上都有所扩大，场地关系、规划布局思想和文化内涵都是地点性建筑创作的重要因素，在时间轴上，我们的观点是：过去是为未来的现在服务的，传统不是我们沉重的包袱，而是我们发展的基础，我们要站在未来的角度看永恒的现在。

任何建筑都处于一定的时空之中，是"四维空间"，其上面的点是"事件"，不同事件在时空坐标中的位置肯定不同,因此,在时空中我们不能要求两个事件是同一的,我们不能通过克隆、模仿获得地点性建筑,而应该通过分析其时空间的关系来联系、协调、延展。

保罗·里柯的著名追问:"一方面,它(民族)应当扎根在过去的土壤锻造一种民族精神,并且在殖民主义性格面前重新展现这种精神和文化的复兴。然而,为了参与现代文明它又同时必须接受科学的、技术的和政治的理性,而它们又往往要求简单和纯粹地放弃整个文化的过去。事实是每个文化都不能抵御和吸收现代文明的冲击。这就是悖论所在:如何成为现代的而又回归源泉,如何复兴一个古老于昏睡的文明而又参与普世的文明?"

面对保罗·里柯的追问,弗兰姆普敦认为,通过"同化"和"再阐释","在未来要想维持任何类型的真实文化就取决于我们有无能力生成一种有活力的地域文化的形式同时又在文化和文明两个层次上吸收外来影响。"

面对保罗·里柯的追问,我们应该采取调和普世文明和地方文化的姿态,寻求"存在于普世文明和扎根文化的个性之间的张力"。当传统在创造我们的同时,我们也要有信心去创造传统。

借用沈苇的话,地点性只有一小部分是直观的、显现的,而大部分则是隐秘的、缄默的。就像自然的奥秘总是隐藏在风景背后一样。建筑是"地点的作品",建筑师是"地点的孩子",他如同混沌的蚕蛹,陷入椭圆形茧子中宿命与轮回的长夜,当终有一天从地点性的禁锢中破壳而出时,他就是自由的飞蛾。

地点性是我们的起点、囚笼和方舟。它不是一个孤立的问题,伴随它的还有一连串的问题:自性与他性、理性与感性、特殊性与普遍性,等等。现在,摆在我们面前的是一个综合的问题,需要我们用综合的方法和智慧的手段去解决。

我们要做的是:继往且开来,殊途而同归。

参考文献

Reference

[1] Asquith, Lindsay and Vellinga, Marcel.Vernacular Architecture in the 21st Century:Theory,Education and Practice.Taylor&Francis,2006.

[2] [美]安东尼·奥罗姆，陈向明.城乡的世界——对地点的比较分析和历史分析[M].曾茂娟，任远译.上海: 世纪出版集团, 2005.

[3] 段锡.滇越铁路[M].云南美术出版社, 2007.

[4] 傅朝卿. 中国古典样式新建筑. [M].南天出版社,1993：95.

[5] 方国瑜, 和志武. 纳西象形文字谱[M]. 昆明: 云南人民出版社, 1995.

[6] 高芸. 中国云南的傣族民居[M]. 北京：北京大学出版社, 2003.

[7] Glassie H. Vernacular Architecture (Material Culture).Indiana University Press, 2000.

[8] Hassan Fathy. Architecture for the Poor, Uiniversity of Chicago.Press,1973.

[9] 郭东风. 彝族建筑文化探源[M].南京：东南大学出版社，2003.

[10] J.M.Richards. "HASSAN FATHY", Concept, Media, architectural,Press,1985.

[11] 昆明理工大城乡规划有限公司.它克村保护与发展规划（2013~2030），2014.

[12] 蒋高宸. 丽江——美丽的纳西家园[M]. 北京: 中国建筑工业出版社, 1997.

[13] 蒋洪新. 论艾略特《四个四重奏》的时间主题[J]. 外国文学, 1998,（3）.

[14] 蒋高宸.云南民族住屋文化[M].昆明:云南大学出版社,1997.

[15] 蒋高宸.建水古城的历史记忆[M].北京:科学出版社,2000.

[16] 蒋高辰. 中国近代建筑总览 昆明篇[M].中国建筑工业出版社,1993.

[17] 蒋昕萌，王冬.云南"一颗印"民居建筑空间原型解析[J],华中建筑（2012）10：161.

[18] [美]肯尼思·弗兰姆普敦.现代建筑——一部批判的历史[J].北京：中国建筑工业出版社, 1988.

[19] 昆明市规划编制与信息中心. 昆明市挂牌保护历史建筑. 云南大学出版社, 2010.

[20] 陆元鼎.中国民居研究五十年.建筑学报，2007(11).

[21] 罗养儒.云南掌故[M].昆明：云南民族出版社, 2002.

[22] 刘学.春城昆明：历史 现代 未来.[M].昆明：云南美术出版社，2002.

[23] 李霁宇. 古城印痕. [M].昆明： 云南出版集团，2014.

[24] 王世英.初探东巴原始宗教之源[J].丽江志苑.1989（6）.

[25] Nabeel.Hamdi.Housingwithouthouses—Participation,Flexibility,Enablement.Van.NostrandReinhold,1991.

[26] Oliver, Paul. Encyclopedia of Vernacular Architecture of the world. Cambridge: Cambridge University Press, 1997.

[27] Oliver,Paul. Dwelling：The Vernacular House World Wide. Phaidon Press Ltd，2003.

[28] Oliver, Paul. Built to meet needs: cultural issues in vernacular architecture. Architectural Press, Elsevier, 2006.

[29] Philip H., Jr. Lewis. Tomorrow by Design: A Regional Design Process for Sustainability. New York: John Wiley & Sons, 1996.

[30] 宋德善.继承传统建筑文脉探索地方民族特色[J].云南建筑，1994（1）.

[31] 王冬，刘肇宁，单德启.云南传统民居图说[M].昆明：云南教育出版社，2014.

[32] 王路, 单军. 乌托邦与现实之间[J]. 建筑业导报, 2004, (7).

[33] 王浩锋.民居的再度理解——从民居的概念出发谈民居研究的实质和方法[J].建筑技术及设计,2004(4).

[34] （日）石毛直道.住居空间人类学[M].//杨大禹.云南少数民族住屋形式与文化研究[M].天津:天津大学出版社.1997:8.

[35] 石克辉,胡雪松.云南乡土建筑文化[M].南京:东南大学出版社,2003.

[36] 吴良镛. 世纪之交的凝思：建筑学的未来[M].北京: 清华大学出版社, 1999.

[37] 吴志宏.建构场所：以昆明为例试析地方建筑的本真性[D].昆明：昆明理工大学，2003.

[38] 吴志宏.乡土建筑研究范式的再定位：从特色导向到问题导向[J].西部人居环境.2014 (03): 14-17.

[39] 吴志宏. 现代建筑"中国性"探索的四种范式[J].华中建筑，2008（10）：20-24.

[40] 吴志宏.中国乡土建筑研究的脉络、问题及展望[J]. 昆明理工大学学报（社会科学版）2014(1):103-108.

[41] 谢本书,李江. 近代昆明城市史 第一卷，第二卷. [M].昆明：云南大学出版社, 2009.

[42] 徐兴正.时光筑城[M].昆明：云南出版集团, 2014.

[43] 杨知勇.西南民族生死观[M].昆明:云南教育出版社.1992:9.

[44] 云南省设计院.云南居民[M].北京：中国建筑工业出版社，1986.

[45] 云南省住房和城乡建设厅.云南艺术特色建筑物集锦(上下册)[M].昆明：云南美术出版社，2010.

[46] 杨大禹.云南少数民族住屋——形式与文化研究.[M].天津:天津大学出版社, 1997.

[47] 杨大禹,朱良文.云南民居[M].北京:中国建筑工业出版社, 2009.

[48] 杨庆光. 楚雄彝族传统民居及其聚落研究[D].昆明：昆明理工大学，2008.

[49] 于坚. 老昆明：金马碧鸡.[M].南京：江苏美术出版社, 2000.

[50] 朱良文.丽江古城与纳西族民居[M].昆明:云南科学技术出版社，2005.

[51] 翟辉,柏文峰,王丽红.云南藏族民居[M].昆明:云南科学技术出版社，2008.

[52] 张举文.传统传承中的有效性与生命力[J].温州大学学报(社会科学版)，2009(5).

[53] 张佐,陈云峰.云南明清民居建筑[M]. 云南美术出版社, 2002.

[54] 张俊,陈云峰. 云南古桥建筑[M].云南美术出版社，2008.

[55] 张惠.城市典藏[M].昆明：云南大学出版社，2008.

后 记

Postscript

回归种子的"林中路"

本书编写的目的指向性非常清楚：试图通过对云南传统建筑的基因的发现与整理以及当代建筑的审视与归类，找寻一条连通传统与现在的"捷径"并描绘一张通向地域性建筑未来的清晰的"地图"。

在描绘此"地图"的过程中，我们发现所谓的"捷径"往往是片段化的、不靠谱的，甚或可以说根本就不存在"捷径"，有的仍然只是"林中路"——"多半突然断绝于杳无人迹之处"的"常常看来仿佛彼此相类"的"歧路"——林中多歧路，殊途而同归。基于此，即使找到了"护林人"或者我们自己变成了"护林人"，其实也很难描绘出清晰的"林中地图"。

如此看来，本书的编写并未达到预期目的。好在我们走过了一趟"林中路"，留下了一些"脚印"。虽然无法描绘清晰的"地图"，但如果能对林中迷路之人或多或少有些指引的话，我们也就非常欣慰了。

本书的策划、调研、编写，是在住房和城乡建设部村镇司和云南省住建厅村镇处组成的工作组的具体领导和指导下，由昆明理工大学建筑与城市规划学院编写组负责完成的。书稿的大纲、章节构架与全文审定，主要由翟辉、杨大禹、吴志宏负责，各章节内容的编写具体分工如下：

前言和第一章"绪论"由杨大禹编写；第二章"滇西北地区传统建筑特色分析"由翟辉、张欣雁编写；第三章"滇中地区传统建筑特色分析"由吴志宏、张伟编写；第四章"滇西、滇南地区传统建筑特色分析"由杨健、刘肇宁、唐犁洲编写；第五章"云南建筑文化的传承与创新"由翟辉、吴志宏编写；第六章"滇西北地区当代建筑地域特色分析"由翟辉、张欣雁编写；第七章"滇中滇东北地区当代建筑地域特色分析"由吴志宏、张伟编写；第八章"滇西、滇南地区当代建筑地域特色分析"由杨健、刘肇宁、唐犁洲编写；"第九章结语"由翟辉编写。另外，参与编写的人员还包括：张剑文、李天依、栾涵潇、穆童、王祎婷、吴雨桐、石文博、张三多、阿桂莲、任道怡、姚启凡、罗翔、顾晓洁等多位研究生同学。

感谢罗德胤、李君洁在本书编写全过程中的指导和协调，特别感谢李君洁在后期校核调整中认真、负责而高效的工作。

感谢所有参与调研和编写基础工作、提供图文资料的单位和个人，感谢参考引用文献和设计案例的原作者，正是因为有了你们扎实的研究基础和富有创意的设计成果，我们的编写工作才可以在短期内完成。

由于时间和精力投入所限，本书难免存在错漏不周之处，恳请读者不吝赐教。

正如格非在《马尔克斯传》的中文版序言中所述："僵死的、一成不变的、纯粹的传统只是一个神话，因为现实本身就是传统的变异和延伸，我们既不能复制一个传统，实际上也不可能回到它的母腹。回到种子，首先意味着创造，只有在不断的创造中，传统的精髓才能够在发展中得以存留，并被重新赋予生命"。传统不是用于祭奠的，而是一直存在于承启之中的，而所谓"承启"，既是"向种子回归"的过程，更是"向外探寻"希冀。

在"林中路"上，我们回归种子，我们创造传统。